개정판 열처리공학

양형렬
금속재료공학 전공
공학박사
인천대학교 기계로봇시스템 공학부 명예교수

박인선
금속재료공학 전공
공학박사
인천대학교 메카트로닉스공학과 교수

최종길
금속공학 전공
포항대학교 제철산업과 겸임교수

개정판 열처리공학

초판 인쇄 1991년 4월 15일
개정판 2쇄 2018년 3월 16일
지은이 양형렬, 박인선, 최종길
펴낸이 최국주
펴낸곳 동명사
출판등록 1950년 11월 1일(제1-76호)
주소 (우 10881) 경기도 파주시 회동길 50(문발동)
전화 031-955-7200(대표)~2, 7203(편집부), 7204(물류)
팩스 031-955-7205
전자우편 webmaster@dmsbook.com
홈페이지 www.dmsbook.com

東明社

ISBN 978-89-411-8174-3 93550
값 18,000원

열처리공학 개정판 발간을 즈음하여.......

세계의 문명 변화는 거대하게 4차 산업혁명으로 발전 옮겨가고 있으며, 특히 미래를 창조해야 할 IT, 로봇분야에서 발전을 거듭 노력하고 있다. 세계화 속에서 중추적 역할을 담당하고 있는 우리나라의 산업 기술발전은 더욱 과학화와 고도화, 평준화를 위해 연구개발과 기술전달 및 교육이 결국 세계 속에 선진화로 가는 길이다. 제품에서 재질의 우수성이며 경쟁력있는 제품의 제작과 판매에서 선점을 갖기 위해서는 양질의 고품질의 제품만이 결국은 선택되고 최종적으로 존재가치를 갖는 것이다.

경쟁력의 척도가 과거 기능적인 면에서 보다 기계나 프렌트 제품의 성능, 수명, 경제성에서 재료의 적절한 선정, 제조, 처리 방법은 매우 비중이 크고 국가 산업의 국제화를 향한 핵심적인 과제로 떠오르고 있다.

중공업분야에서 열처리는 주재료로 가장 많이 사용되고 있는 금속을 취급하는데 있어 현장기술자나 공학도가 꼭 이해하고 알아야 할 것이나 여러 가지 금속재료의 다양한 특성을 학습하는데 쉽게 이해와 실행이 어려움이 많다. 따라서 앞으로 산업사회에 종사할 신교육을 받는 학생들에게 최근 개발되고 있는 신재료 종류들의 열처리기술과 활용법을 교육받는 것이 매우 중요하다고 생각되어진다.

본 교재는 공업사회에서 에너지원의 개발 및 쾌적한 환경을 위해 하루가 다르게 발전하고 있는 신소재의 강도의 강화 및 무게, 부피의 최소화를 위해 노력해 왔고 또한 노력을 치중할 것이다. 그러므로 소재의 성질을 변화시켜 다양한 용도로 변화 할 수 있는 열처리를 체계화시키고, 발전시켜야 한다.

이 책을 통하여 중공업분야의 여러 배움에 있는 사람들이 기술인을 향한 발돋움에 조금이나마 도움이 될 것을 기대하며 이 책을 내놓는다.

끝으로 자료제공과 활용에 협조해 주신 여러분에게 감사드리며, 또 개정출판을 결심한 동명사 편집부 여러분께 좋은 책이 되도록 노력해 주신 고마움을 전한다.

2017. 4.
양형렬

COUNTENTS

제 2 편 열처리 응용

제 1 편

열처리 이론

제1장

열처리 기초

1-1 열처리의 개요

1-1-1 열처리의 정의

열처리란 금속이나 합금에 요구되는 여러 가지 기계적, 물리적, 화학적 성질을 개선 또는 부여하기 위한 목적으로 가열이나 냉각을 여러 형태로 조합시킨 기술이며, 이러한 열처리는 금속이나 합금의 재결정, 원자의 확산 또는 상변태를 이용하는 것이다.

열처리는 각종 기계 부품의 제조 공정중 필수적인 공정으로 부품에 알맞는 처리에 의해 기계의 기능 향상과 함께 수명을 연장시킬 수 있다. 특히 일반강과 달리 특수 용도에 이용되는 합금강들은 열처리의 성패가 제품의 신뢰도를 좌우하는 척도가 되므로 매우 신중하고 정확한 처리가 요구된다. 예를 들면 금형과 같은 높은 정밀도를 요구하는 부품은 수준 높은 열처리의 기술이 필요하다.

열처리 기술은 종류와 형태가 다양하므로 각 금속에 대한 성질과 부품의 기계적 특성에 관한 전문 지식이 요구된다. 또한 열처리 분야에 대한 시설투자는 다른 업종에 비해 상대적으로 시설비가 적게 드므로 자원이 부족한 우리의 실정에서 보면 짧은 투자 기간으로 국제 경쟁력을 갖출 수 있는 유망한 분야이기도 하다.

열처리 분야가 다른 산업과의 관련 및 파급 효과를 보면 제조, 성형, 가공 등의 공정을 거쳐 생산된 제품의 성능 향상을 위해 처리하는 기술이 열처리이므로 생산 공정이 훌륭하더라도 열처리 기술이 뒷받침되지 못한다면 완제품으로서의 가치가 없게 된다. 열처리 기술의 발전이 없이는 다른 산업의 발전이 이루어질 수 없는 상호 밀접한 관계가 있다. 따라서 열처리 효과는 모든 소재 및 가공 분야에 미치므로, 열처리 관련 산업이란 금속 소재가 쓰이는 산업 분야 모두를 포함한다고 할 수 있다.

열처리는 에너지를 많이 사용하는 분야이므로 열처리 공정을 설계할 때는 자동화 등의 기술 도입 및 에너지를 절약할 수 있는 열처리 법의 개발에도 신경을 써야 한다.

열처리가 가장 많이 사용되는 산업 분야는 자동차, 산업 기계, 철도 차량, 금형, 섬유 기계, 전기, 전자, 선박, 항공기 부품 등을 들 수 있다. 대표적인 예로 열처리 부품이 가장 많이 이용되는 자동차 산업의 경우 중량비로 계산할 때 승용차의 16%, 트럭의 20.4%, 버스의 19.9%, 오토바이의 20.8%가 주로 열처리 적용 재료로 쓰이고 있다.

1-1-2 열처리의 목적

열처리의 목적에는 다음과 같이 여러 가지가 있다.

① 경도 또는 인장력을 증가시키기 위한 목적(담금질 후, 보통 취약해지는 것을 막기 위해 뜨임 처리)

② 조직을 연한 것으로 변화시키거나 또는 기계 가공에 적당한 상태로 하기 위한 목적(풀림, 탄화물의 구상화 처리)

③ 조직을 미세화하고 방향성을 적게 하며, 편석을 적게 하고 균일한 상태로 만들기 위한 목적(불림)

④ 냉간 가공의 영향을 제거할 목적(중간 풀림, 변태점 이하의 온도로 가열함으로써 연화 처리)

⑤ 마크로 적응력을 제거하고 미리 기계 가공에 의한 제품의 비틀림의 발생,

또는 사용중의 파손이 발생하는 것을 방지할 목적(응력제거 풀림)

⑥ 산세 또는 전기도금에 의해 외부에서 강중으로 확산하여 용해된 수소를 제거하여서 수소에 의한 취화를 적게 하기 위한 목적(150~300°C로 가열)

⑦ 조직을 안정화시킬 목적(풀림, 뜨임, 심랭 처리와 뜨임과 혼용)

⑧ 내식성을 개선할 목적(스테인리스 강의 담금질)

⑨ 자성을 향상시키기 위한 목적(규소강판의 풀림)

⑩ 표면을 경화시키기 위한 목적(고주파 담금질, 화염 담금질)

이상과 같은 열처리는 강의 화학 조성과 용도에 따라 처리 방법이 결정된다.

1-2 철의 변태와 조직

1-2-1 철의 변태와 성질

순철을 가열하면 910°C에서 그 성질이 갑자기 변화한다. 이것은 α철에서 γ철로의 변태이며, 이를 A_3 변태점이라 한다. 더욱 가열하면 1,400°C에서 다시 δ철로 변태한다. 이 $\gamma \rightarrow \delta$ 변태점을 A_4라고 한다. A_4점에서 1,539°C의 융점까지는 δ철이다. 냉각의 경우는 가열의 경우와 반대현상이 된다. 즉,

$$\alpha\text{철} \rightleftarrows \gamma\text{철} \rightleftarrows \delta\text{철} \rightleftarrows \text{융체}$$

910°C(A_3) 1,400°C(A_4) 1,539°C(융점)

로 된다.

공업 재료를 사용하는 강, 즉 순철에 탄소가 함유되면 α, γ, δ철은 각각 α, γ, δ 고용체를 만든다. 이들 고용체는 아무리 미세한 부분에서도 철과 탄소가 서로 별개의 성질을 형성하며 성분 원소로는 나눌 수 없다. 철과 탄소가 합금을 만들면 용융점(**그림 1-1**의 ABC선, AHJE선)과 A_3 변태점(**그림 1-1**의 GS선)도 낮은 쪽으로 이동한다. 탄소가 철의 고용 한도 이상으로 함유되면 시멘타이트(Fe_3C)로 된다. 이것은 고용체의 경우와 결정 구조가 서로 다르므로 합금 속에 나타나는 상으로써 구별할 수

있다.

그림 1-1은 Fe_3C계 평형 상태와 Fe-C선도에 있어서 각 선 및 점들의 뜻을 간단히 설명하면 다음과 같다.

- A 점 : 순철의 응고점(1,539°C)

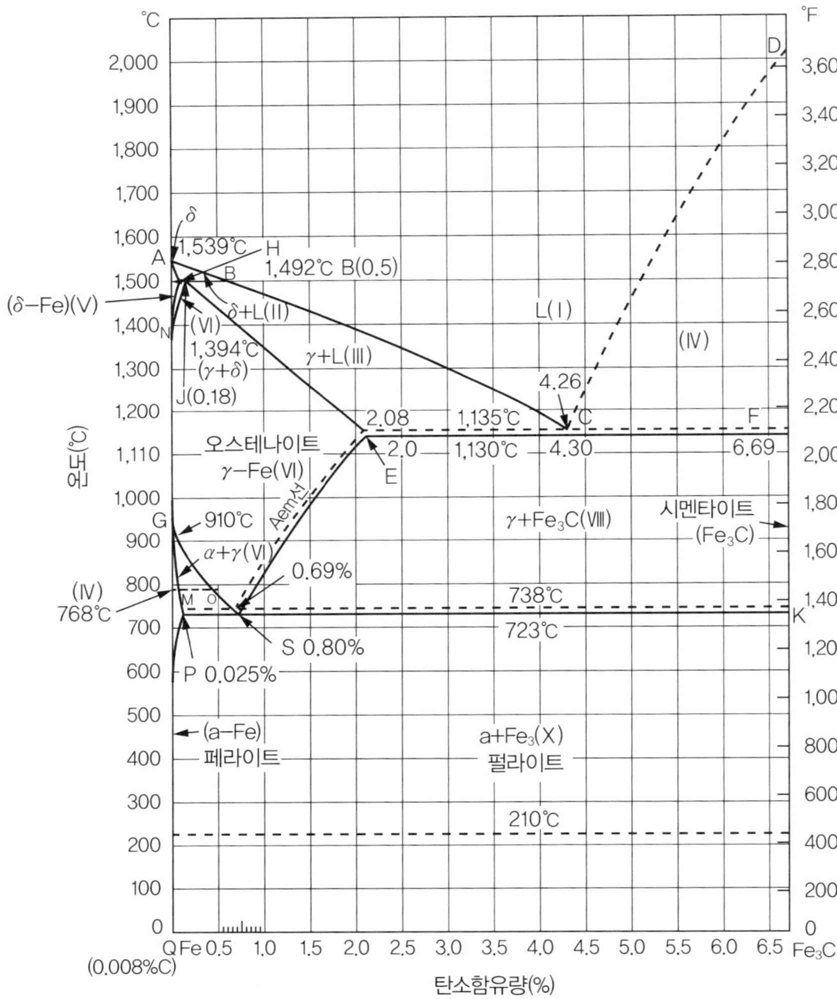

그림 1-1 Fe-C계 평형 상태도

- AB 선 : 융체로부터 δ고용체가 정출하기 시작하는 액상선이고, 이 곡선이 오른쪽으로 갈수록 내려가고 있는 것은 탄소함유량이 증가함에 따라 δ고용체의 정출하는 온도가 내려가는 것을 의미한다.
- H 점 : δ고용체가 C를 최대로 고용하는 점이고, 탄소량은 0.10%이다.
- AH 선 : 융체로부터 δ고용체의 정출이 종료되는 온도선이며, δ고용체의 고상선(solidus line)이라고 한다.
- HJB 선 : 포정온도선이며, 일정한 온도 1,492°C에 있어서 탄소함유량이 0.10~0.50%의 강에서 다음과 같은 포정반응이 나타난다.

$$[\delta\text{고용체}]_H + (\text{융체})_B \rightleftarrows [\gamma\text{고용체}]_J$$

- J 점 : 포정점(peritectic point)이라 하며, 그 탄소함유량은 0.18%C이다.
- N 점 : 순철의 A_4 변태점으로서 1,401°C에서 δ고용체로부터 γ고용체를 변화한다. 즉

$$[\delta\text{고용체}] \rightleftarrows [\gamma\text{고용체}]$$

- NH 선 : δ고용체로부터 γ고용체가 석출하기 시작하는 온도선을 나타낸다. 이것은 순철과 강의 A_4 변태개시 온도선으로서, 탄소량이 증가함에 따라 올라가고 있다.
- NJ 선 : δ고용체로부터 γ고용체의 석출이 종료되는 온도선이다.
- BC 선 : γ고용체의 액상선(liquidus line)으로서, 융체로부터 γ고용체가 정출하기 시작하는 온도선이다.
- JE 선 : γ고용체의 고상선으로서, 융체로부터 γ고용체의 정출이 종료하는 온도선이다.
- D 점 : 시멘타이트(Fe_3C)의 응고점(1,550°C)
- CD 점 : 시멘타이트의 액상선으로, 융체로부터 시멘타이트가 정출하기 시작하는 온도선이다.
- E 점 : γ고용체가 탄소를 최대로 고용하는 점이고, 탄소량은 2.0%이다.
- ECF 선 : 공정온도선이며, 일정온도 1,130°C에 있어서 탄소량이 2.0~6.67%의

주철에서 다음과 같은 공정반응(eutectic reaction)이 나타난다.

$$(\text{융체})_C \rightleftarrows [\gamma\text{고용체}]_E + [Fe_3C]_F$$

이때 나오는 조직, γ고용체와 시멘타이트의 혼합 조직인 레데뷰라이트(ledeburite)를 공정조직이라고 한다.

- C 점 : 공정점(eutectic point)이고, 탄소함유량은 4.3%이다.
- ES 선 : γ고용체로부터 시멘타이트가 석출하기 시작하는 온도선이며, 이것을 A_{cm} 변태라고 한다.
- G 점 : 순철의 A_3 변태점이며, 그 반응은 $\gamma-Fe \rightleftarrows \alpha-Fe$이고, 온도는 910°C이다.
- GS 선 : γ고용체로부터 α고용체가 석출하기 시작하는 온도선이며, 이것은 강의 A_3 변태에 상당하고, 탄소량의 증가에 따라 점차로 감소하며 0.85%의 S점에 이르면 A_1 변태와 일치하게 된다.
- GP 선 : γ고용체로부터 α고용체의 석출이 종료되는 온도선이다.
- M 점 : 순철의 A_2 자기변태점이며, 온도는 768°C이다. 이것을 순철의 큐리점(curie point)이라고도 한다.
- MO 점 : 강의 A_2자기변태점이며, 온도는 768°C이다.
- P 점 : α고용체가 탄소를 최대로 고용하는 점이고, 탄소량은 0.025%이다.
- PSK 선 : 공석온도선이라고 부르며, 일정온도 723°C에 있어서 탄소함유량이 0.025~6.67%의 강에서 다음과 같은 공석반응을 한다.

$$[\gamma\text{고용체}]_S \rightleftarrows [\alpha\text{고용체}]_P + [Fe_3C]_K$$

이때 γ고용체로부터 α고용체와 시멘타이트가 동시에 석출하여 퍼얼라이트(pearlite)라는 공석 조직을 만든다. 엄밀히 말해서 PS선은 A_1변태 또는 SK 선을 A_{321}변태라고 구별해서 부르기도 한다. 즉, A_{321}변태의 의미는 A_3, A_2, A_1의 3가지 변태가 합쳐진 것이다.

- PQ 선 : α고용체에 대한 시멘타이트의 용해도곡선이며, 상온에서 탄소가 0.008%이다.

보통 철과 탄소의 합금은 액상선(ABCD)의 온도 이상에서 완전히 융해된 상태이고, 그 이하의 온도에서는 융체와 고체의 혼합 상태이며, 고상선(AHJECF)의 온도 이하에서는 완전한 고체 상태로 된다. 또 완전히 응고한 합금은 냉각 과정에서 탄소량이 E점(2.0%)보다 적은 것은 γ 고용체 구역(Ⅶ)을 통과하지만, E점보다 많은 것은 γ 고용체 구역을 통과하지 않는다. 이상의 탄소량에 따라 E점보다 적은 합금을 강, E점보다 많은 합금을 주철로 구별하고 있다.

여기서 강의 열처리란 강에 희망하는 성질을 부여하기 위하여 가열·냉각을 행하는 조작의 총칭이다. 이것을 상태도에서 설명하는 E점에 해당하는 탄소량 이하의 합금을 고상선(AHJE)의 온도 이하에서 다루는 처리이다. **그림 1-1**에서 G는 A_3점, SE는 Acm선, S는 공석점(723°C, 0.80%C), 또 PSK에 해당하는 온도(723°C)는 A_1 변태점이라고 한다. 이 A_1점에서 γ 고용체가 α 고용체로 변태하면 γ 고용체에 고용되어 있던 탄소가 석출된다. 그 이유는 탄소를 고용할 수 없기 때문이다. 그리고 석출된 탄소는 철과 결합하여 시멘타이트를 만들며, 다음과 같은 공석 반응을 한다.

$$\gamma \text{ 고용체} \underset{\text{가열}}{\overset{\text{냉각}}{\rightleftarrows}} \alpha \text{ 고용체} + \text{시멘타이트}(Fe_3C)$$

그리고 α 고용체와 시멘타이트의 혼합물을 펄라이트라고 하며 강속의 탄소량이 적으면 시멘타이트는 전부 펄라이트가 되는데 α 고용체가 잔류하므로 α 고용체와 펄라이트가 된다. 이것은 탄소량이 S점보다 작을 때, 즉 0.80%C 이하일 때이며, 이것은 아공석강이라고 한다. 또 탄소량이 S점에 해당할 때는 시멘타이트 양과 α 고용체의 양이 혼합하여 전부가 펄라이트로 된다. 이것은 공석강이라 한다. 탄소량이 0.80%C를 초과할 때 시멘타이트 양이 많아져서 α 고용체는 전부 펄라이트로 되지만 시멘타이트는 잔류한다. 따라서 펄라이트와 시멘타이트로 되는데 이것을 과공석강이라 한다. 또 **그림 1-1**의 PQ선은 α 고용체에 대한 시멘타이트의 용해도 곡선이며 철, 강의 금속조직은 γ 고용체-오스테나이트, α 고용체-페라이트, α 고용체와 시멘타이트의 혼합물-펄라이트라고 부른다.

1-3-2 냉각방법

냉각 방법에 의해서도 열처리 내용이 달라진다(**표 1-4** 참조). 이 냉각 방법에는 두 가지의 규칙이 있다.

첫째는 필요한 온도 범위만을, 둘째는 필요한 냉각 속도로 냉각시키는 것이다.

[표 1-4] 냉각 방법과 열처리

냉각 속도	종류
서서히(노냉)	풀림
약간 빨리(공랭)	불림
빨리(수냉, 유냉)	담금질

필요한 온도 범위에는 두가지의 종류가 있다. 열처리 온도로부터 화색이 없어지는 온도(약 550°C)까지의 범위와 약 250°C 이하의 온도 범위이다. 전자의 Ar′ 범위는 담금질 효과가 나타나든가 또는 나타나지 않든가의 운명을 결정하는 온도 범위로서 임계구역이라고도 한다. 즉 이 구역을 빨리 냉각시키면 강은 경화되며, 늦게 냉각되면 경화가 일어나지 않는다.

후자의 Ar″의 범위는 담금질 처리의 경우에만 필요한 온도 범위이며, 여기서 담금질 균열을 결정지어 주는 위험 지대가 되며 이를 위험 구역이라 한다. 따라서 냉각은 신중히 하여야 한다.

'필요한 냉각 속도로 냉각시킨다'란 풀림은 서서히(노냉), 불림은 약간 빨리(공랭), 담금질에는 빨리(수냉, 유냉) 냉각시키는 것을 의미한다(**표 1-5, 그림 1-2** 참조).

뜨임 처리시는 변태점 이하로부터 냉각되므로 냉각 방법에 신경을 쓰지 않아도 된다. 그러나 굳이 신경을 쓴다면 뜨임에 의해 연하게 하는 경우(보통강, 합금강)에는 급랭을, 또한 단단하게 하고자 할 때(고속도강, Die강) 또는 저온 뜨임(일반 공구강)의 경우는 서냉한다.

[표 1-5] 냉각 방법의 요령

처리	필요한 온도 범위	필요한 냉각 속도
풀림	550℃까지(Ar′) 그 이하의 온도	극히 서서히 공랭으로도 가능
불림	550℃까지(Ar′) 그 이하의 온도	방랭 서서히
담금질	550℃까지(Ar′) 250℃이하(A″, Ms)	빨리 서서히
뜨임	뜨임 온도부터(뜨임 연화) 뜨임 온도부터	급랭 서서히

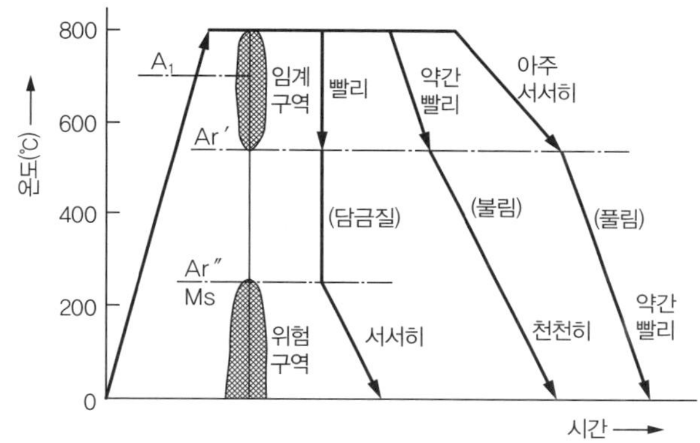

그림 1-2 냉각 방법의 요령

1-3-3 냉각 방법의 3 형태

열처리의 냉각 방법에는 세 가지 형태가 있다(표 1–6 참조).

[표 1-6] 냉각 방법의 3 형태

냉각 방법	열처리의 종류
연속 냉각	보통 풀림, 보통 뜨임, 보통 담금질
2단 냉각	2단 풀림, 2단 뜨임, 인상 담금질
항온 냉각	항온 풀림, 항온 뜨임, 오스템퍼, 마템퍼링, 마퀜칭

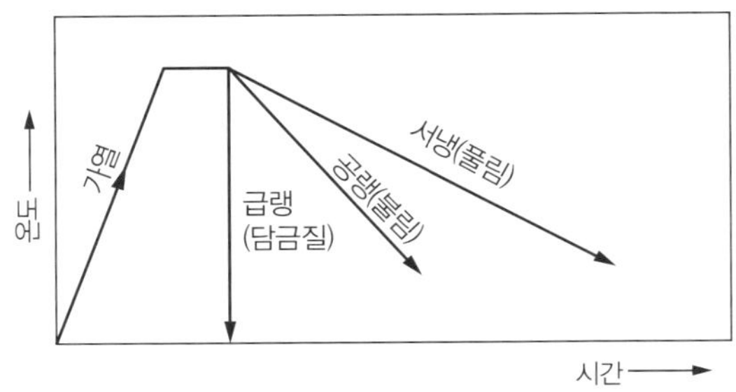

그림 1-3 연속 냉각에 의한 열처리

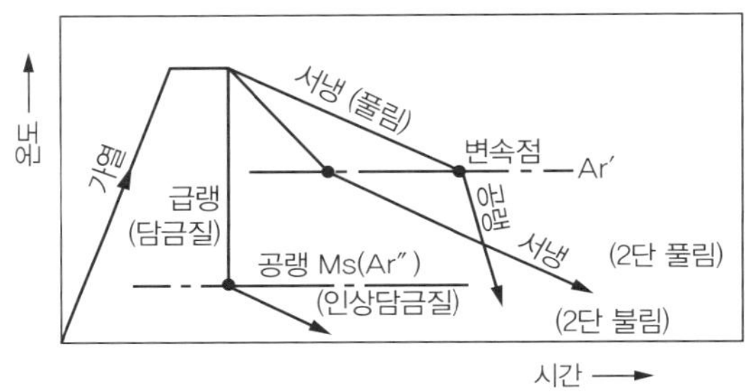

그림 1-4 2단 냉각에 의한 열처리

1) 연속 냉각(C.C: cotinuous cnooling): 완전히 냉각될 때까지 계속하는 방법으로 가장 보편적, 초보적 기술이다. **그림 1-3**은 연속 냉각의 열처리를 표시한 것으로 보통 풀림, 보통 불림, 보통 담금질이 여기에 속한다.
2) 2단 냉각(S.C: step cooling): 냉각 도중에 냉각 속도를 변화시키는 방법으로, 현장에서 널리 응용되고 있다. 2단 풀림, 2단 불림, 인상 담금질 등이 여기에 속하며 변태 속도는 Ar′ 점과 Ar″점이 기준이다(**그림 1-4** 참조).
3) 항온 냉각(I.C: isothermal cooling): 냉각에 열욕을 사용하여 항온 유지 후 냉각하는 방법으로, 고급 기술이 이에 속한다. 새로운 열처리 기술은 항온 냉각에서 이루어진다(**그림 1-5** 참조).

탄소강의 열처리 조직

압연 상태

저탄소강 0.06%C

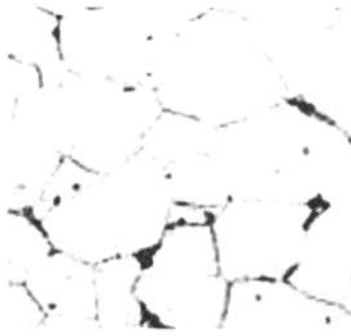
저탄소강 0.10%C

중탄소강 0.45%C

고탄소강 0.60%C

고탄소강 0.85%C

로냉(890℃-FURNACE)

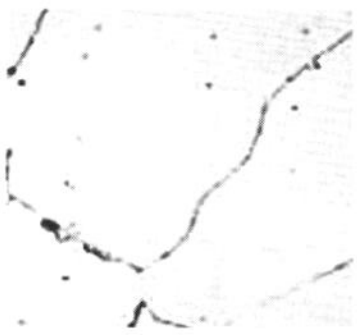
저탄소강 0.06%C

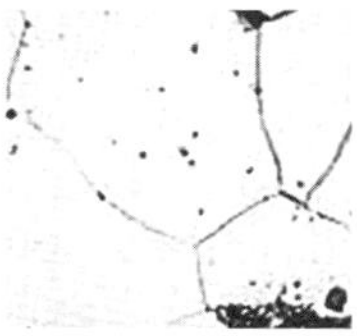
저탄소강 0.10%C

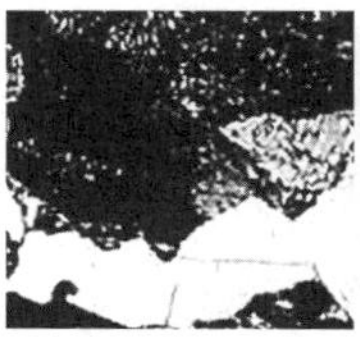
중탄소강 0.45%C

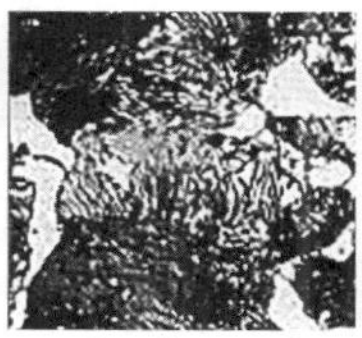
고탄소강 0.60%C

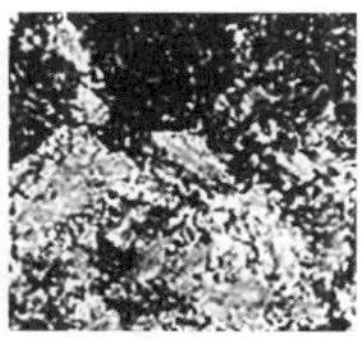
고탄소강 0.85%C

공냉(890℃-AIR)

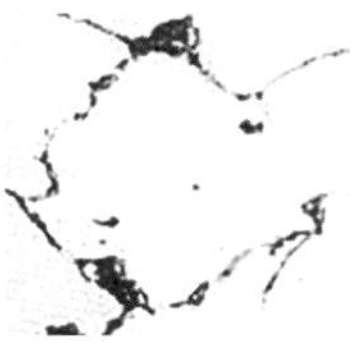
저탄소강 0.06%C

저탄소강 0.10%C

중탄소강 0.45%C

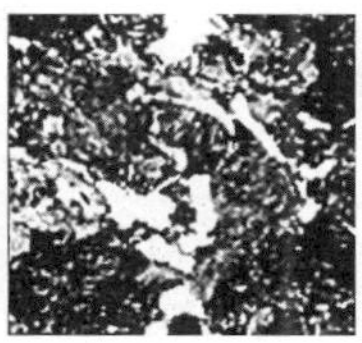
고탄소강 0.60%C

고탄소강 0.85%C

수냉(890℃-WATER)

저탄소강 0.06%C

저탄소강 0.10%C

중탄소강 0.45%C

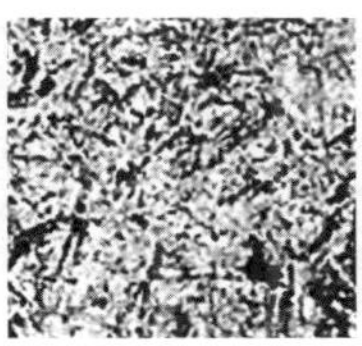
고탄소강 0.60%C

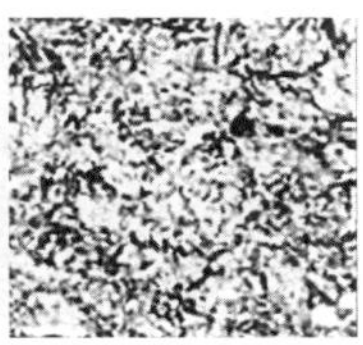
고탄소강 0.85%C

탄소강의 탄소 함량별(%C) 조직

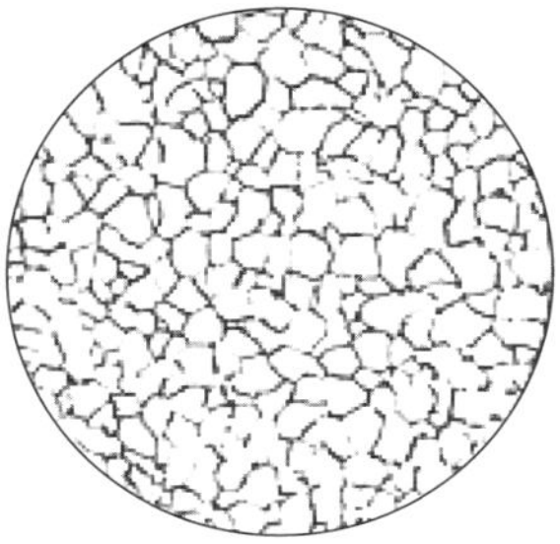

순철

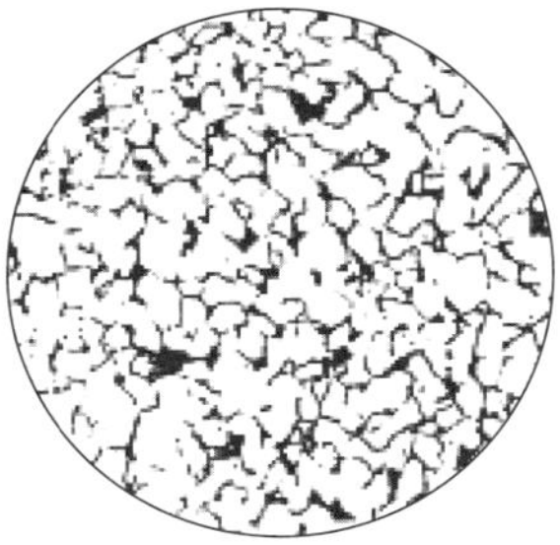

0.10%C

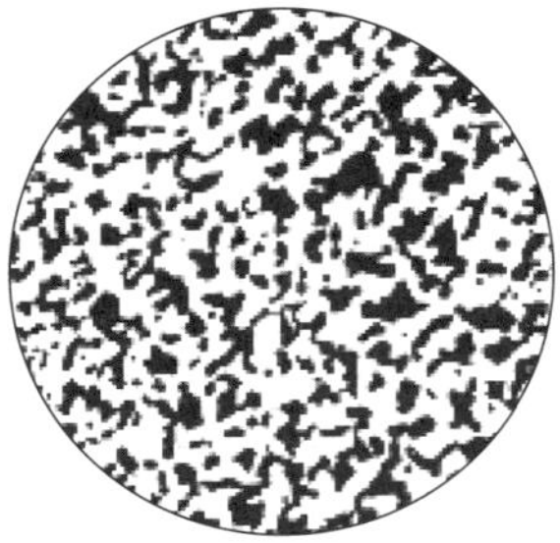

0.30%C

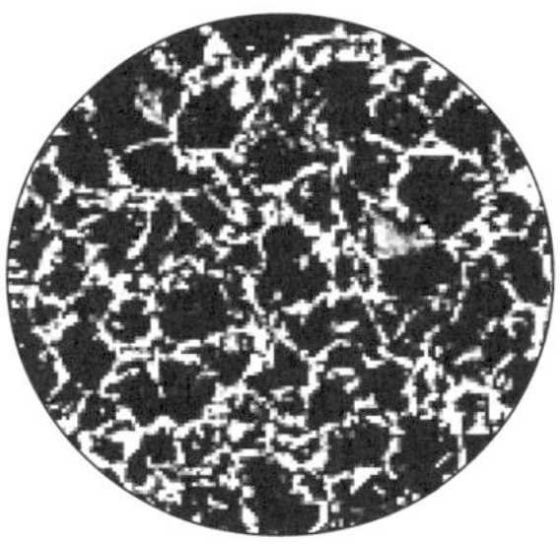

0.45%C

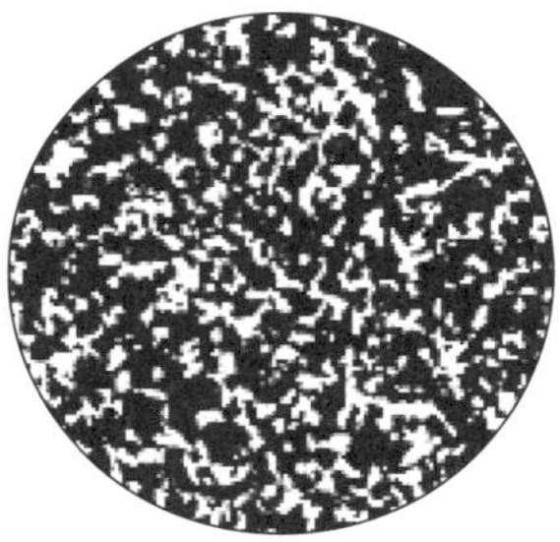

0.55%C

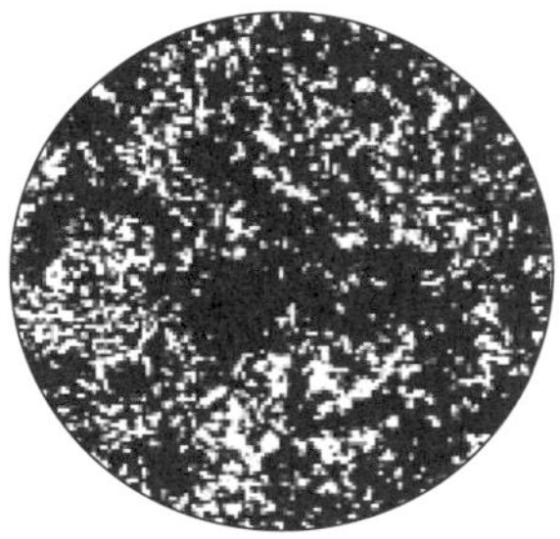

0.85%C

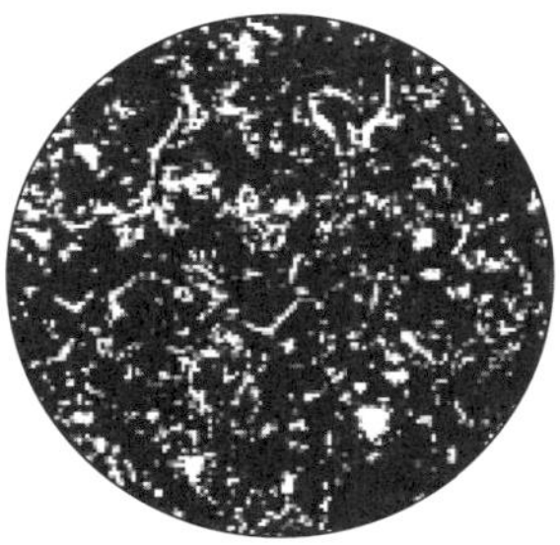

1.00%C

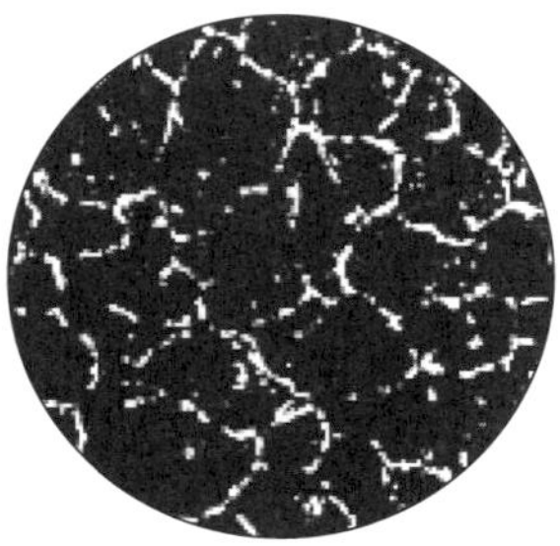

1.20%C

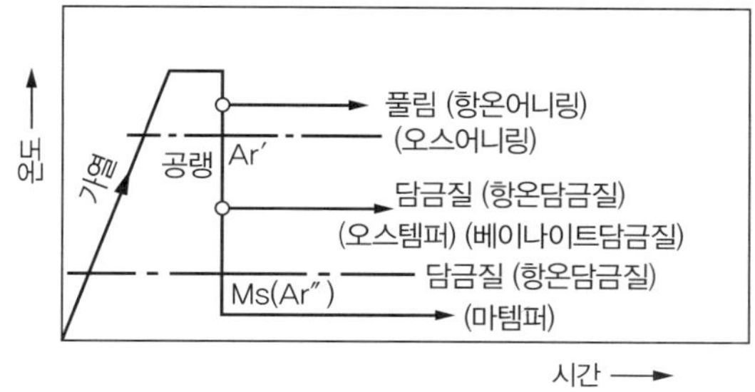

그림 1-5 항온 냉각에 의한 열처리

1-4 강의 정지 변태와 경화이론의 기초

일반적으로 Fe−C 평형 상태도는 탄소강의 기본적인 거동을 이해하는 기초가 된다. 즉 실온에서의 페라이트와 시멘타이트 및 흑연만이 관계하는 평형 상태를 표시한다. 그러나 평형 상태도에서 결정되지 않는 조직을 얻기 위해서는 Fe−C 합금이 변태하는 도중에 이것을 저지하면 중간 조직을 얻을 수 있다는 성질을 이용하면 된다. 이와 같은 중간 조직을 얻기 위해서는 공석 변태를 할 때 급랭한다.

열처리 및 뜨임 처리를 이해하기 위해서는 평형 상태도에 표시되어 있는 변태 구역에 대한 위치, 변태 구역을 통과할 때의 냉각과 가열 시간, 평형 상태에 도달하는데 필요한 시간 및 달라질 때 일어나게 되는 변태의 지체를 알아야 한다. 따라서 평형 상태도에서 얻을 수 없는 변태의 지체량과 그 공석 변태에 미치는 탄소강의 효과가 열처리의 기초가 된다.

1-4-1 서냉과 급랭

공석 변태는 가열할 때보다는 냉각할 때 더 저온에서 일어난다. 이 때의 변태를 각각 Ac_1 및 Ar_1이라 표시하며, 이와 같은 현상이 가장 현저하게 나타나는 것이 A_1 변태로서 보통 순수한 탄소강의 Ar_1은 690~720°C, Ac_1은 이보다 20~40°C 정도 높은 온도에서 일어난다. 임계점이 가열할 때보다도 냉각할 때 더 지체된다는 사실은 물리적 현상에서 볼 수 있는 이력 현상이며 변태가 일어나야 할 때 어느 물체가 변태를 하는데에 저항을 받게 된다는 뜻이다. 이렇게 지체하여 이루어진 변태는 끝에가서는 가속적으로 진행된다. 예를 들면, 물을 완전히 응고시키지 않고 그 응고점 이하의 온도까지 냉각시키면 물이 응고하려고 하는 경향이 급속히 증가한다. 이와 같이 강을 급랭시키면 A_1 변태가 진행할 여유가 없이 A_1점을 약간 낮은 온도까지 가져올 수 있으며 이것이 Ar_1이 된다. 또 가열 및 냉각 속도가 느릴수록 Ac_1과 Ar_1은 서로 가까워지고 가열과 냉각을 매우 느리게 할 때에는 양자는 정확히 동일 온도에서 일어나게 된다.

일반적으로 얼음의 융해와 물의 응고는 정확하게 동일 현상의 대립상이며, 한 쪽은 상대 효과를 상쇄하고 있다. 물을 응고시키기 위해서는 먼저 얼음을 녹이고 또 얼음을 융해시키기 위해서는 물을 응고시켜 얼음으로 만들어 주어야 한다. 즉 한 쪽의 변화는 그 대립 현상이 없으면 결코 일어날 수 없다. 실제로 급랭을 하면 물이 응고를 시작하기 전에 응고점 이하까지 온도를 저하시킬 수 있는데 이것은 정확하게 이력 현상의 예이며, 이 경우를 과냉각이라 부른다.

그림 1-6은 탄소강의 A_1 변태점의 가역성을 설명한 것으로 두 개의 평행선은 Ac_1과 Ar_1이며 상태 A는 Ac_1점 이상에서, B는 Ar_1 이하에서 안정 상태를 나타낸다. Ac_1점과 Ar_1 사이의 간격은 이력 현상에 기인한 것이며, MN선은 매우 느린 속도로 가열과 냉각을 할 경우 이력 현상이 나타나지 않고 Ac_1과 Ar_1점이 일치하게 된다.

지금 강이 Ar_1점 이하의 온도에서 안정한 상태인 B의 a점에 있다고 하고, 이것을 a로부터 Ac_1점 이상 b까지 가열할 때 Ac_1의 x_0점에 도달하면 열이 흡수되면서 상태 B에서 A로 변태되고 이 때 가열의 지체가 생긴다. b로부터 Ac_1점보다는 밑에 있지만 Ar_1보다는 높은 온도인 c까지 냉각할 때 상태 A는 그대로 있고, c에서 d까지 가열하여도 Ac_1점을 통과할 때는 x_1점에서 아무런 변화도 일어나지 않으며 임계점도 나타나지 않는다. 그러나 d에서 e까지 냉각하면 y에서 Ar_1점을 통과할 때 상태 A에서 B로 변태하며, 이 때 발열이 생겨 냉각 속도가 늦어진다. 다시 e로부터 Ac_1점 이상의 온도 f까지 가열하면 상태 B에 있는 것이 상태 A로 변태하므로 x_2에서 임계점

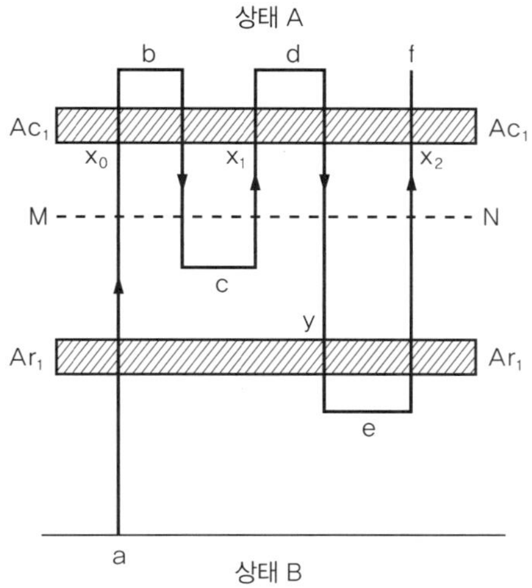

그림 1-6 강의 이력 현상의 내용

을 관찰할 수 있다.

1-4-2 급랭으로 생기는 지체변태

강은 담금질할 때 담금질이 시작되는 순간부터 온도가 하강하는 것이 아니고 담금질 커브(curve)의 위쪽에 무릎(knee) 형상에서 순간적인 지체가 생긴다. 이것은 시편을 액체 용매 중에 담금질할 때 나타나는 담금질 곡선의 특성으로 일정 시간 경과 후에 비로소 용매가 시편으로부터 열을 빼앗는다는 것이다. 그러므로 임계 구역 이상의 온도에서 여러 가지 속도로 담금질한 공석강의 냉각곡선에 나타난 정지점의 일반 성질을 **그림 1-7**에 표시하였다.

곡선 1에 표시한 바와 같이 공석강의 시편을 100°C의 물 속에 넣었을 때는 비교적 냉각 속도가 늦고 Ar_1이 나타나며 펄라이트 조직이 된다. 두 개의 정지점인 Ar′과 Ar″가 나타나며, 이 때에는 마텐자이트와 펄라이트(fine pearlite) 혼합 조직이 나타난다. 곡선 3은 20°C의 물 속에 더욱 빨리 급랭하면 Ar′점은 완전 소멸되고 Ar″점만

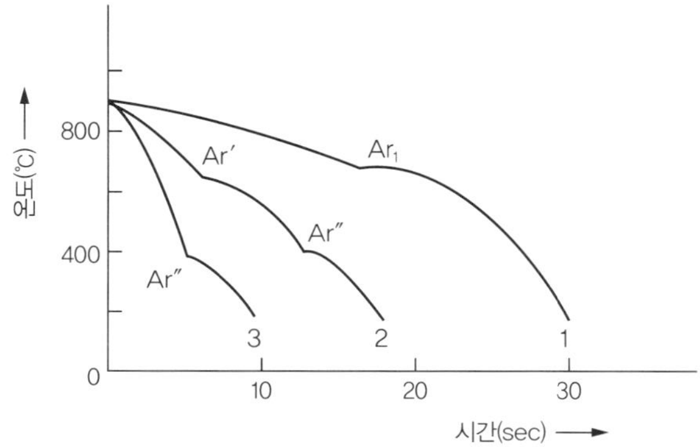

그림 1-7 공석강의 열적 변태

나타나서 마텐자이트 조직을 생성한다. 그러므로 냉각 속도가 증가하면 Ar′는 점차 감소되고, Ar″는 Ar′가 소멸할 때까지 증가되어 마침내 Ar″만 나타난다.

이상에서 설명한 바와 같이 A_1 변태는 다음과 같은 변태를 하며, 이 때 일정 시간이 소요된다. 즉,

오스테나이트 ⟶ 펄라이트(페라이트 + Fe_3C)

이 때, γ오스테나이트는 원자 밀도가 큰 면심입방격자(FCC)에서 밀도가 작은 체심입방격자 α페라이트(BCC)로 변화되어 팽창한다. 또 급랭하면 과냉각의 현상이 나타나며, 과냉각으로 인하여 변태 능력도 증가하지만 완전히 변태 구역을 돌파하면 고온에서 안정된 오스테나이트를 그대로 실온까지 가지고 올 수 있다. 그러나 탄소강의 변태 능력은 매우 강하기 때문에 A_1 변태를 완전히 없게 하는 것은 불가능하고, 오스테나이트로부터 펄라이트로 변태하고 있는 도중의 중간 조직도 얻을 수 있다.

그림 1-8은 0.41% 탄소강의 분열 변태의 실례로서, 냉각 속도 25~800℃/sec에서 담금질할 때, 초석 페라이트를 석출한 Ar_3 변태점은 냉각 속도 25℃/sec에서 이미 Ar_1 변태점과 중복되며, Ar_1 변태점은 냉각 속도가 증가함에 따라 점차 내려가서 630℃ 부근에서 하나의 계단을 형성하고 냉각 속도가 200℃/sec에 달하면 또 다시 변태점이

페라이트/펄라이트(S45C)

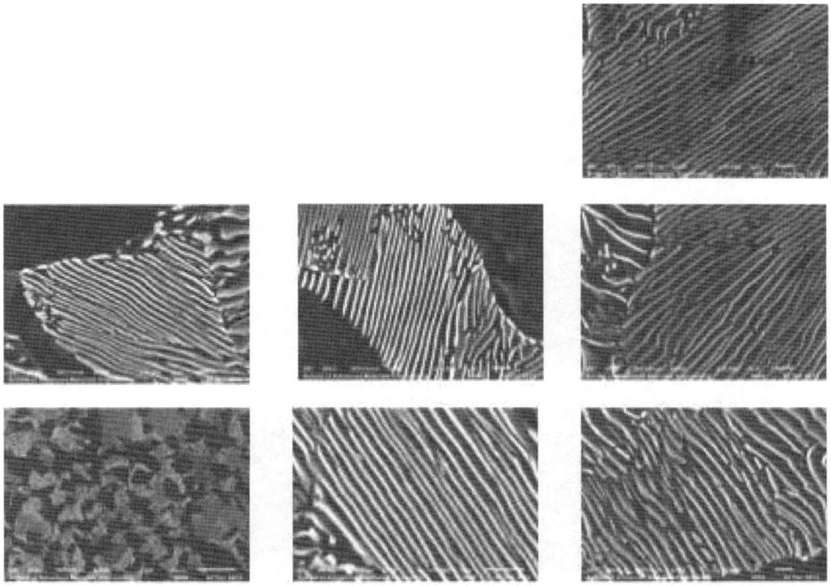

구상화 펄라이트(S450C)

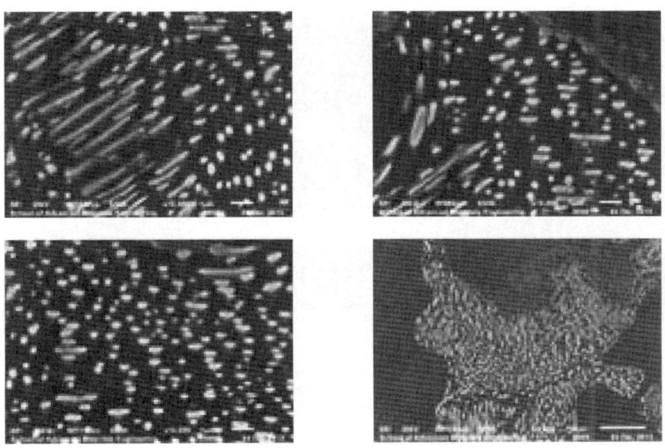

Quenching 균열

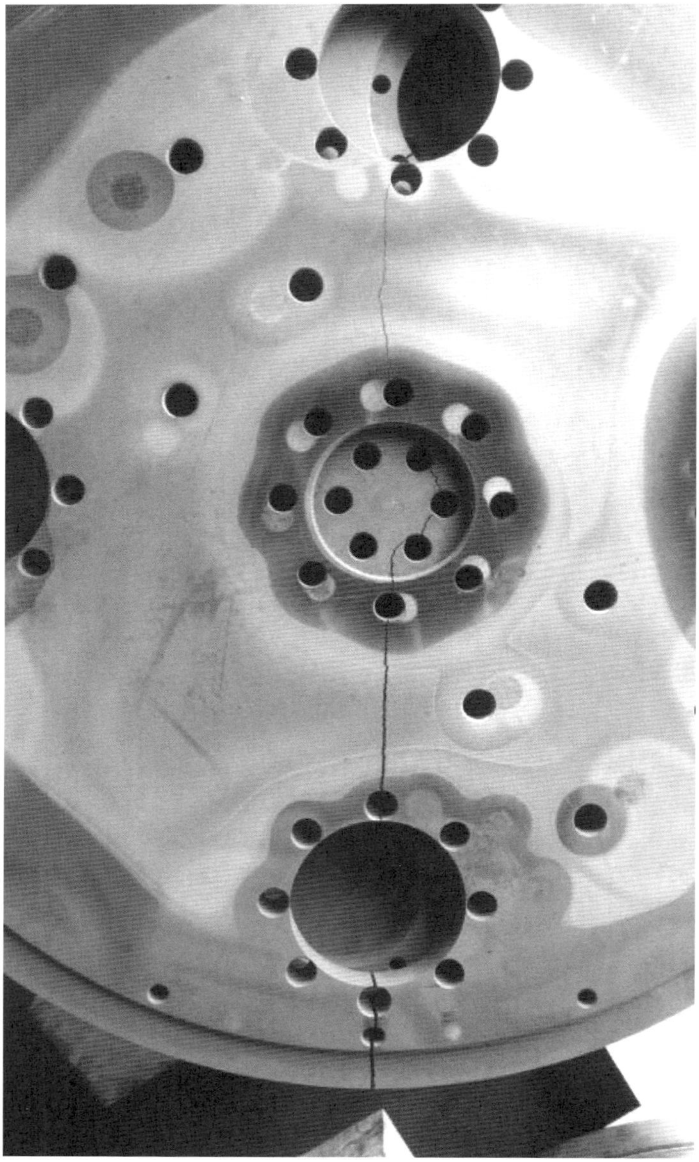

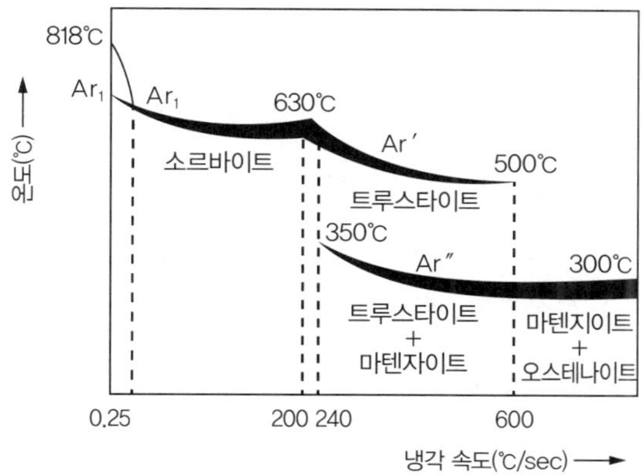

그림 1-8 0.14% 탄소강의 분열 변태

하강하여 500°C 부근에서 다음 계단에 이른다. 보통 변태의 강도는 선의 두께로 표시되며 냉각 속도가 300°C/sec를 넘으면 점차 그 강고가 약화된다. 이 두 개의 계단은 Ar_1 변태가 하강하여 나타난 것이므로 Ar′ 변태라 하고 630°C의 전 단계에서 소르바이트 조직이, 500°C의 후 단계에서는 트루스타이트 조직이 생성된다.

한편, 냉각 속도가 240°C/sec일 때 Ar′ 변태가 일어난 온도보다 낮은 온도, 즉 350°C에서 전혀 다른 변태가 일어나며, 냉각 속도가 그 이상 증가하면 약간 하강하지만 600°C/sec를 넘으면 300°C에서 일정하게 변태가 이루어지는데 이 같은 변태를 Ar″라 한다.

냉각 속도 240°C/sec에서는 Ar′ 변태도 일어나지만 Ar″ 변태가 시작하는 냉각 속도로서 이것을 하부 임계 냉각 속도라 하며 트루스타이트와 마텐자이트가 생성된다. 냉각 속도가 600°C/sec에 도달하면 Ar′ 변태는 완전 소실되고 Ar″ 변태가 일어나서 완전 마텐자이트 조직을 생성하는데 이것을 상부 임계 냉각 속도라고 부른다.

탄소 함유량이 0.4% 이하의 강에서는 냉각 속도가 크지 않으면 전체를 마텐자이트로 할 수 없으며, 탄소량 1.4% 이상의 강에서도 1,000°C에서 초석 시멘타이트가 나와 핵으로 작용하여 오스테나이트에서 펄라이트로 변화하는 Ar_1 변태를 촉진하기 때문에 빠른 냉각 속도가 아니면 변태를 막을 수 없다. 따라서 실제로 사용되는 담금질용 강으로는 0.4~1.4%C 범위의 탄소강이 많이 쓰인다.

위에 말한 바와 같이 탄소강은 냉각 속도를 크게 증가하여도 변태하려는 경향이 강하기 때문에 완전한 오스테나이트를 얻을 수 없다. 특수강에서는 특수 원소가 오스테나이트 변태를 방해하므로 오스테나이트를 실온에서 쉽게 얻을 수 있다.

그림 1-9에서 펄라이트는 오스테나이트 결정립계에서 생긴 핵이 반구상으로 된 방사상의 부채형으로 성장한다. 서로 인접된 부채형의 발달면이 접하면서 중심 부분으로 향하여 주상으로 되며, 나중에 (d)와 같이 완료된다.

이 때 펄라이트의 결절(Nodule)은 그 핵이 생긴 입자의 내부 방향으로만 성장하며, 결정 경계를 넘어서는 발달하지 않는다. 성장하는 결절은 정확하게 입자의 중심에서 만나게 되거나 또는 펄라이트의 발달면이 규칙적인 윤곽을 형성하게 되는데, 이는 이상적이고 일반적인 경우는 아니다.

여기서 Ar″ 변태만 나타나게 될 때는 펄라이트의 핵은 전혀 나타나지 않고 오스테나이트가 마텐자이트로 변태하게 되며, Ar′와 Ar″가 동시에 일어날 때는 트루스타이트 결절과 마텐자이트의 혼합으로 이루어진다. 보통 Ar′ 및 Ar″ 변태는 비교적 급랭할 때 공석변태가 하강하기 때문에 생성된다. 오스테나이트에서 냉각을 시작하

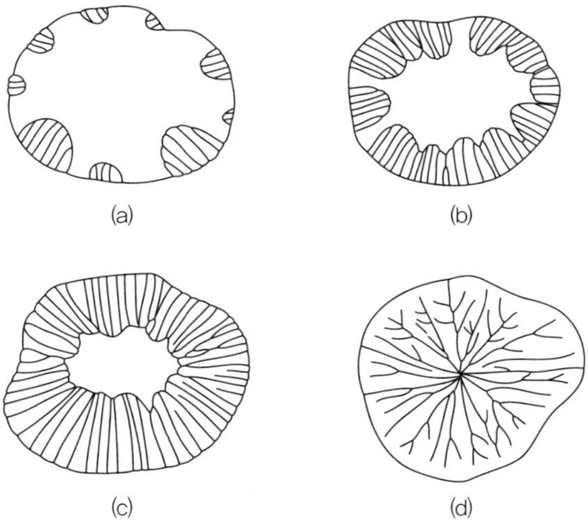

그림 1-9 오스테나이트 입계에서 펄라이트가 생성되는 과정

여 평형도의 임계 구역을 통과할 때, 느린 속도로 냉각하면 오스테나이트가 변태되어 초석 페라이트 또는 시멘타이트와 펄라이트가 생성된다.

여기에서 펄라이트가 생성할 때 다음 두 가지의 반응이 동시에 일어난다.

① γ철로부터 α철로 변화하는 반응: 격자 변태
② 공석 조성의 오스테나이트로부터 시멘타이트(Fe_3C)가 분리되는 반응: 확산 변태

위 격자 변태에 있어서는 면심입방격자(FCC)를 가진 γ 고용체가 체심입방격자(BCC)인 α 고용체로 변화된다. 확산 변태는 탄소를 2.0%까지 고용할 수 있는 γ 고용체인 오스테나이트가 최대 용해도가 0.025%C인 페라이트로 변화하기 때문에 페라이트 중에 고용하지 못한 탄소 원자는 3개의 α철 원자와 결합하여 Fe_3C라는 탄화물을 형성하고 이것이 확산되어 점차 커진다. 격자 변태와 확산 변태는 서냉할 때 동시에 일어나며 Ar″ 변태가 일어나게 되는 비교적 빠른 냉각 속도에서도 역시 위의 두 가지의 반응이 동시에 일어난다. 그러나 더욱 급속히 냉각되면서 Ar′에서 시멘타이트가 분리되는 반응은 완전히 억제된다. 이것이 3개의 α철과 결합하여 탄화물(Fe_3C)을 만드는데는 시간이 필요하기 때문에 급랭하면 확산 변태가 일어날 여유가 없으므로 이것을 억제할 수 있게 된다.

Ar′ 범위를 통화할 때 시멘타이트의 분리가 억제되면 동시에 γ철에서 α철로 변화하는 반응이 순간적으로 억제되고 Ar′ 점은 없어진다. 그러나 더욱 저온까지 냉각할 때는 γ철이 α철로 변태하고자 하는 경향이 더욱 커져서 Ar″ 범위에 이르면 이같은 변화에 대한 반응 속도가 매우 커지게 되므로 탄소강에서는 급랭으로도 완전히 억제할 수 없다. 따라서 Ar″ 변태는 면심입방격자의 γ 고용체로부터 체심입방격자의 α–마텐자이트를 거쳐서 체심입방격자의 β–마텐자이트로 변태하는 격자 변태를 의미한다. Ar′ 변태는 강화된 변태이기 때문에 시멘타이트와 페라이트의 집합상태는 펄라이트보다 더 미세하며 그 조직은 소르바이트와 트루스타이트가 된다. 즉 Ar′점에서 반응하는 조직은 Ar_1의 경우와 동일한 공석 조성이 아니라, 넓은 범위로 변화된다.

Ar″에 있어서와 같이 비교적 낮은 온도에서는 Fe_3C의 분리 혹은 확산이 너무 늦기 때문에 급랭하면 생성될 시간이 없고 Fe_3C는 과포화 탄소 원자 상태로 잔류하게 된다. Ar_1 변태의 경우 공석강과 비슷한 일정한 조성 0.8%C를 가지고 있는 γ가 반응하겠지만 Ar′ 변태에서 반응하는 조성은 앞서 말한 바와 같이 광범위한 조성을 가지고 있으며, 이것과 동일하게 Ar″ 변태에서 반응하는 조성도 Ar′변태에서 생성된 조성보다 넓은 범위로 변화한다. 그 범위는 약 0.2%C로부터 오스테나이트 중의 탄소의 최대 용해도 2.0%C까지 포함된다.

그러나 아공석 또는 과공석강에 있어서는 Ar′점에 달하기 전에 초석 페라이트 또는 Fe_3C가 각각 오스테나이트로부터 분리하고자 하는 강한 경향도 있다. 만약 Ar′온도에 도달하기 전에 일정량의 초석 페라이트 혹은 시멘타이트가 분리하면 Ar′ 변태를 일으키는 핵으로 작용하여 Ar′반응이 가속화된다. 이 때문에 아공석강과 과공석강에서는 Ar′ 변태를 억제하고 Ar″ 변태만을 일어나도록 하기 위하여 더욱 큰 냉각 속도가 요구된다. 그러므로 완전히 강을 경화시키는 임계 냉각 속도는 공석강에서 최소가 된다.

1-5 강의 항온 변태

강을 오스테나이트 상태로부터 A_1점 이하의 항온 중에 담금질한 그대로 유지 했을 때 나타나는 변태를 항온 변태라 한다. 이는 미국인 베인(bain)이 실험하였기 때문에 베이나이트 변태라고 하며 항온 변태 속도를 측정하였다.

예를 들면 0.77%C의 탄소강을 A_1점 이상의 오스테나이트 상태에서 625°C의 용융 연욕 중에 담금질한 후 일정 시간 유지한 다음 수중에 담금하고 그 때의 조직을 검사한 결과, 20초까지는 오스테나이트 조직이 그대로 남아 있어 변태가 전혀 없었다. 그러나 20초 경화 후에는 부분적으로 펄라이트로 변태하기 시작하였고 다시 오스테나이트를 580°C 연욕 중에 담금하면 1초 이내에 미세한 펄라이트로 변태하기 시작하여 4초 후에 완료되었다. 496°C의 연욕 중에서는 수초에 변태가 시작, 200초

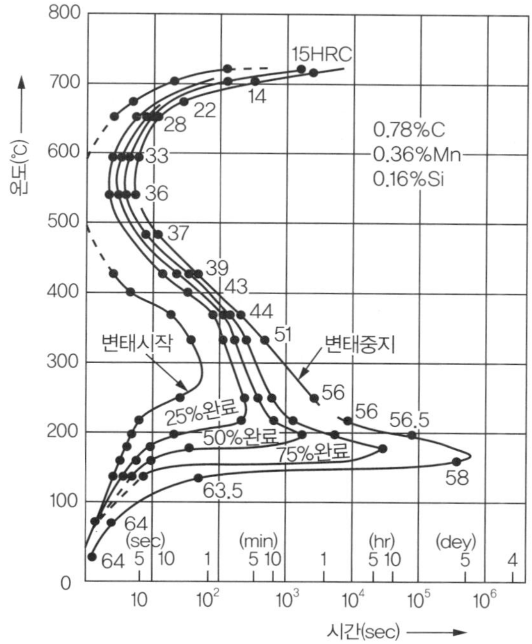

그림 1-10 0.77% 탄소강의 항온 변태 곡선

후에는 모두 베이나이트로 변태하며, 그것은 마텐자이트와 미세한 펄라이트와의 중간 상태의 조직이다. 이상 실험한 것을 공석강에 대해서 행한 결과를 나타낸 것이 **그림 1-10**이며, 이것을 베인의 S곡선이라고 부른다.

이와 같은 S곡선은 모든 탄소강에 나타나지만 오늘날에는 그 상태가 약간 불안전하다는 것을 알게 되어 S곡선 대신 **그림 1-11**과 같은 C곡선을 만들게 되었다. 이것은 S곡선과 C곡선이 저온에서 그 상태가 많이 변화된 형태이며, 보통 S곡선과 C곡선을 T.T.T(temperature time transformation)곡선이라고 한다.

그림 1-11의 C곡선에서 abc선의 왼쪽은 불안정한 오스테나이트이고 abc 선은 Ar_1 변태 개시선이며 a′b′c′선이 그 완료선이다. ab, a′b′선에서는 온도가 내려갈수록 보통 펄라이트, 소르바이트 및 트루스타이트 조직이 나타난다. 즉 bb′선에서 cc′선까지의 온도 구간에서 베이나이트 조직이 생성된다. 이 곡선의 특징은 560℃ 부근에서는 극히 짧은 시간(1초 이내)에 변태가 시작되어 변태가 급히 완료되는데,

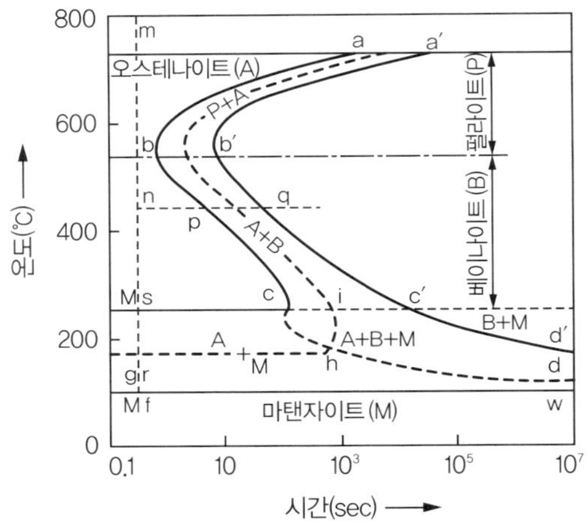

그림 1-11 C곡선

이 때 변태 속도가 최대가 되며 이 부분을 S곡선의 코(Nose)라 한다. 이것이 생긴 이유는 불안전 정도의 증가에 따른 변태의 가속도화에 있으며 오스테나이트를(m 표시) n점까지 강하시켜서 그 온도에서 일정 시간 유지하면 p점에 이르는 시간까지 불안전 오스테나이트가 지속되고 p점에 도달하면 Ar_1 변태가 시작되어 q점에서 전부 베이나이트가 된다.

그 후에는 오랜 시간이 경과하여도 변화하지 않고 그 상태를 유지하며, 또한 오스테나이트를(m 표시) s점까지 강하시키면 c점까지는 불안전 오스테나이트가 지속되고, 이 c점에서 변태가 시작되어 c′점에서 완료한다. 그 조직은 마텐자이트와 비슷한 베이나이트 조직을 생성한다. s점에서부터 마텐자이트가 발생하여 f점에서 완료된다. 그러므로 오스테나이트를 r점까지 급랭하면 50%의 오스테나이트는 마텐자이트로 변태하고 나머지는 ch선에 도달하여 베이나이트화 한다. 그리하여 최후의 조직은 마텐자이트와 베이나이트의 혼합 조직이 형성된다. 마텐자이트의 부분은 시간에는 관계없으며 sf간의 온도에만 국한되고, 전술한 r점은 sf 구간의 중간 온도에 해당되므로 50% 마텐자이트와 50% 베이나이트가 얻어진다.

이와 같이 마텐자이트의 양(부분)이 온도에만 국한된 이유는 마텐자이트는 확산에 의해 일어나지 않고 순간적인 격자 변화로 생기기 때문이다. 그림의 s점은 마텐자이트의 발생이 시작되는 온도로서 이것은 Ms점, f점은 완료하는 온도로 Mf점이라 한다. 그러므로 마텐자이트 변태는 Ms점에서 시작하여 Mf점에서 완료된다.

1-6 강의 연속 냉각 변태

강재를 담금질 할 때의 현상을 TTT곡선과 연결하여 생각하면, 일정 속도로 연속 냉각을 하게 되므로 S곡선 관계에서도 약간의 차이가 생기며, 이 연속 냉각 변태를 CCT라 하고 그것을 표시하는 곡선을 CCT곡선이라 한다. **그림 1-12**에서 abc, a′b′c′, ec, vw선은 전술한 **그림 1-11**과 같다. 고온에서 일정한 속도로 냉각시켰을 때의 냉각 과정은 완만한 냉각일 때는 pqr과 같고 급랭일 때는 ps와 같은 포물선 형태를 나타낸다. 이것은 횡축의 시간을 대수로 표시했기 때문이며, 따라서 서냉일 때 Ar′ 변태는 gh곡선의 q점에서 시작하여 g′h′ 곡선의 r′ 점에서 끝나며, 급랭일 때는 ps곡선과 같이 변화해서 s점까지는 변화가 없고 s점에서 다시 Ar″ 변태가 시작된다.

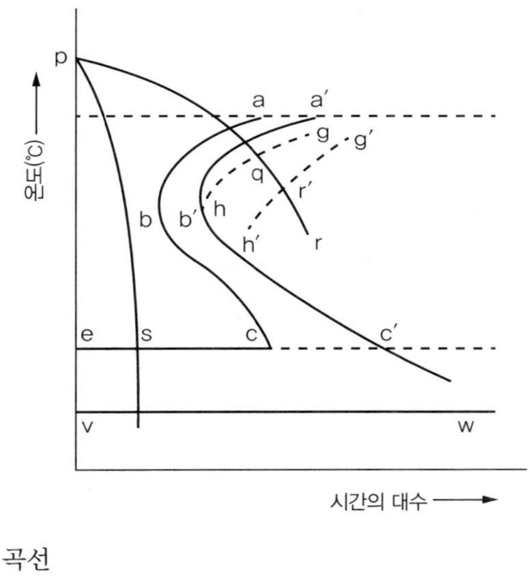

그림 1-12 CCT 곡선

금속의 조직과 특성

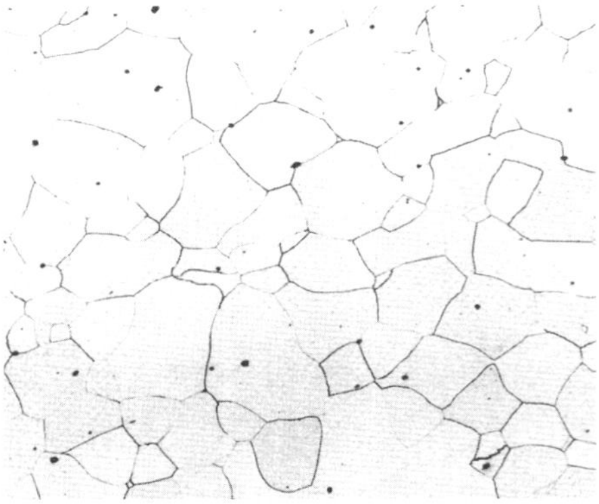

Ferrite

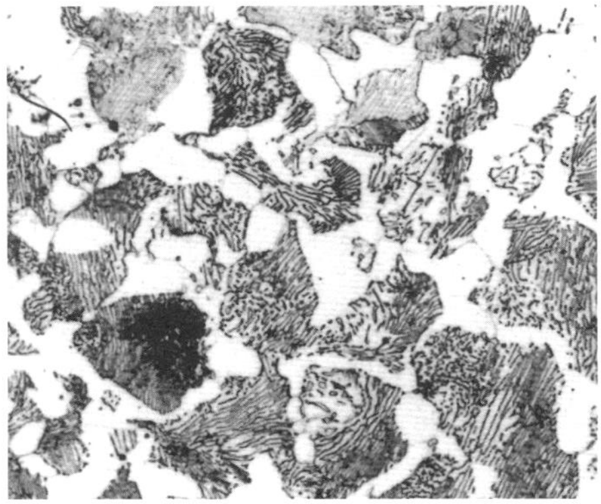

Austenite

Pearlite

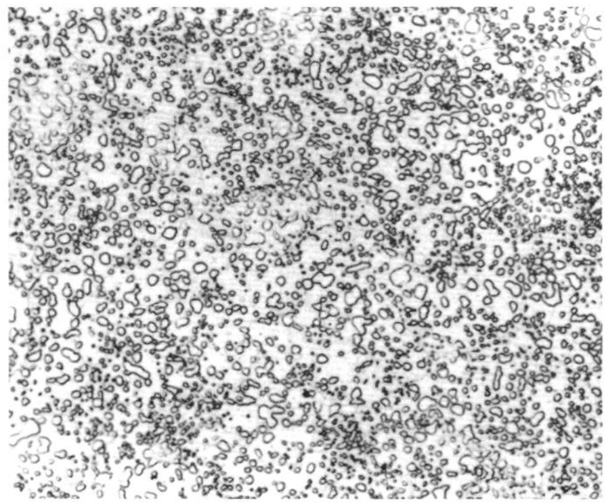

구상 Cementite

Sorbite

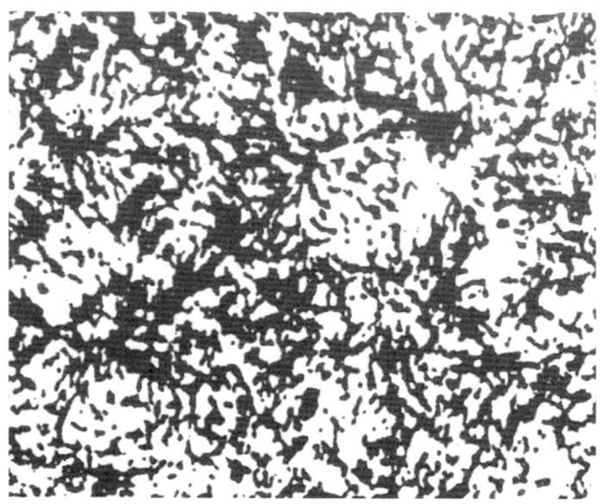

Troostite

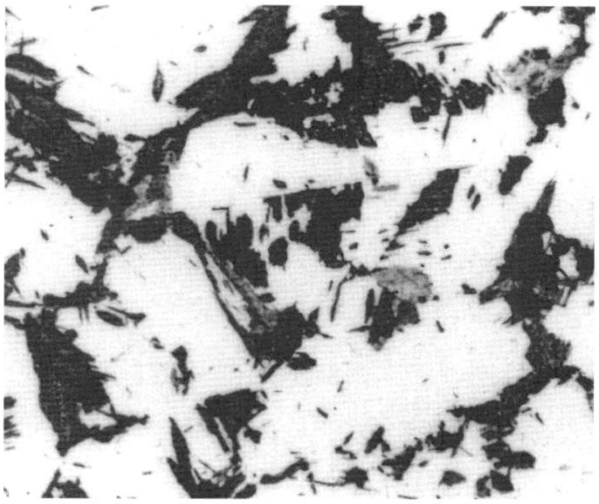
상부 Bainite

하부 Bainite

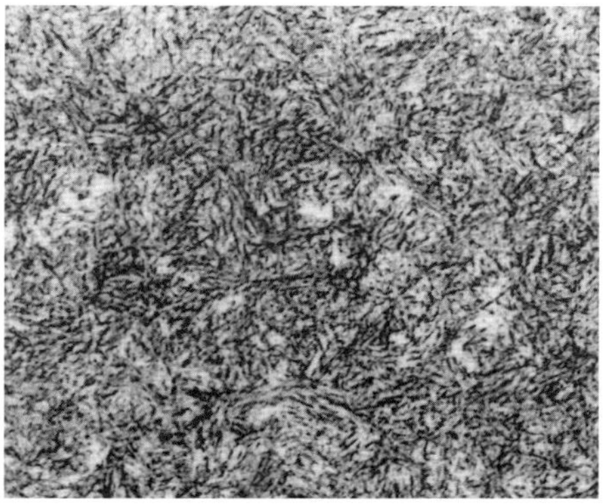
Martensite

제2장

열처리에 대한 재료의 변화

2-1 결정립의 변화

2-1-1 오스테나이트의 결정립도의 변화

오스테나이트 결정립은 열처리 및 전처리에 따라 크게 변화되며 강의 기계적 성질과 담금질성 및 경화능에 큰 영향을 준다. $\alpha \rightarrow \gamma$ 변태 또는 열간 가공으로 형성된 재결정의 초정립도는 미세하지만 냉간 가공과 열처리 작업 등으로 성장한다.

• 성장과정

오스테나이트 결정립의 성장은 조립강과 세립강에서 상이하다. 보통 조립강에서는 개재물의 입자에 의한 결정립의 성장에 방해 요인이 적고 초정립도는 비교적 부드럽고 대부분 연속적으로 성장한다(**그림 2-1** 참조).

세립강에서는 Al, Nb, V, Ti, Zr 등이 강중에 미세하게 석출하고 초정립도의 성장을 억제하므로 비교적 고온까지 세립으로 유지된다. 그리하여 1,000℃ 전후의 고온에서 석출 입자의 고용 혹은 응집이 현저하면 결정립은 불연속 성장이 이루어져 급속히 조대화 한다.

세립강으로 많이 사용되고 있는 Al 킬드강은 육방 정계의 AIN으로 결정 구조를

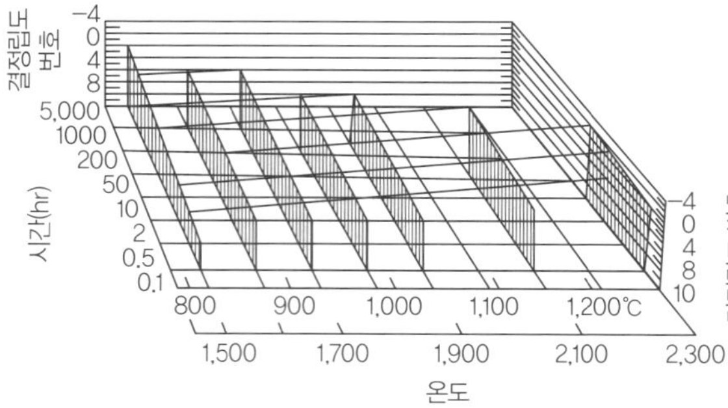

그림 2-1 규산으로 탈산한 오스테나이트 결정

갖는 AIN이 결정립의 미세화에 중요한 역할을 하며, 이 강의 결정립 조정에는 AIN의 석출 과정에서 입도에 미치는 오스테나이트의 변태 온도와 시간의 영향을 이해하여야 한다. 0.02% Al을 함유한 보통 탄소강 및 저합금강에서는 강중의 AIN은 1,100°C 전후에서 거의 완전 고용계에 우선하여 석출한다. 각 온도에서의 석출 속도는 **그림 2-2**에서와 같이 850°C 전후에서 가장 빠르다. 또 용체화 처리 온도가 낮을수록 석출은 빠르지만 고용, 확산 균질화가 불안정하다.

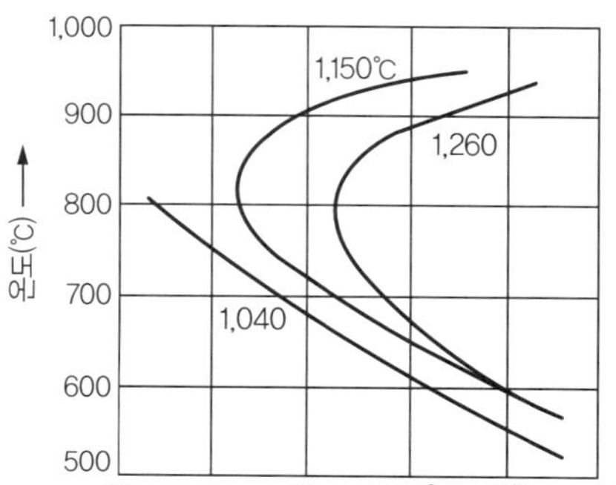

그림 2-2 AIN의 항온 석출에 미친 용체화 처리 온도의 영향

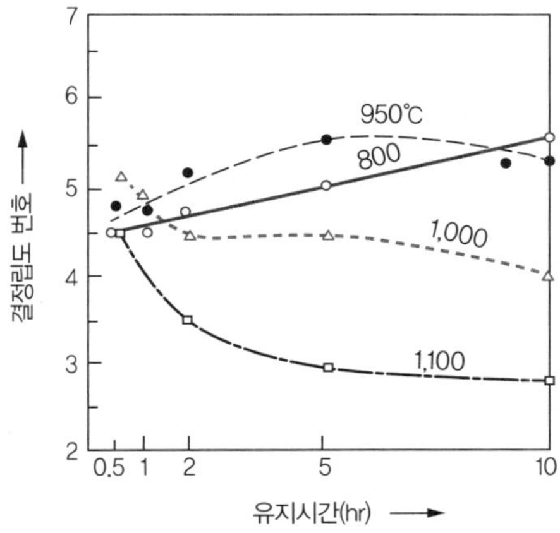

그림 2-3 Al로 탈산한 0.65% 탄소강의 각종 온도로 가열할 때의 결정립도

그림 2-3은 AIN의 석출 및 고용과 오스테나이트의 결정립도와의 관계를 표시한 것이며 이들은 밀접한 관계가 있다. 그러나 결정립도를 지배하는 요인으로서는 AIN의 석출량, 석출 입자의 크기와 형상 및 분포 상태 등도 고려해야 한다. 특히 Al, N 함유량이 비교적 많고 AIN의 응집이 뚜렷해지면 1,000℃ 이상 온도에서도 AIN의 입자가 다량 잔류할 때는 그 응집이 결정립 조대화의 주요 원인이 된다.

Nb, V, Ti, Zr 등의 탄화물, 질화물에는 여러 종류가 있으나 보통 강에서는 NbC, NbN, V_4C_3(또는 VC), VN, TiC, TiN, ZrC, ZrN 등 NaCl 형 결정 구조를 가진 탄화물과 질화물이 석출하고 오스테나이트 결정립의 미세화와 조대화에 영향이 크다.

이와 같은 탄화물과 질화물은 서로 용해도를 가지고 있으므로, 대부분 탄질화물의 단일상이 석출된다.

2-1-2 페라이트 결정립도의 변화

오스테나이트 → 페라이트 → 펄라이트로 변태할 때 핵 형성 위치는 오스테나이트 결정 경계이므로 오스테나이트 결정립이 미세할수록, 변태 온도가 낮을수록, 냉각 속도가 빠를수록, 핵 형성 속도에 대한 비율이 증가하고, 미세한 페라이트 결정립을 형성한다. 저탄소강에서 문제가 되는 페라이트 결정립의 성장은 조립강에서는 대부분 비금속 개재물과 시멘타이트 입자 등이 연속 성장을 규제하며, 결정립의 크기는 일정 시간 후에 포화값에 도달한다. 일반적으로 냉간 압연한 저탄소 Al 킬드강판을 풀림하면 재결정 후의 결정립은 대부분 압연면상에 2축의 방향으로 늘어난 편평한 형상으로 나타난다. 이것은 냉간 가공 후 또한 과포화로 고용하고 있는 AIN가 재결정 전에 가공 조직이 길게 늘어난 결정립계에 석출하고, 완전 풀림 후에 재결정의 성장을 억제하기 때문이다. 따라서 오스테나이트화 온도에서 충분히 서냉하든가 냉간 가공 전에 가열하여 냉간 가공 전의 AIN의 과포화를 근소하게 하면 결정립은 성장하지 않는다. 또 재결정 전에 AIN을 석출시켜 늘어난 재결정립을 형성하기 위해서는 풀림 온도까지 서냉하든가 600℃ 이하의 온도로 풀림한다. 보통 700℃ 이상의 높은 풀림 온도로 급열하면 AIN의 석출 이전에 재결정이 완료되고 등축 입자가 형성된다.

2-2 산화 및 탈탄

2-2-1 산화

우주선 아폴로가 달에서 가지고 온 돌에 함유되어 있던 금속은 산화물로서가 아니라 금속 원소로 존재하고 있었지만 일상 생활에 사용하고 있는 금속은 지각 중에 존재하고 있는 광석을 제련하여 만든 것이다.

공기중에는 백금, 금, 은 같은 몇 종의 금속을 제외하고는 금속 원소로 존재하는 것보다 산화물로 존재하는 것이 안정하기 때문에 천연의 광석은 산화물인 경우가 많다. 그러므로 일반적인 제련은 산소를 제거하는 공정이 보통이지만 이것은 광석에서 산소를 억지로 분리시켜 금속 상태로 만드는 것이다. 따라서 일반 금속은 공기

속의 산화성 가스와 접촉하면 이것과 화합하여 산화물로 되돌아 가려고 하는 성질이 있다.

[1] 스케일

금속을 제품으로 만들기까지는 가공 공정중에 여러 번 고온으로 가열된다. 철강, 구리 등은 그 산화물이 안정하게 존재하는 공기중이나, 동일한 분위기 속에서 가열하면 표면이 산화해서 산화물 표피층이 생긴다. 이와 같은 층이 발달하여 두껍게 된 것이 스케일이다. 철강은 제품을 예로 들면, 철강에서 제품까지의 여러 공정에서 단조, 압연, 제관 같은 공정을 거치는 동안 가열로 인하여 표면이 산화해서 스케일이 생긴다.

이와 같은 스케일의 발생에 의해 생기는 손실은 다음과 같다.

1) **산화 손실:** 스케일은 철강 중량의 산화 손실이 되는 것이며, 가열, 온도, 시간, 단위 중량에 대한 표면적 및 철강을 에워싼 분위기 등에 따라 다르지만, 보통 2~4% 정도다. 특히, 가열이 반복되는 경우 5% 정도의 막대한 산화 손실을 가져온다.
2) **내화도의 저하:** 가열로 내화재에 스케일을 부착하면 내화도를 저하시켜 벽돌이 부식된다.
3) **제품의 흠집:** 열간 가공에 앞서 발생한 스케일을 필요에 따라 제거하지 않으면 스케일이 철강의 내부로 침투하여 제품 표면에 흠집이 남는다. 또 흠집이 안 되는 비교적 얇은 스케일의 경우도 흑피 위에 도장을 하면 도장막이 벗겨지므로 스케일을 제거하지 않으면 안된다.
4) **도자율의 저하:** 규소 강판 표면 등에 압연 스케일이 존재하면 도자율이 저하되므로 제거하여야 한다.

일반적으로 열처리 과정에서도 뜨임이나 변형 제거 풀림 처리와 같이 비교적 낮은 온도에서의 처리와 고속도 공구강이나 합금 공구강의 담금질, 주조품의 확산 풀림,

또 내열강의 용체화 처리와 같이 1,000~1,300°C 고온에서 가열되는 경우도 있으며, 이 때에는 스케일 손실뿐 아니라 스케일 제거 시간의 빗나감, 혹은 급히 스케일을 제거한 부분은 냉각할 때까지 스케일이 생기는 등 제품 표면에 요철이 생기게 된다.

이와 같이 철강의 표면에 요철이 생기고 스케일을 부착한 상태로 제품이 완성되면, 기계적 성질을 몹시 악화시키고 상품 가치도 저하된다.

[2] 산화의 이용

금속 표면에 얇은 산화 피막을 형성시켜 방청에 이용하는 경우가 있다.

1) **수증기 처리:** 절삭 공구의 수명을 연장시킬 목적으로 담금질한 고속도 공구강의 커터, 호브, 드릴 등의 표면에 산화철의 피막을 형성시킨다.
2) **알칼리 착색:** 기계 부품의 방청을 위해 부품 표면에 산화 피막을 형성한다.
3) **알루미늄의 방식:** Al을 양극 산화하여 2~20 미크론의 알루마이트 층을 만든다.
4) **구리 및 구리 합금의 방식:** 강 알칼리 욕 속에서 양극 산화하는 방법과 공기중에서 250~400°C로 가열하여 갈색의 산화막을 만드는 방법이다

2-2-2 탈탄

철강을 고온으로 가열하면 표면이 산화한다. 이 때 함께 일어나는 현상이 탈탄이다. 철강을 에워싼 분위기 가스 중의 산소가 철강 속으로 침입하여 탄소와 반응하여 일산화탄소를 만들고 다시 일산화탄소가 철강에서 탈출하여 철강 표면의 탄소 농도를 저하시키며 내부에서 탄소가 확산되어 탄소 함유량이 저하된다. 이 관계를 **그림 2-4**에 나타냈다.

[1] 표면 반응의 분해

표면에서의 반응과 내부로부터의 탄소의 확산이 중요한 역할을 하게 되지만 표면 반응을 단계별로 나누면 다음과 같다.

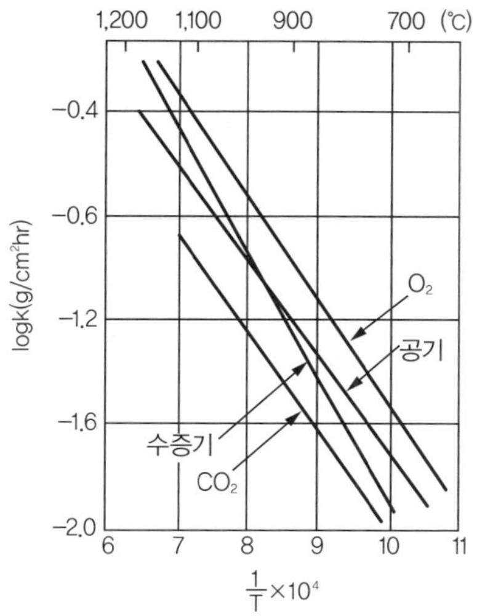

그림 2-4 각종 혼합 가스에 의한 철의 산화 속도 정수와 온도 관계

① 탈탄성 가스가 철강 표면에 확산

② 탈탄성 가스의 흡착

③ 표면에서의 반응

④ 반응 생성물이 철강 표면으로부터의 가스상 속에서 이탈

⑤ 이탈한 반응 생성물이 철강 표면으로부터의 가스상 속에서 이탈

여기서 가스의 유속을 약간 크게 하면 ① 및 ②의 반응은 충분히 크게 할 수 있으나, ③의 반응은 높은 온도일 때만 증가한다. 따라서 탈탄 속도는 탄소의 확산 속도와 ②, ④의 반응 속도 중 가장 느린 속도가 탈탄 반응을 제한시키지만, 표면의 탄소는 처리 온도에 관계없이 불과 몇 분 동안에 완전히 가스와 철강의 평형 조성으로 저하되기 때문에 강 속의 탄소의 확산으로 인하여 결정된다. 다시 말하면 탈탄의 양은 가열 시간에도 관계되지만, 철강 속의 탄소의 확산 항수에도 크게 의존한다.

어떤 단면 A에서 단위 시간에 통과하는 질량 m은 그 장소에서의 농도구배

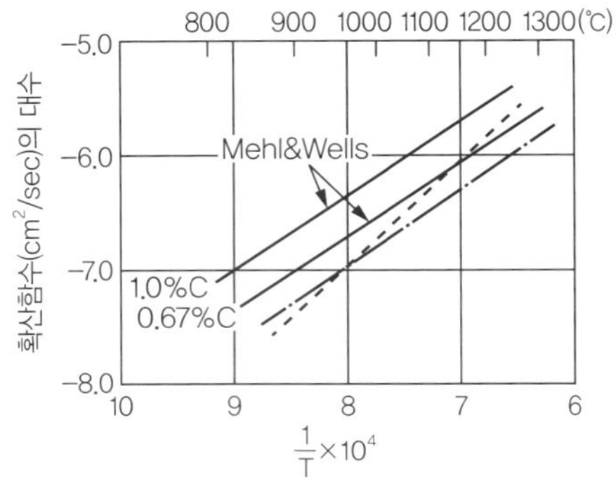

그림 2-5 오스테나이트 조직의 탄소 확산함수 D와 온도의 관계

dc/dx에 비례하며, 이 비례 정수 D를 확산 항수라 한다. 즉 $m = -A \times D(dc/dx)$이며, 우측의 '−'부호는 탄소가 확산하는 방향을 +로 했을 때 dc/dx가 '−'로 되기 때문이다. 탄소의 확산 항수는 페라이트 조직보다 오스테나이트 조직에서 약간 크다. 따라서 오스테나이트 조직에서도 온도가 상승하면 지수 함수적으로 상승한다. 이 관계를 **그림 2-5**에 표시하였다.

[2] 탈탄의 피해

열처리 후 제품에 탈탄층이 남아 있으면 제품의 피로 강도가 저하된다. 예를 들면 Si−Mn강, Cr−V강과 스프링강은 **그림 2-6**에서 가열 온도와 탈탄의 정도를 표시하였고, **그림 2-7**은 탈탄의 정도가 피로 강도를 급격히 저하시키는 양상을 표시하였다. 고 Mn강은 0.8~1.4%C, 10~15%Mn의 조성으로 용도에 따라 Ni, Cr, Mo, Cu, V, N 등을 첨가하기도 하지만 보통 주조, 단조, 압연에 의한 성형으로 탄화물 혹은 변태 생성물 생성으로 인하여 단단하고 취성도 있다.

그러므로 이와 같은 강을 스프링강이라고 하며, 1,000~1,100℃에서 물 속에 담금질하여 균일한 오스테나이트 조직으로 만들어 사용한다. 또 고온으로 가열하므로 탈탄이 되기 쉽고 동시에 Mn의 산화 손실도 있다. 그래서 오스테나이트가 불안정해지고 냉각 등으로 인하여 표면의 일부에 마텐자이트 상이 석출되어 취성이

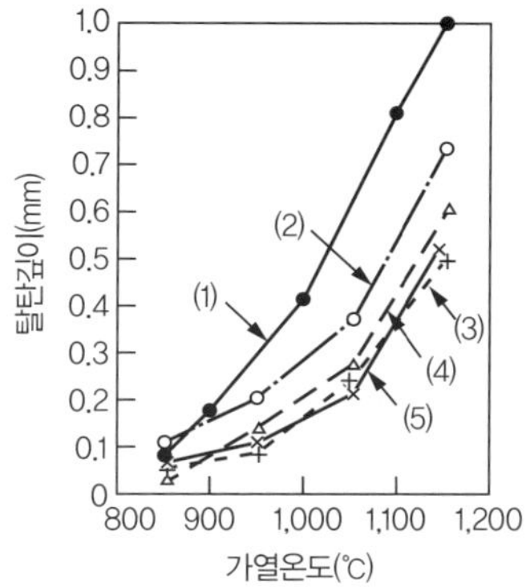

재료	화학성분 (%)					
	C	Si	Mn	Cr	V	B
(1)	0.80	0.24	0.86	–	–	–
(2)	0.60	1.70	0.75	–	–	–
(3)	0.53	0.30	0.70	0.90	0.13	–
(4)	0.60	0.30	0.76	0.87	–	–
(5)	0.60	0.30	0.86	0.51	–	있다

그림 2-6 주요 스프링 강에서의 가열 온도와 탈탄

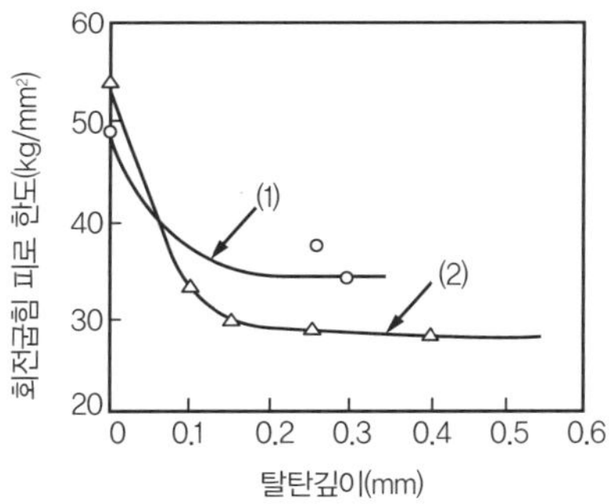

재료	화학성분 (%)			경도	표면
	C	Si	Mn		
(1)	0.53	1.78	0.72	스프링용	에메리
(2)	0.58	1.75	0.93	굳기	0 0 다듬질

그림 2-7 탈탄 깊이와 피로 한도와의 관계

있는 표면 층을 만든다.

그리고 사용중에 인장 응력을 받으면 균열이 발생하여 응력의 집중이 생기게 되고 피로 강도도 저하된다. 또 평강, 강판 등의 한쪽 면에 특히 탈탄이 심하여 그 표면부가 경화하기 시작하는 온도(Ms점)에 도달하면 체적 팽창의 시간과 팽창량에 차이가 생기게 되고 제품에 휨이 발생한다. 또 표면에 탈탄층이 있는 철강 제품을 담금질할 때 표면은 탄소 농도가 낮으므로 Ms점이 높은 뿐 아니라 변태 팽창량도 적다. 그러나 내부는 Ms점이 표면에 비해서 낮고 팽창량도 크므로 탈탄층에 큰

인장 응력이 생겨 균열이 발생한다. 만약 균열이 없더라도 표면에 잔류 인장응력이 있으면 연삭할 때 연마 균열이 생기기 쉽다.

[3] 탈탄의 이용

탈탄의 이용법을 예로 들면 콘크리트 못은 0.4~0.6%C의 크롬강으로 만들고 표면을 탈탄성 가스로 탈탄하고 이것을 담금질 후 뜨임 처리한다. 표면까지 균일하게 담금질한 못은 콘크리트에 박으면 거의 전부가 부러지지만 탈탄 처리한 것은 충격을 흡수하여 완전히 박을 수 있다.

또 다른 예는 탈탄을 이용하여 백심가단주철을 제조하는 것이다. 백심가단주철은 단단하고 취성이 있는 백선주물을 열처리한 후 연성을 지닌 강인한 가단주철로 만든 것인데 1,000℃ 부근으로 장시간 가열하여 백선을 탈탄시킨 것이다.

종래에는 백선을 산화철과 함께 풀림 상자속에 넣고 고온으로 장시간 가열하면 산화철이 분해되어 생긴 산소와 반응하여 산화 탈탄한다. 이와 같은 탈탄은 주물의 표면에서 일어나며 표면의 탄소가 감소되어 내부 탄소량과의 사이에 농도구배가 생기고 내부에서 표면으로 탄소가 이동함으로써 진행한다.

그러나 최근 가스 탈탄법에서는 백선을 그대로 장입한 노속에 강제력으로 수분을 많이 함유한 공기나 연소 가스 등을 보낸다. 또 탈탄 반응은 오스테나이트 속의 탄소와 이루어지지만 이 때 탄소량이 저하되면 석출되어 있던 시멘타이트는 오스테나이트 속에 용해되고 탄소는 다시 포화되어 표면을 향해서 확산된다. 이와 같이 균일한 조성이 될 때까지 탈탄시켜 연성을 지닌 강인한 가단주철로 바꾼 것이다.

[4] 산화와 탈탄과의 관계

산화와 탈탄은 철강을 에워싼 분위기 속의 산소가 철강 속으로 침입했을 때 일어나는 현상이라는 점에서는 공통점이 있다. 그러나 탈탄이 있으면 반드시 산화가 되고 산화하면 탈탄이 있을 수도 있고 없을 수도 있다.

산화물을 만드는 속도, 즉 제품 표면에서 산소가 침입하여 산화물을 만들고 이 산화물 층 속에 흡착하여 이온화된 산소가 확산된다. 한편 철에서 철 이온이 산화물

층 속을 확산하여 산화물 층을 두껍게 만들어 가는 산화 속도가 탄소의 확산 속도보다 클 때에는 산화가 되고 스케일이 발생한다.

반대로 작을 때는 탈탄이 생기게 된다. 따라서 산화 속도가 확산 속도에 비하여 현저하게 큰 강산성의 가스 속에서는 두꺼운 스케일이 생기지만 탈탄은 거의 일어나지 않는다.

[5] 고탄소강을 가열할 때 탈탄을 피하는 방법

고탄소강은 가열용의 밀폐로 속이 건조하므로 공기대신 함수 벽돌을 넣어서 공기와 수증기를 혼합한 가스 속에 가열하면 탈탄이 적어진다. 또 개방로의 경우 공기의 공급을 충분히 하면 불충분할 때보다 탈탄은 줄어들지만 두꺼운 스케일이 생긴다.

그림 2-8은 가스에 의한 가열 온도와 산화 및 탈탄층의 두께와의 관계를 표시한 것으로, 산화층의 두께는 CO_2, 공기, 수증기의 순서로 증가하고, 탈탄층의 두께는 수증기, 공기, CO_2의 순서로 증가한다. 또 수증기의 온도가 770℃ 이하의 가열에서는 산화는 이루어지지만 탈탄은 생기지 않는다.

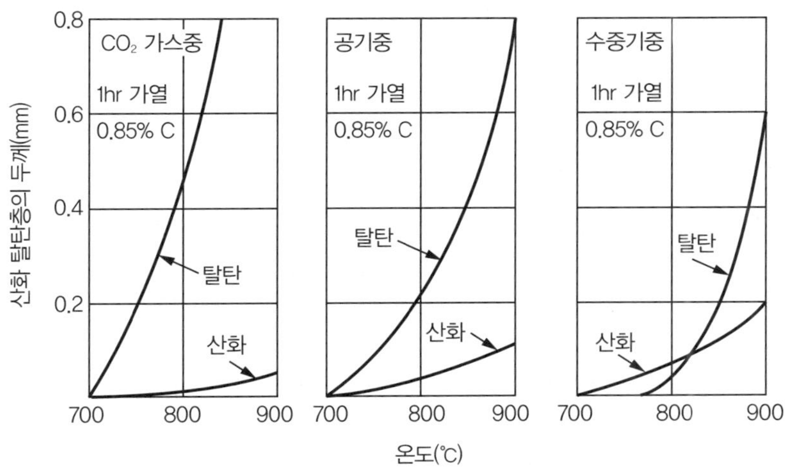

그림 2-8 각종 가스에 의한 가열 온도와 산화 탈탄층의 관계

[6] 산화 방지 가열 방법

철강을 산화시키지 않고 가열하는 방법은 분위기 노속에서 가열하든가 철강에 Cr, Al, Si 등을 첨가하여 내산화성을 향상시키는 것이다. 보통 20% 정도 Cr이 첨가되면 철강 표면에 Cr_2O_3라는 Cr 산화물이 형성되어 치밀하고 밀착성이 좋은 막을 만들어 산소와의 접촉을 방지하게 된다.

2-3 질량 효과

2-3-1 질량 효과의 정의

강재를 담금질할 때 그 냉각 과정은 조건에 따라 현저히 달라진다. 강재의 크기가 증가하면 표면으로부터 빼앗기는 열량에 비하여 강재가 가지고 있는 열량의 비율이 크므로 각 부분의 냉각 속도는 느려진다. 또 냉각 조건이 동일하더라도 강재 내의 각 위치에서의 냉각 속도는 중심부분에 가까워질수록 느려진다.

강재가 적고 중심부 냉각 속도가 임계 냉각 속도 이상일 때는 중심부까지 완전히 마텐자이트 조직이 되어 경화한다. 그러나 일정 크기 이상이면 표층부는 열처리가 되지만 냉각 속도가 임계 냉각 속도보다도 적은 부분은 마텐자이트 이외의 조직이 석출된다. 또 강재의 크기가 더욱 커져서 표면 부분의 냉각 속도로 임계 냉각 속도 이하로 되면 표면 부분도 경화되지 않는다.

이와 같이 강재의 대소에 따라 열처리의 효과가 차이가 생기는 현상을 질량 효과라 한다. 여기서 질량 효과의 차이란 일정한 담금질 경화 상태에서의 차이를 뜻한다. 즉 질량 효과는 조직적으로 마텐자이트 외에 페라이트, 펄라이트, 베이나이트 등의 조직이 혼입되는 소위 불완전 담금질 조직이 나타나는 현상이다.

이와 같은 조직의 변화는 강도, 인성 등의 기계적 성질에 크게 영향을 미치기 때문에 담금질에서 질량 효과를 고려한다는 것은 대단히 중요하다.

2-3-2 불완전 담금질의 영향

기계 구조 재료로서 사용된 강은 담금질에 의하여 완전히 마텐자이트화 시킨 후 뜨임 처리하여 사용하는 것이 실용적이지만 그렇지 않은 경우가 있다.

보통 기계 부품의 20% 이하가 완전 담금질 후 뜨임 처리하여 사용되고 있으며, 그 밖에도 모두 펄라이트, 베이나이트 등의 불완전 담금질 조직을 내포한 상태로 사용된다.

그림 2-9와 같이 불완전 담금질의 정도가 서로 다른 Mn-Mo강은 담금질 상태에서 서로 다른 인장 강도를 갖는다. 또 이들 강을 뜨임 처리할 때는 불완전 담금질의 정도가 적은 것일수록 저온에서 쉽게 연화되며, 그것은 주로 마텐자이트 부분의 변화에 기인한다고 볼 수 있다.

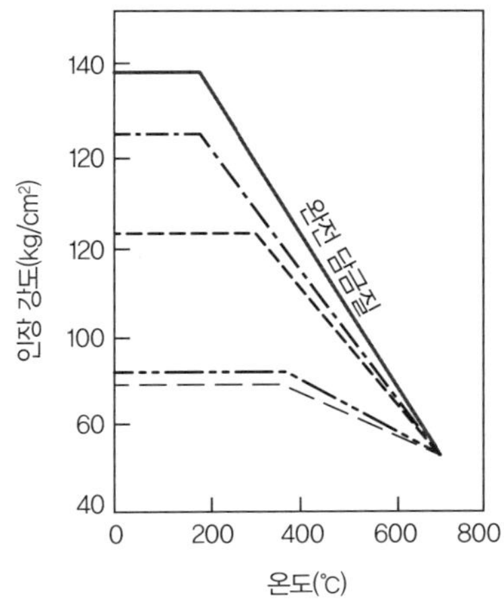

그림 2-9 불완전 담금질 강을 뜨임했을 때의 인장 강도의 변화

그림 2-10은 불완전 담금질에 의해 Ni-Cr-Mo강의 단면 수축률 저하를 나타낸 것으로 베이나이트, 펄라이트 등의 불완전 담금질 조직은 단면 수축률을 감소시킨다. 따라서 불완전 담금질은 단면 수축률 외에 피로 한도도 감소시키지만 그 변화는 단면 수축률 만큼 많이 감소되지 않는다.

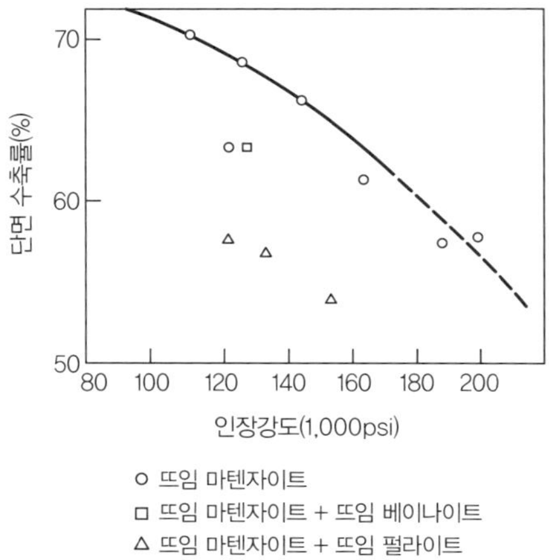

그림 2-10 불완전 담금 조직이 단면 수축률에 미친 영향

2-3-3 불완전 담금질에 의한 강의 인성

불완전 담금질이 기계적 성질에 미친 영향중 가장 현저한 것은 인성의 감소이다. 보통 인성의 저하 정도는 여러 인자에 좌우되지만 그 중 중요한 것은 다음과 같다.

① 강재의 화학 성분
② 불완전 담금질 조직의 종류
④ 불완전 담금질 조직의 양
④ 불완전 담금질 조직의 질
⑤ 인성을 비교하는 강도 수준
등이다.

일반적으로 탄소량과 경도가 같으면 뜨임 마텐자이트의 기계적 성질은 화학 성분과 관계 없이 일정하다. 그러나 각종 합금강에 대하여 그 천이온도를 비교하면 Ni-Cr-Mo강과 같은 3원 합금강이 2원 및 1원 합금보다 낮은 천이온도를 나타냈다.

그러므로 탄소량과 경도가 같은 뜨임 마텐자이트에서도 화학 성분이 달라지면 그 인성도 달라진다. 이와 같은 경향은 불완전 담금질 강에서는 더욱 뚜렷해진다. HRc 40에서 불완전 담금질되어 HRc 32로 뜨임된 강과 완전 담금질 후 HRc 32로 뜨임된 강의 천이온도의 차이는 강종에 따라 크게 변하며, 특히 다원 합금일수록 그 차가 적다. 이와 같은 사실로도 불완전 담금질에 의한 인성의 열화가 화학 성분에 따라 그 영향이 크다는 것을 알 수 있다.

2-4 열처리 응력과 변형

2-4-1 열처리 응력

[1] 열응력(열수축에 의한 응력)

원주형의 강을 변태점 이하 온도에서 급랭하면 원주 표면과 중심의 냉각 상태가 다르고, **그림 2-11**의 (a)와 같은 결과가 나타난다. 최초에는 표면과 냉각되어 수축하고 그 부분에 인장 응력이 작용한다. 그리고 중심부는 압축 응력을 받는다. 그 후 원주 내에는 (c)의 왼쪽 그림과 같은 분포의 응력이 생긴다.

이와 같은 응력은 내외의 온도차가 대략 평행하여 증감하고 시간과 더불어 (b)와 같이 변화한다. 즉 표면과 중심의 응력은 시간과 더불어 증가하여 극대에 도달하고 다시 감소하여 '0'이 된다. 강은 고온에서 소성이 있으므로 이와 같은 응력이 작용하면 그것을 완화하려고 표면에는 인장, 중심에는 압축의 소성 변형이 생기며 특히 전자가 크다. 따라서 실제 응력의 크기는 온도차에 비례하지 않고 (c)의 중앙 그림과 같이 '0'이 되는 것은 표면과 중심이 동일 온도에 도달할 때가 아니고 중심 온도가 표면보다 약간 높은 온도일 때다.

따라서 시간이 경과하여 중심부의 온도가 내려가면 (b)의 후반과 같이 응력은 반전되어 (c)의 오른쪽 그림과 같은 분포가 되고, 중심과 표면이 상온에 이르면 최대 응력값을 나타낸다. 강은 상온에서 소성이 감소되어 탄성체로 되므로 응력은 소성

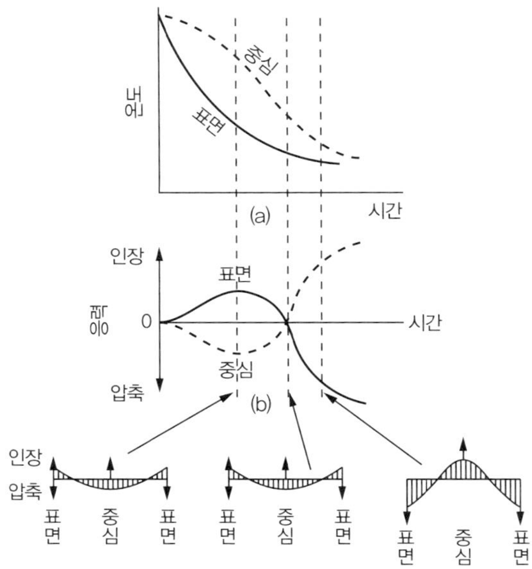

그림 2-11 원주를 급랭할 때의 온도-응력-시간의 변화

변형의 발생으로 완화되지 않고 영구히 잔류한다. 이와 같이 단순히 열수축으로 인하여 생기는 잔류 응력을 열응력이라 하고 소성 구역에서 급랭하여 생긴 불균형한 소성 왜곡이 탄성 구역에서 응력화한 것으로 생각할 수 있다. 따라서 원주형의 강이 상온에서 고온에 이를 때까지 완전한 탄성체 혹은 소성체일 때는 열응력은 발생하지 않는다. 또 열응력은 냉각 조건에 따라 큰 영향을 받아 냉각 속도가 커질수록 응력도 커지지만 한편 고온과 상온에서의 강도도 큰 영향을 미친다.

고온 강도가 적으면 불균일 소성 변형은 커지고 따라서 응력 반전시기도 빨라져서 열응력도 증가한다. 한편 상온 강도는 응력의 수용력을 표시하는 것으로 상온 강도가 적으면 큰 열응력을 허용하지 않는다.

그림 2-12는 반전 후의 응력 분포를 표시한 것으로 (a)~(d)는 시간이 경과됨에 따라 성장의 과정을 표시한 것이며, 여기서 상온 강도가 적으면 표면 부분에 항복이 생겨 응력이 제한될 뿐만 아니라 분포 형상도 직선보다 크게 한쪽으로 치우치게 된다.

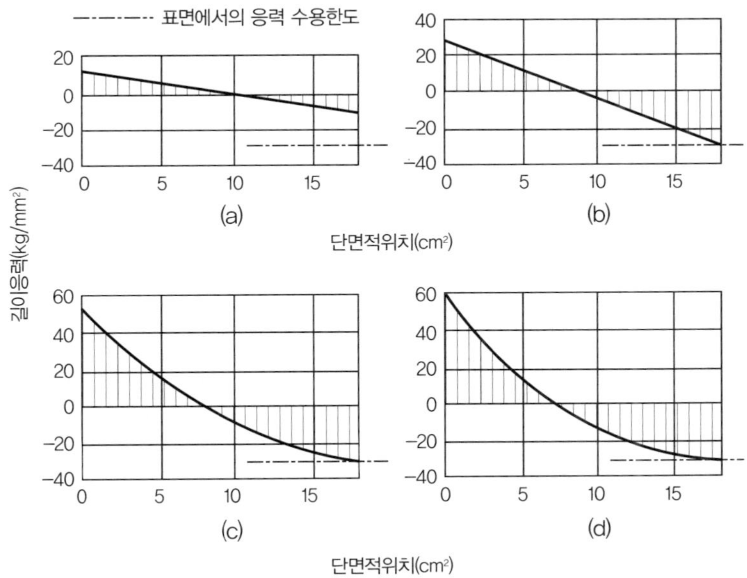

그림 2-12 열응력 성장 과정

[2] 변태 응력(변태 팽창에 기인한 응력)

변태점 이상으로 가열한 강은 냉각중 팽창하여 변태한다. 원주형 강재를 급랭하여 변태점을 통과시킬 경우, 이와 같은 변태 팽창에 의하여 잔류 응력이 생긴다.

전술한 바와 같이 열응력은 수축에 기인하고 이 때의 응력은 팽창에 의한 것으로써 발생 과정은 반대가 된다. 이 경우 급랭에 의한 내외의 온도 차이로 표면에는 먼저 변태 팽창이 생겨 압축 응력을 받고 중심부에는 인장 응력이 작용한다. 일반적으로 강은 변태시 큰 소성 변형이 이어지므로 그 응력에 의해 표면에는 압축, 중심부에는 인장의 소성 왜곡이 생기고 이 때문에 온도의 차가 감소되고 내부 변태가 진행하므로 해서 응력 분포에 반전이 일어나 내외부의 변태가 모두 완료되면 표면에는 인장, 중심부에는 압축의 응력이 잔류한다. 이것을 변태 응력이라 한다. 이와 같은 변태 응력도 냉각 조건에 따라 그게 영향을 받지만 열응력에 비하면 적다.

변태 팽창량에서도 팽창량이 크면 응력도 커진다. **그림 2-13**은 Ni 16%의 Fe-Ni

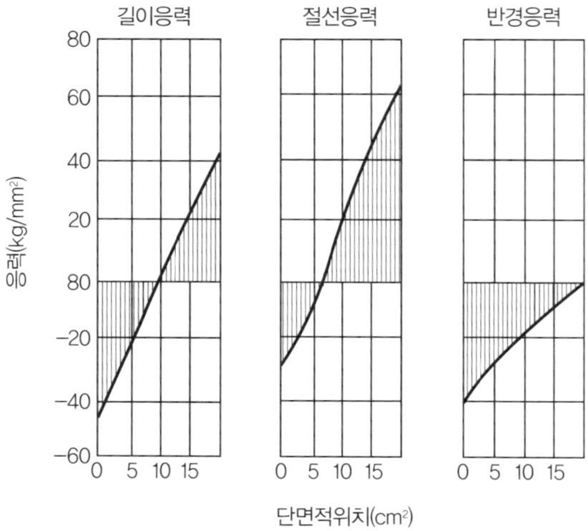

그림 2-13 Fe–Ni 합금의 응력 분포

합금의 원주(ϕ 50 mm)를 900°C의 오스테나이트화하고 330°C까지 서냉한 후 빙수 담금질할 때의 응력 분포로 순수한 변태 응력이라 할 수 있다. 여기서 유의할 것은 표면의 인장 응력값이 길이 응력보다 절선 응력이 크기 때문에 원주의 담금질 균열은 길이 방향으로 종주해서 일어난다.

2-4-2 열처리 변형

열처리 변형은 금속 조직의 변화, 내부 응력의 변화에 의하여 생기며, 기타 재료의 가열중 재료 자체의 중량에 의하여 변형되는 경우도 있으나 그것은 가열 방법의 문제이므로 열처리 변형에서는 제외된다. 강의 열처리 변형으로 그게 문제되는 것은 담금질 변형으로 이것에 의하여 강력한 내부 응력이 생겨 담금질 균열의 원인이 된다. 또 담금질 변형은 뜨임으로 의한 변형과도 소정의 뜨임을 해도 시간이 경과되면 치수 변화, 즉 시효 변화가 생기는 원인이 된다. 이 현상은 특히 공구에서 크게 문제가 되며 따라서 열처리 변형으로는 담금질 변형이 가장 중요하고 이것을 논할 때는 강의 조성, 처리 방법, 조직, 성분의 종류 등을 고찰할 필요가 있다.

강의 열처리에 따르는 길이의 변화는 팽창계로 추정할 수 있으나, 팽창계는 금속 조직의 변화와 개시 종료 온도를 측정할 목적으로 만들어 진 것이기 때문에 일정한 현상, 치수의 시험편 한쪽 방향이 변형량 밖에는 측정할 수가 없다. 그러므로 강의 변형을 연구하는데에는 0.005 mm 정도의 측정 정도 있는 측정기를 사용하게 된다.

Austenite의 결정입도

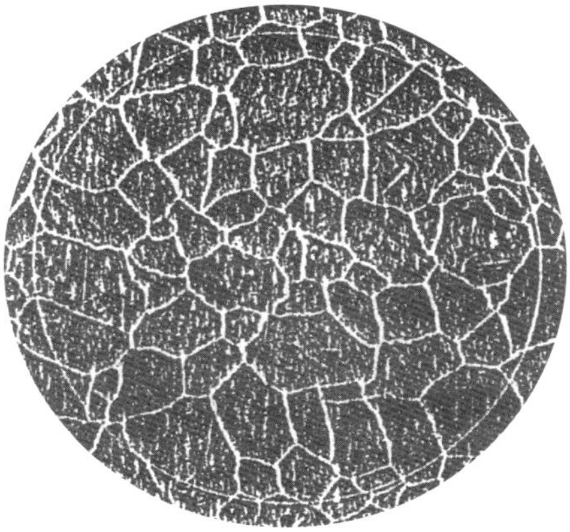

입도번호 4

100μm

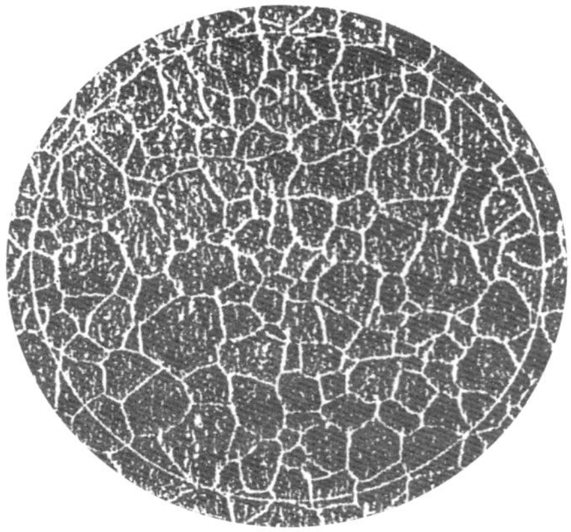

입도번호 5

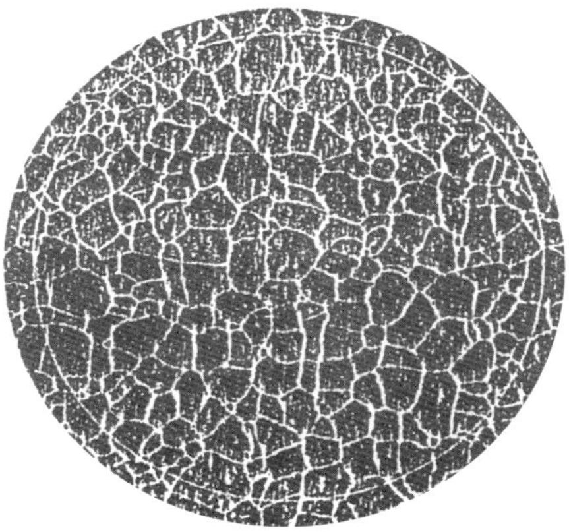

입도번호 6

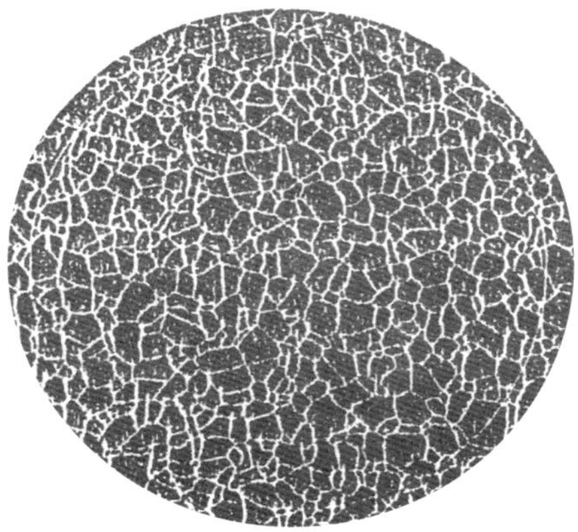

입도번호 7

연속주조 Slab 응고 현미경 조직

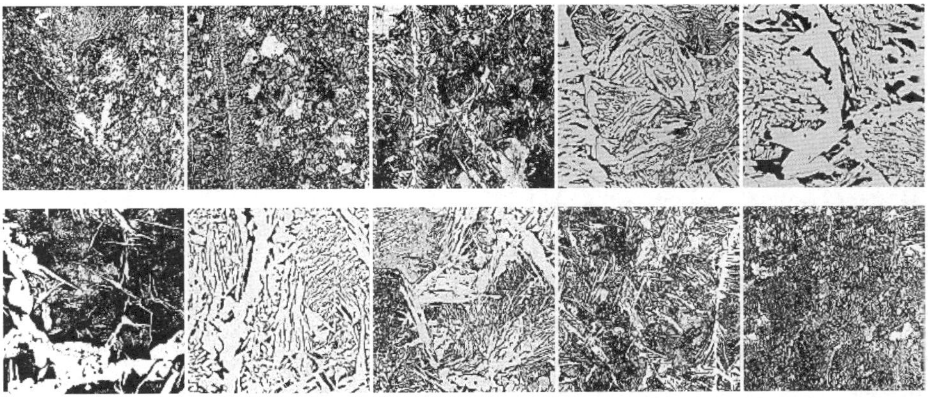

1040강의 미세조직

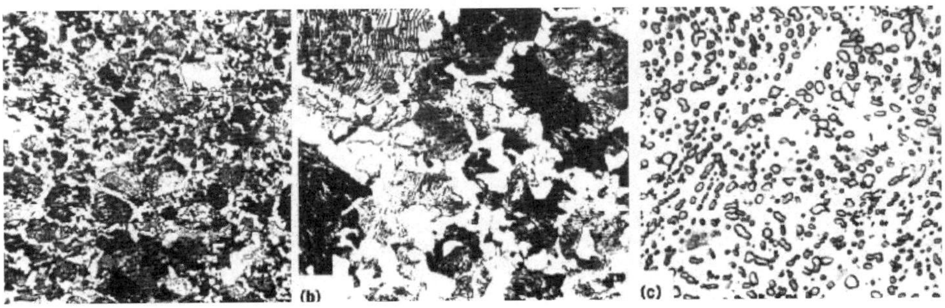

(a) 915℃에서 30분 오스테나이타이징 후 노냉(백색: 페라이트, 검은 색: 퍼얼라이트), (b) (a)를 고배율로 관찰한 조직, (c) 800℃에서 40분 오스테나이타이징 후 705℃에서 6시간 유지하여 등온 열처리(페라이트 기지에 구상화 된 탄화물 조직)

침탄과 탈탄층의 비교

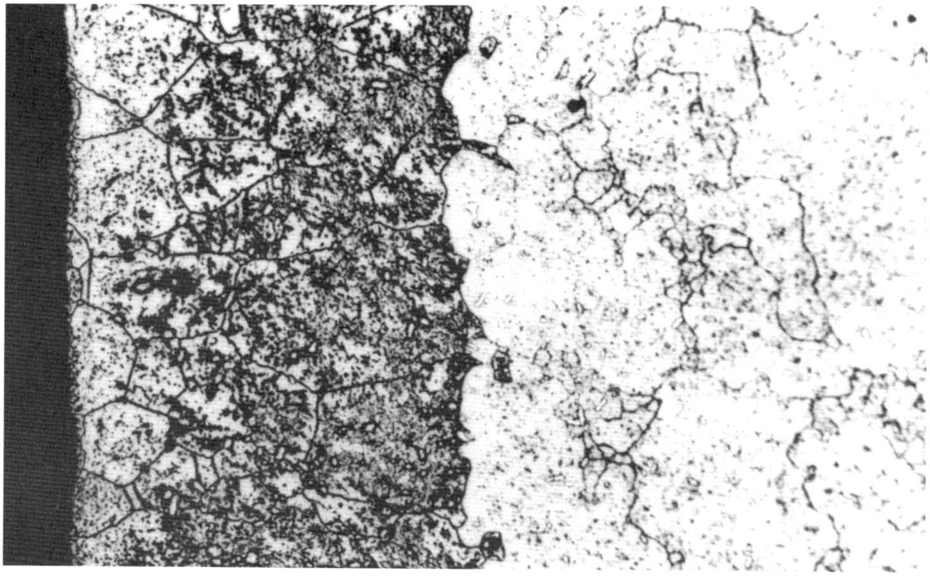

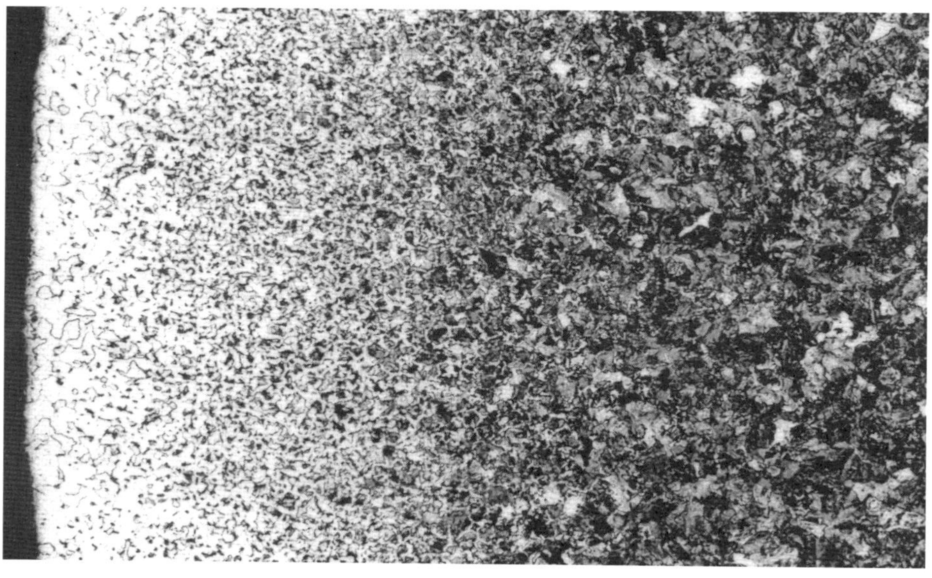

제3장

일반 열처리

3-1 불림(normalizing)

3-1-1 불림의 목적과 조작

불림이란 조직의 불균일을 제거하고 결정립을 미세화시켜 기계적 성질을 향상시키기 위해 조직을 표준 상태로 만들어 주는 조작을 의미한다. 또 기계 가공을 용이하게 하기 위하여 하는 수도 있다. 가열은 일반적으로 Ac_3점 또는 Acm점 이상, 약 40～60°C의 온도로 가열하여 균일한 austentite로 한 후 처리전의 상태 및 크기, 재질에 따라 다르나 통상 25 mm 두께 당 1～2시간의 비율로 유지한다.

이 가열 조직에 의하여 섬유상 조직의 소실 및 과열 조직이나 주조 조직의 개선이 이루어진다. 일정 시간 유지한 후 조용한 대기중에서 방랭 처리한다.

이 방랭 조작에 의하여 결정립의 미세화와 더불어 강인성, 즉 단면수축률과 연신율이 좋은 미세한 층상 pearlite 조직이 얻어진다.

3-1-2 불림의 규칙

① 불림에 의한 재질 개선은 가열 및 냉각에 의해 이루어진다.

② 불림은 공기중에서 하는 방랭이기는 하나 air quenching과는 다르다. 즉 불림은 미세한 pearlite 조직을 얻기 위한 조작이며 air quenching도 역시 공기중 방랭이기는 하나 martensite 조직을 얻기 위한 방법이다.

③ 불림은 공기중 방랭이지만 처리품의 크기나 재질에 따라서는 같은 공기중 방랭이라도 얻어지는 조직이나 성질이 달라진다(mass effect). 이것은 냉각 속도가 다르기 때문이며 강종이 달라도 동일하다. 따라서 불림은 공기중 방랭이라는 표현보다도 냉각 속도 또는 최종 조직으로 표현하는 것이 적당하다

④ 큰 제품에 대해서는 송풍 냉각, 작은 제품에 대해서는 노중 냉각으로써 불림 조직을 얻을 수가 있다.

⑤ 풀림된 것은 불림에 의해 경하게 되나 조질 처리된 것은 불림에 의해 연하게 된다.

⑥ 불림 상태 그대로 사용하는 수도 있으나 경도나 강도 관계로 불림 후 뜨임(540~650℃) 처리를 하는 수도 있다. 이것을 normalize tempering이라 한다.

3-1-3 불림의 종류

[1] 보통 불림(conventional normalizing)

소정의 불림 온도로부터 상온까지를 대기중에서 자연 방랭한다(**그림 3-1** 참조). 바람이 부는 곳이나 양지 바른 곳에서는 냉각 속도가 달라지며, 여름과 겨울은 같

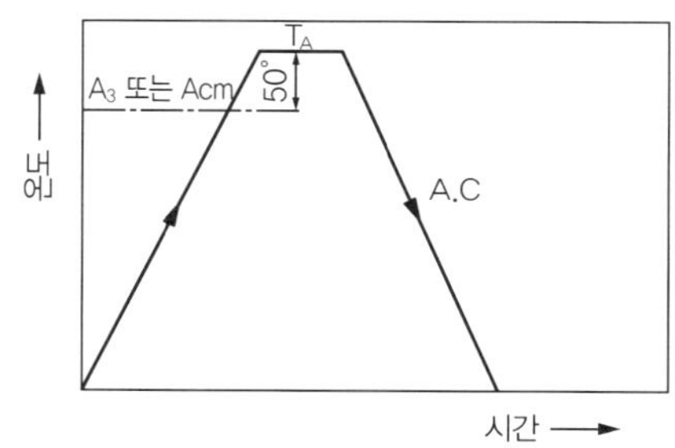

그림 3-1 보통 불림

은 공랭이라 할지라도 냉각 속도가 변화되어 불림 효과에 영향을 미치므로 주의를 하여야 한다.

[2] 2단 불림(stepped normalizing)

불림 온도로부터 화색이 없어지는 온도(약 550℃)까지는 공랭하고 그 후는 Pit나 상자 내에서 서서히 냉각한다.

이와 같은 불림 처리에 의하면, 그 효과는 보통 수준과 같으나 대형 부품 또는 고탄소강(0.6~0.9%C) 등에서는 백점 또는 내부 균열 등을 방지할 수 있으므로 공업적으로 매우 유효하다. 또한 중탄소강(0.3~0.5%C)에서도 초석 ferrite가 석출되지 않도록 공랭 불림하여 pearlite 변태 구역은 서냉 풀림 처리를 하는 불림-풀림의 2단 처리를 하면 연신율과 단면수축률이 향상되고 강인성이 얻어진다. **그림 3-2**는 2단 불림 작업의 설명을 나타낸 것이다.

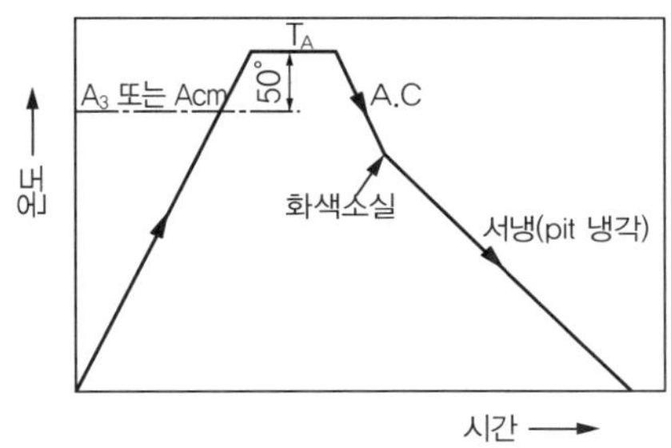

그림 3-2 2단 불림

[3] 항온 불림(isothermal normalizing)

S곡선의 nose 온도에 해당하는 항온로에서 항온 변태를 일으킨 후에 공랭하는 방법을 항온 불림이라 한다. 불림 온도로부터 S곡선의 nose 온도까지의 냉각 시간은 5~7분이 적당한데 이에는 열풍냉각이 이용된다. 탄소 구조용 강(SM-C재)이나

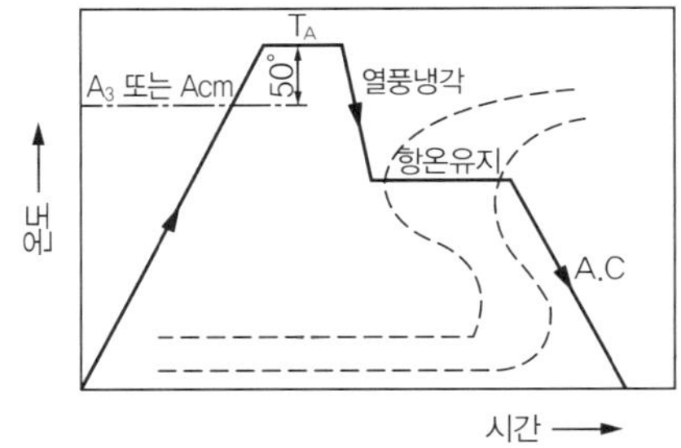

그림 3-3 항온 불림

저탄소 합금강의 피절삭성 향상 처리에 잘 이용되고 있다. **그림 3-3**은 항온 불림 작업의 설명을 나타낸 것이다.

[4] 2중 불림(double or multiple normalizing)

이 처리 방법은 **그림 3-4**와 같이 첫 번째로 930°C 정도의 고온 불림으로 저온 성분을 고용시키고, 두 번째는 Ac_3 부근의 약 820°C에서 저온 불림시켜 pearlite 입자를 미세하게 한다. 이 처리는 차축 또는 저온용 저탄소(0.18%C)강의 강인화에 적용된다. 물론 이 처리를 실시한 후는 뜨임 처리를 하는 것이 좋다.

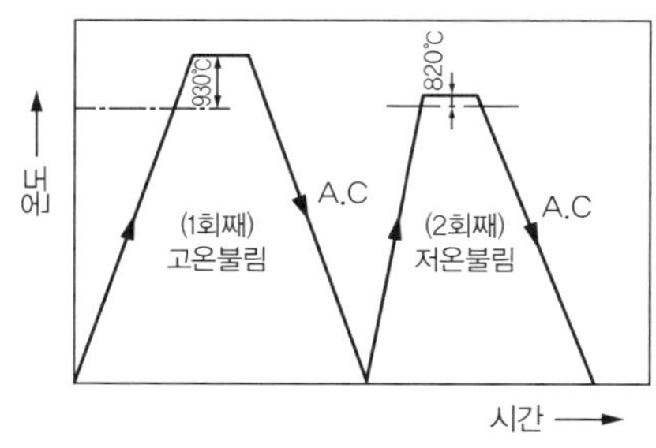

그림 3-4 2중 불림

3-1-4 불림 처리의 적용과 효과

불림 처리의 적용과 효과는 주강품은 균질화(결정 조직의 조정, 기계적 성질의 향상)를 위하여 실시하며, 단강품은 균질화, 즉 결정 조직의 조정, 가공응력 제거, 기계적 성질의 향상 등을 위하여 실시하며 목적에 따라 불림 후 뜨임을 실시하는 경우도 있다.

탄소강의 경우는 피절삭성의 개선과 기계적 성질의 향상 목적으로 실시하며, 뜨임을 처리하여 불림 상태로 사용하는 경우도 있다. 합금강에서는 담금질을 위한 전처리로서 실시하며 이 때는 공랭 속도를 조절할 필요가 있다. 표면 경화강은 침탄의 불규칙화를 방지하고 피절삭성을 개선하기 위해 침탄온도보다 높은 온도에서 불림을 한다.

과공석강(STB2)을 불림 처리하면 망상탄화물을 없애고 입상화를 용이하게 한다. 일반적으로 불림 온도를, 제품이 큰 것에 대해서는 작은 제품에 비해 약간 높은 온도에서 처리하는 것이 바람직하다.

3-2 풀림(annealing)

3-2-1 풀림의 목적과 조작

풀림의 목적은 결정 조직을 조정하여 강을 연화시키고 내부응력의 제거와 가스 또는 다른 불순물의 방출 또는 확산을 일으키게 한다.

가열 온도는 일반적으로 Ac_3 또는 Ac_{3-1} 이상, 약 40~60℃의 온도로 가열하여 균일한 austenite로 가열한다. 그러나 응력제거, 연화 또는 구상화를 목적으로 할 경우에는 A_1 변태점 이하의 적당 온도로 가열하는 수도 있다. 가열전 제품은 목적에 따라 다르나 대체로 제품 두께 25 mm당 가열 시간을 1~2시간 유지시킨 후 로중에서 서냉하거나 2단 냉각으로 처리한다.

3-2-2 풀림의 규칙

풀림의 조건으로서 austenite화 시키는 것과 Ar_1점 직하(subcritical temp. 700°C)에서 austenite를 변태시키는데, 이 두 가지가 절대로 필요하다.

① austenite화 하였을 때 균일한 austenite로 만들면 풀림 처리에 의해 완전한 층상 조직(pearlite)이 된다. austenite화가 불균일하게 될수록 입상화가 된다. 이것은 austenite화 온도에 영향을 받는다.

② 보다 연한 재료로 만들기 위해서는 Ac_3 또는 Ac_{3-1}+40~60°C로 가열한 후 냉각하여 Ar_1−50°C에서 변태 처리하는 것이 좋다.

③ Ar_1−50°C에서 냉각 변태를 완료시키는 시간은 대단히 길므로 냉각 변태의 대부분은 고온에서 실시하고 저온에서 변태 완료를 시키도록하면 변태 완료 시간이 짧게 된다.

④ 강이 완전히 pearlite 변태를 완료하면 실온까지 가능한 한 풀림 처리 시간 단축을 위해 빨리 냉각한다.

⑤ 0.7~0.9%C 탄소강 및 중탄소 저합금강의 풀림 조직에서 층상 pearlite의 양을 가장 적게 하기 위해서는 austenite화 하기 전에 Ac_1−25°C로 수시간 가열(예열)한 후 austenite화 하는 것이 좋다.

⑥ 과공석강 또는 합금공구강을 풀림하여 가장 연한 재료로 만들기 위해서는 austenite화 온도에 장시간(약 10시간~15시간) 가열하여 변태시키면 좋다.

3-2-3 풀림의 종류

[1] 완전 풀림(full annealing)

보통 풀림이라고 하면 완전 풀림을 말한다. 이 과정을 강을 아공석강의 경우에는 Ac_3, 과공석강일 경우에는 Ac_1 이상의 고온도로 적당한 시간동안 가열한 후 로, pit 또는 재(ash) 속에서 일정한 속도로 서냉하고 강을 연하게 하여 기계 가공 또는 소성 가공을 쉽게 하는 작업을 말한다. 이 작업에 의해 아공석강에 있어서는 층상 pearlite와 ferrite와의 혼합 조직을 얻을 수 있다. 서냉의 결과 가공 방향으로 ferrite와 pearlite가 서로 중복된 조직을 나타낼 때가 있다.

중탄소강에서는 ferrite의 조대한 혼합 조직으로 되어 있을 때 기계가공을 쉽게 할 수 있다. 저탄소강에서는 너무 연하면 기계 가공시에 재료 표면이 깨끗하지 않게 되며, 또 고탄소강에서는 cementite의 망상 조직을 구상화하지 않으면 연화의 목적을 달성하지 못한다.

풀림처리하였을 때의 경도는 탄소 %에 따라서 증가하며 인장강도(σ_B)는 경도(H_B)에 σ_B=0.36H_B와 같이 비례한다. 예를 들면 H_B 100일 때 인장강도 σ_B=36(kg/mm^2)이다.

완전 풀림의 중요한 점은 충분한 가열 시간을 주는 것과 그 후의 매우 느린 냉각이다. 풀림하기 위한 가열 시간은 제품의 크기·형상, 열전도도 등의 성질에 의하여 영향을 받을 뿐만 아니라 가열로의 구조 및 제품의 배치 등에 의해서도 달라진다.

약간의 냉간 가공을 받은 강은 변태점 부근을 서서히 가열하면 매우 큰 결정입자로 발달할 때가 있으므로 이러한 경우에는 이 온도 범위를 될 수 있는대로 급속히 가열해 주어야 한다. 완전 풀림할 때에는 강이 고온으로 가열되기 때문에 크고 긴 것은 자기 자체의 무게 때문에 변형이 발생될 염려가 있다.

또 산화 및 탈탄이 일어나지 않도록 주의하는 것도 고온에서 풀림할 때에 특히

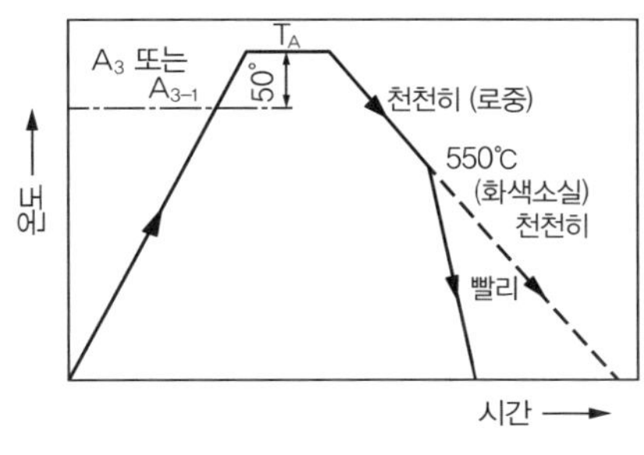

그림 3-5 완전 풀림(2단 풀림)

중요하다. 보통 완전 풀림에 있어서는 실온까지 로중에서 서냉을 하는 것인데 연속적으로 서냉할 필요가 없고 550°C 정도가 되면 로로부터 집어내어 공랭 또는 수냉을 하여도 상관없다. 이와 같이 처음에는 서서히 다음에는 빨리 냉각하는 2단계의 냉각으로써 풀림해 주기 때문에 이것을 2단 풀림(stepped annealing)이라고 부르고 있다. **그림 3-5**는 완전 풀림과 2단 풀림의 과정을 표시한 것이다.

[2] 연화 풀림(softening annealing)

아공석강은 완전 풀림을 하면 연하게 되어 가공하기 쉬우나 저탄소강의 경우에는 완전 풀림하여 연화시키면 오히려 기계 가공면이 깨끗하지 않기 때문에 불림하는 것이 더 좋을 때가 많다.

고탄소강을 완전 풀림하여도 어느 정도 이상의 cememtite는 austenite에 고용하지 않으므로, 이것이 기계 가공성을 나쁘게 한다. 탄소공구강 및 2종 이하의 합금 원소를 가진 저합금 공구강의 연화에는 700~740°C 부근의 온도로 수시간 동안 유지하여 판상 cementite를 구상화(spheroidizing)시킨다. 이 때의 냉각을 서냉하고 있는 사람이 많으나 냉각시 서냉할 필요는 없다.

연화 풀림의 다른 방법은 Ac_1점보다 조금위의 온도로부터 약 650°C까지의 구역을 서냉하는 방법이다. 이 때 냉각이 시작되는 온도는 탄소 %에 따라 달라지며 0.8% 이하의 탄소강에서는 730°C 이하, 이것보다 탄소량이 증가하면 냉각 개시 온도는 높게 되어 가고 1.2%C 탄소강일 때는 750°C 정도가 된다.

Ac_1 구역의 냉각 속도는 탄소강에 있어서도 30°C/hr 이하로 유지할 필요가 있으며 합금강에 있어서는 더 작게 해준다. 예를 들어서 bearing강의 풀림은 760~800°C로 가열한 후에 600°C까지 10°C/hr 이내의 속도로 냉각하고 있다. 그리고 또 한번 담금질한 공구강의 연화는 쉬운데, 약 700°C로 가열한 다음 공랭하면 쉽게 연화된다.

연화 풀림할 때에 가장 주의해야 할 것은 탈탄이다. 보통 공구강 등은 주철 또는 강의 scrap 등을 상자 안에 넣어서 소위 pack annealing을 한다.

W, Mo 및 V 등을 함유한 경우에는 고온으로 가열할수록 이러한 합금 원소가

austenite에 고용되고 안정하게 되는 경향이 있으므로 보통의 로내 냉각(furnace cooling) 정도로서는 Ar_1 변태가 일부분 저지당하여 경화되거나 또는 상부 bainite가 생기기 쉽다. 따라서 필요 이상으로 온도를 올리면 안 된다.

합금공구강 또는 Ni, Cr, Mo이 많은 강을 풀림할 때의 냉각은 로내에서 온도 하강의 냉각을 조절하면서 실행할 필요가 있으므로 매우 긴 시간이 소요된다. 이것을 피하기 위하여 고온으로부터 즉시, Ac_1점 직하의 온도에 유지해 둔 다른 로내로 이동시키거나 또는 그대로 냉각하여 Ac_1 직하로 유지하여 변태를 완료시킨다. 즉 뒤에 설명하는 항온 풀림을 이용하는 것이 편리할 때가 있다.

연화하기 어려운 Ni−Cr강 및 Ni−Cr−Mo강은 Ac_3점 이상에서 완전 풀림을 한 후에 Ac_1점 이하에서 풀림을 반복하게 하는 2중풀림법을 쓸 때가 있다.

예를 들어서 Ni−Cr강에 있어서는 700°C에서 H_B 245까지 연화하지만 첫 번째에 850°C에서 풀림한 다음, 두 번째 700°C에서 풀림하면 H_B 220까지 연화한다.

연화 풀림에는 다음 두 가지가 보통 많이 쓰인다.

1) Water annealing: 연화시키기만 하면 된다고 생각할 때에 이용하면 편리하다. 즉 작업을 빨리할 경우, 또는 기계 가공을 할 수 있는 정도의 연화를 목적으로 할 때 매우 적합하고 빠른 연화 처리이다. water annealing의 중요한 점은 가열 온도에 있다. 즉 변태점보다 약 100°C 정도 낮은 온도로 가열하고 10분 이내로 유지한 후 수중 급랭을 한다. 수냉하여도 연화하기 때문에 water

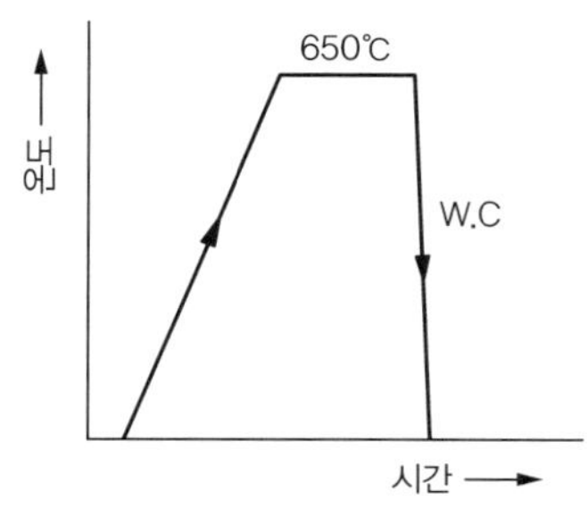

그림 3-6 탄소강의 water annealing

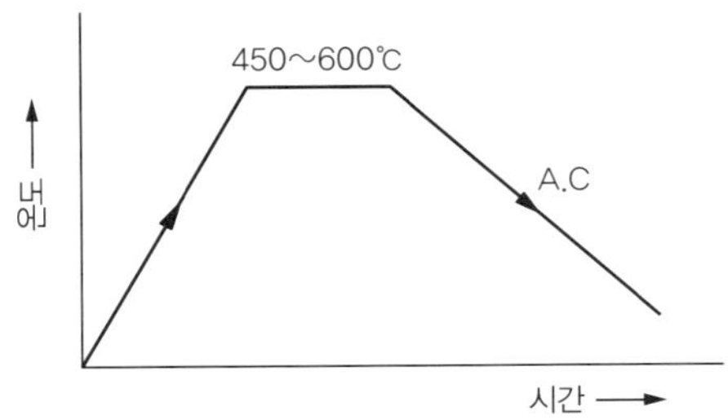

그림 3-7 air annealing

annealing이라고 부르고 있다. 물론 수중 급랭 때문에 연화하는 것은 아니고 변태점 직하에서 가열하기 때문에 연화하는 것이다. 따라서 수냉하지 않고 공랭해도 연화하므로 이것을 Air annealing이라고 부르고 있다. water annealing의 온도는 탄소강의 경우 650°C, 고속도강의 경우에는 800°C이다. **그림 3-6**은 water annealing의 과정을 표시한 것이다.

2) Air annealing: 실온에서 가열했을 때 일어나는 내부응력을 제거하고 연화시키거나 또는 quenching에 의한 변형을 작게 하기 위한 전처리에 이용하는 연화풀림이다. 가열 온도는 450~600°C가 적당하며 온도가 높을수록 연화되는 정도가 크다. **그림 3-7**은 air annealing의 과정이다.

[3] 구상화 풀림(spheroidizing)

과공석강의 기계 가공성을 증가시키기 위하여 실행하며, 또 담금질의 예비 처리로서 담금질 후의 강인성을 증가시키고 또 quenching crack을 방지하기 위하여 미리 망상 cementite를 구상화 해 둘 필요가 있다. 전자의 목적에는 구상 cementite를 가급적 크게 하고 또 후자의 목적에는 일반적으로 미세하고 균일한 구상화로 처리해 준다. 완전 풀림한 것은 큰 망상 cementite를 가지고 있으므로 구상화하는데 가장 시간이 걸리며, 담금질한 것은 가장 쉽게 구상화한다. 불림한 것은 이 중간쯤 된다.

따라서 단조 또는 압연 후 서냉하는 경우에는 구상상화 풀림되기 전에 불림을 할

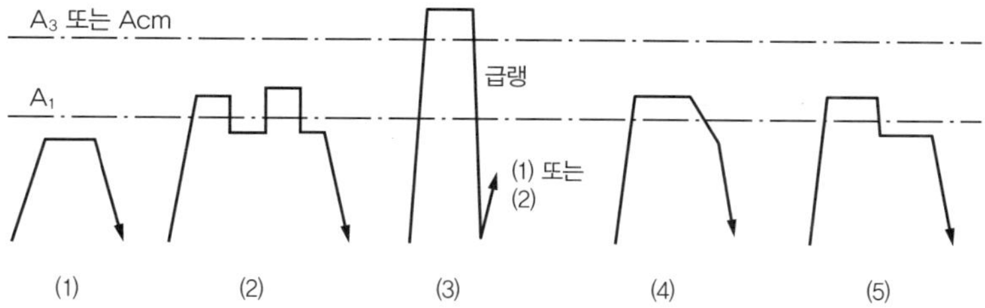

그림 3-8 구상화 풀림

때가 있다. 냉간 가공한 판 또는 선은 극히 쉽게 구상화하기 때문에 재결정 온도 이상 700°C 이하의 온도에서 비교적 짧은 시간으로 그 목적을 달성할 수 있다.

구상화의 방법은 **그림 3-8**에 표시되어 있으며 설명하면 다음과 같다.

① Ac_1 직하인 650~700°C의 온도 범위에서 가열, 유지시킨 후에 냉각한다. 이 방법은 냉간 가공하거나 또는 담금질한 재료에 대해서 적용된다. 조대한 망상 cementite는 이 방법으로서는 구상화되지 않는다.

② A_1 변태점을 경계로 하여 그 직상 및 직하의 온도를 여러 번 반복하여 가열, 냉각해 준다. A_1 변태점 이상으로 가열하는 것은 망상 cementite를 절단하기 위한 것이고 직하의 가열은 구상화하기 위한 것이다. 이 방법은 작은 공구의 cementite를 빨리 구상화하는데 사용된다.

③ Ac_3 또는 Acm점 이상으로 가열하고 cementite를 완전히 고용한 후, 급랭하여 망상 cementite의 석출을 저지한 후에 또다시 가열하여 위의 ① 또는 ②의 방법으로 구상화시킨다.

④ Ac_1점 이상 Acm점 이하의 온도에서 가열한 후, Ar_1점 이하까지 서냉한다. 또는 Ar_1점 이하의 어떤 온도로 유지하고 변태가 완료하면 냉각한다.

[4] 항온 풀림(isothermal annealing)

S곡선의 nose 또는 이것보다 높은 온도에 있어서 항온 처리를 하면 비교적 빨리

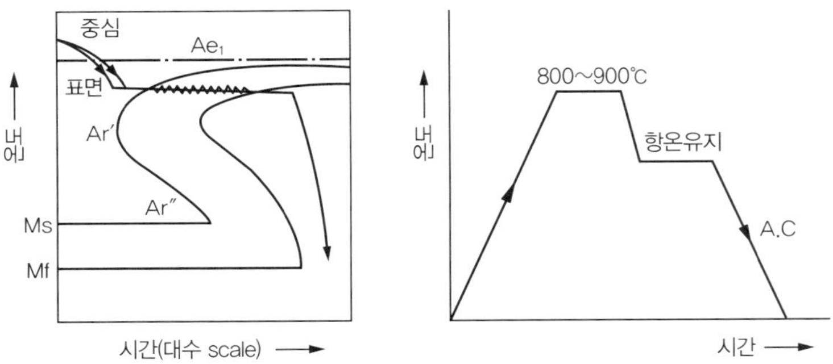

그림 3-9 항온 풀림

연화 풀림의 목적을 달성할 수 있다.

이와 같은 항온 변태 처리에 의한 풀림을 항온 풀림이라고 부르고 있다. 이 경우 풀림 온도로 가열한 강을 그 S곡선의 nose 부근의 온도(600~650℃)에서 항온 변태를 시켜 변태가 끝난 후 로에서 집어내고 공랭 또는 수냉하면 된다.

그림 3-9 (a)는 S곡선에 있어서의 항온 풀림을, 또 **그림 3-9** (b)는 항온 풀림의 과정을 표시한 것이다. 항온 풀림을 이용하면 짧은 시간으로 작업을 끝낼 수 있는 특징이 있고, 또 로도 효율적으로 이용할 수 있는 장점도 있다.

이것으로 인하여 cyclic annealing이라고도 부를 때가 있다. 공구강 및 다른 자경성(self-hardening)이 강한 특수강을 연화 풀림하는데 가장 적합한 방법이라고 할 수 있다.

[5] 중간 풀림(process annealing)

얇은 판 또는 선을 제조할 때 냉간 가공(cold working)을 쉽게 할 수 있게 하고, 재료를 파손시키지 않게 하기 위하여 경화한 재료의 경화를 도모하는 annealing을 중간 풀림이라고 말하며 A_1점 직하에서 실행한다.

이 과정은 다음의 응력 제거 풀림과 같다. 보통의 band steel을 냉간 압연할 동안의 중간 풀림은 600~680℃에서 2~5시간 가열한 다음 로내 냉각을 한다.

중간 풀림 및 응력 제거 풀림은 완전 풀림에 비교해서 비교적 저온에서 실행되기 때문에 이것을 저온 풀림이라고 부를 때가 있다.

[6] 응력제거 풀림(stress relieve annealing)

금속재료의 잔류응력을 제거하기 위하여 적당한 온도로, 적당한 시간동안 유지한 후에 냉각하는 작업을 말하며, 주조·단조·담금질·불림·기계가공·냉간가공 및 용접 등을 한 후에 존재하는 잔류응력을 제거하는데에 사용한다. 보통은 500~700°C로 가열하여 적당한 시간 동안 유지한 후에 서냉한다.

그 이유는 A_1점을 넘으면 변태 때문에 응력이 생길 것이며, 응력이 제거되기 시작하는 온도는 450°C부터이므로 적당한 온도는 500~700°C라고 할 수 있다. 응력 제거에 의하여 조직상의 변화는 일어나지 않는다고 할지라도 제품을 사용하고 있을 동안의 사고는 감소된다. 일반적으로 내부응력은 재결정 온도까지 가열하면 소멸된다. 재결정 온도는 용융 온도와 밀접한 관계가 있다.

즉 재결정 온도(°K)=0.4*용융도(°K) **그림 3-10**은 응력 제거 풀림 작업의 설명도이다. 또한 용접품에 대한 응력 제거 풀림의 유지 온도와 시간을 나타내면 **표 3-1**과 같다.

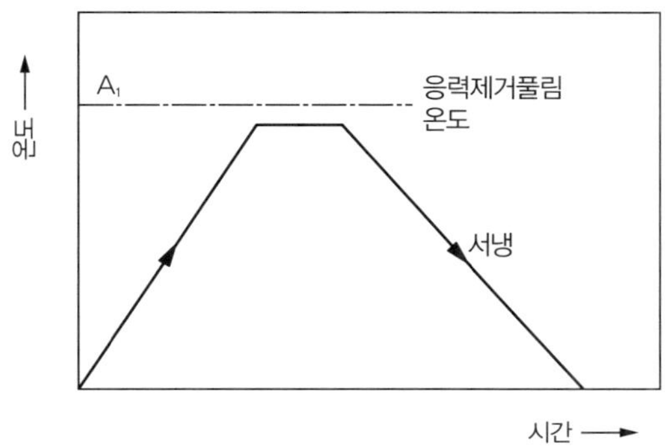

그림 3-10 응력 제거 풀림

[표 3-1] 용접부의 응력 제거 풀림 온도와 시간

강재기호	유지 온도(℃)	유지 시간(hr) (두께 25mm 당)
SB, SM, SS, S–C, SF	625±25	1
SC, SCMn, SCSiMn	625±25	1
SCCrM	700±25	2
STK, STKM	725±25	1
STKS 1~4	700±25	2
SGP, STPG, STS, STPT, STRY	625±25	1
STPA12	625±25	1
STPA22~26	700±25	2
STB	625±25	1
STBA	700±25	2
STH	625±25	1
martensite계 SUS(13Cr)	700~790	2
ferrite계 SUS(18Cr)	790~840	2
austentite계 SUS(18–8)	800~900(870)	2

[7] 확산 풀림(diffusion annealing)

Fe–C 상태의 고상선과 액상선의 현저한 온도의 차이에 인하여 ingot의 결정 내의 C, P 및 S의 편석(segregation)이 존재한다. 따라서 주조한 그대로의 강시편을 파괴해 보면 결정입자 경계(grain boundary)로부터 깨지는 경우가 많다. 그러나 1,050~1,300℃와 같은 고온에서 확산시켜 파괴해 보면 파면은 결정입자 경계를 지나지 않고 입자안을 지나게 된다.

확산 풀림은 특히 유화물의 편석을 없애는데 효과가 있다. Ni강에 있어서 망상으로 석출된 유화물은 적열취성(red shortness)의 원인이 된다. 이것을 방지하기 위해서는 1,100~1,150℃에서 확산 풀림을 한다. 특수강 주물을 1,100~1,200℃에서 오랫동안 유지하며 확산을 일으키면 dendrite의 발달에 기인한 낮은 연신율이 개량된다. 그리고 확산 풀림을 한 다음, 보통의 풀림을 한다. 이와 같이 확산을 목적으로 한 풀림을 안정화 풀림, 또는 균질화 풀림이라고 부를 때가 있다. 이 밖에도 가탄화 풀림, 흑연화 풀림, 광휘 풀림, 화염 풀림, 재결정화 풀림 등이 있다.

제4장

담금질

4-1 담금질의 특성

4-1-1 담금질의 목적

강의 담금질이라 함은 강을 임계 온도(critical temperature) 이상의 상태로 물 또는 기름 등에 급랭시켜 martensite 조직을 얻는 처리를 말하며 열처리 분야에서 가장 중요한 부분의 하나이다.

공구강을 담금질하는 목적은 높은 경도를 얻는데 있으며, pearlite계 구조용 강의 기계 부품을 담금질하는 중요한 목적은 인장강도 또는 항복점을 높이기 위해서이다. 재료역학에서 알 수 있듯이 항복점을 높인다는 것은 최대허용응력을 높일 수 있다는 것으로, 항복점이 높을수록 허용응력을 높일 수가 있고 높은 외력에도 그 부품은 안전하다는 뜻이 된다.

따라서 재료의 항복점을 높인다는 것이 열처리, 또는 담금질의 주요한 목적이라 해도 된다. 그러나 높은 인장강도와 항복점은 담금질 상태에서만 얻을 수 없고, 뜨임에 의해서 미세한 입자의 2상으로 된 조직일 때만 얻을 수 있다는 것이다. 따라서 정확히 말하자면 담금질은 구조용 강에 대해서는 뜨임 조직을 얻기 위한 준비 처리라고 볼 수도 있다.

고인장강도와 고항복점은 담금질 상태의 martensite를 뜨임했을 때 얻어지는 특징이다. 또 뜨임에 의해서 강의 인성은 향상되는 것이며 담금질 상태로는 인성은 거의 없는 0(zero) 상태이다. 따라서 구조용강의 기계적 성질 향상을 원한다면 담금질-고온 뜨임에 의하지 않으면 안 된다. 이와 같은 열처리를 조질 처리라고 한다. 그러나 기계 부품의 담금질은 경도를 높이는 것을 목적으로 하는 경우가 많다. 예를 들면 축(shaft)이나 기어(gear)와 같이 사용중 마멸하는 부품은 경도를 높게 할 필요가 있다.

다른 조건이 똑같다면 경도가 높을수록 마멸저항이 크다. 담금질은 부품의 표면경도를 높이므로 내마모성을 향상시키게 된다.

4-1-2 담금질의 전처리

부품을 담금질할 때에는 여러 가지 전처리가 필요하다. 제품의 표면에 이물질(불순물이나 scale 등)이 부착되어 있으면 담금질 효과가 현저하게 손상된다. 특히 높은 표면경도를 필요로 할 때에는 그 영향이 크다. 이와 같은 경우에는 담금질 가열 전에 표면을 깨끗하게 할 필요가 있다.

기름이나 grease 등은 끓는 물이나(soda 첨가) trichloro ethylene 등으로 탈지하고, 스케일이나 기타 이물질은 wire brush 또는 sand blast에 의해서 제거하는 것이 중요하다.

물체의 구멍 부분은 water quenching 시 hardening crack을 일으킬 가능성이 많으므로 석면을 물로 반죽해서 채우는 것이 좋다. 구멍에 나사가 가공된 경우에는 이것에 bolt나 plug로 막는 방법도 좋다.

제품을 냉각액에 투입하는 방법도 중요하다. 소형 부품은 가열해서 그대로 냉각액 속에 있는 바스켓에 투입할 수 있다. 그러나 단면에 비해서 길이가 길고 살이 얇은 부품(지름이 작은 드릴, 탭 등)은 투입 냉각 시 휨이나 경도가 고르지 못하므로 냉각액에 수직으로 투입할 필요가 있으며 그 것에는 특수한 치구를 사용하는 것이 좋다(**그림 4-1** 참조).

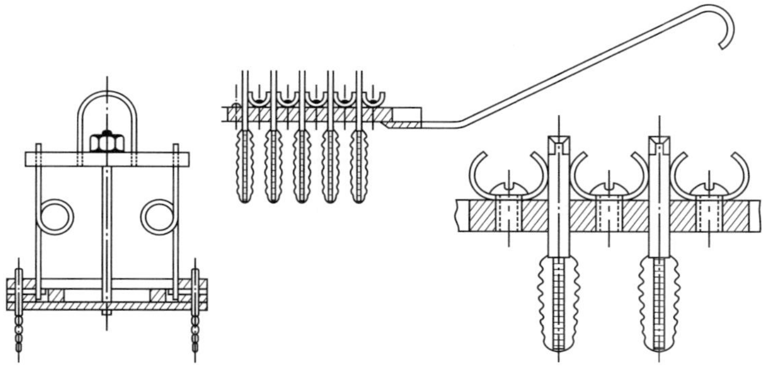

그림 4-1 가늘고 긴 공구용 치구

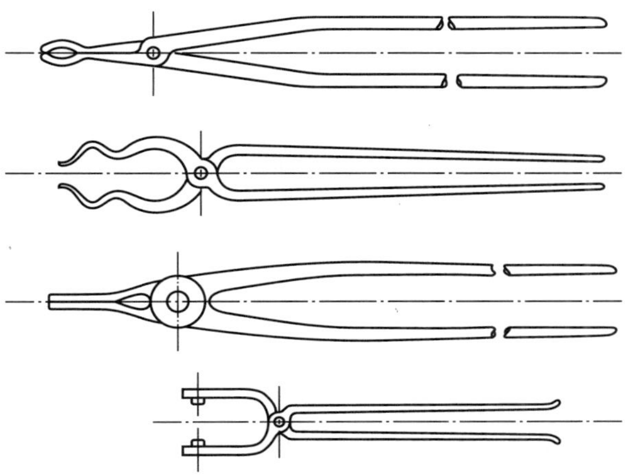

그림 4-2 열처리용 쇠집게

국부적으로 담금질하려면 특수한 쇠집게로 물체를 집어 로에서 끄집어내어 냉각액에 투입하면 좋다(**그림 4-2** 참조). 그러나 이 방법은 전면 담금질을 필요로 할 때에는 적합하지 않으며, 쇠집게로 집은 부분에 연점이 발생될 염려가 있다.

더욱 나쁜 것은 냉각 속도의 차이에 의해서 쇠집게로 집은 곳에 담금질 균열이 생긴다는 것이다. 이것을 방지하기 위해서는 머리 부분에 혹이 달린 쇠집게를 사용

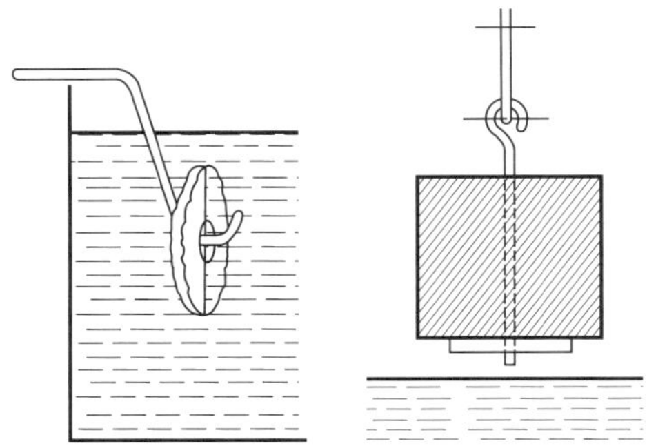

그림 4-3 밀링커터 등의 치구

하는 것이 좋다.

밀착되게 감겨진 당김용 코일 스프링은 코일의 축심을 통해서 철사로 묶어 가열 중에 코일이 떨어지지 않도록 연구한다. 또 담금질의 전처리로서는 산화 및 탈탄을 방지하는 보호 처리를 강구할 필요가 있다(제2장 참조).

4-1-3 담금질에 의한 내부응력

담금질의 급랭은 각 부분 균일 냉각이 없으며 표면은 빠르고 내부는 느린 것이 보통이다. 단면 온도의 불균일 분포가 체적의 변화를 고르지 못하게 하는 것이므로 표면은 내부보다 빠르게 수축하려고 한다. 그러나 이 수축은 내부에 의해서 방해된다. 이 때문에 최초는, 표면에 인장응력 및 내부의 압축응력은 감소해 가고, 최후로는 내외부가 냉각되어서 같은 온도로 되면, 표면의 응력 상태는 압축 응력이 되고 내부는 인장응력이 된다. 급랭으로 인한 불균일 냉각에 의해서 생기는 응력을 열응력(thermal stress)이라고 한다. 열응력은 강제품 및 동제품의 재질에 관계없이 발생한다.

그런데 급랭에 의해 조직 변화를 일으키는 재질의 예를 들면 강등은 급랭에 의해서 열응력 외에 변태응력이 생기게 되는데, 변태응력은 다음 두가지의 원인에 의해 유발된다.

① austentite와 그 분해 생성물의 비용적에 따르기 때문에,

② 변태가 물체의 내부와 외부에서 다른 시기에 발생하기 때문에

표 4-1에 표시한 것과 같이 martensite가 가장 비용적이 크고 austentite가 제일 작다.

[표 4-1] 탄소강의 조직 성분의 비용적

조직성분	비용적(20℃) [cm^3/g]
ferrite	0.1271
cementite	0.130±0.001
ε-탄화물	0.140±0.002
martensite	0.1271±0.00265(%C)
austentite	0.1212±0.0033(%C)
ferrite + cementite	0.1271±0.0005(%C)
bainite	0.1271±0.0015(%C)
0.25%C martensite + ε-탄화물	0.12776±0.0015(%C-0.25)

martensite와 austentite의 비용적인 칫수에 범위가 있는 것은 이들 조직의 비용적이 탄소량에 의해서 변화하기 때문이며 탄소량이 많을수록 비용적이 커지기 때문이다. 이 때문에 강을 급랭하면 열응력과 변태응력이 발생한다.

여기서 강의 담금질에 의해 내부응력(열응력과 변태응력)의 분포를 생각하면 **그림 4-4**는 강을 담금질했을 때 각 단계에 있어서의 외부(곡선S)와 내부(곡선C)의 부피 변화를 표시한 것이다. 냉각 곡선 0~1에 있어서는 외부나 내부도 냉각될 뿐이며 온도가 내려감에 따라서 체적은 수축한다. 물론 외부의 체적 수축은 내부의 그것보다 빠르므로 외부는 인장, 내부는 압축을 받는 것이 된다(**그림 4-4** (a) 참조).

냉각 시간이 1~2로 되면 내부는 수축을 계속하지만 외부는 martensite 변태를 일으켜서 팽창한다(martensite의 비용적은 austentite보다 크다). 내부가 압축, 외부가 인장을 받고 있으므로 내부응력은 어느 정도 완화된다(**그림 4-4** (b) 참조).

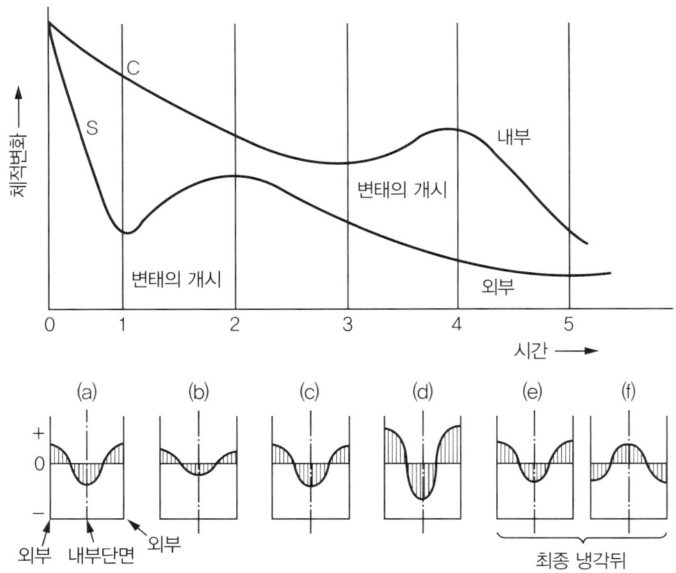

그림 4-4 담금질에 의한 체적변화에 내부응력 분포

냉각이 이 단계에 있어서는 변태응력은 열응력과 반대로 작용한다. 냉각 시간이 2~3에 있어서는 외부나 내부도 수축하므로 내부응력은 다소 커진다(**그림 4-4** (c) 참조). 여기서 주의를 요하는 것은 martensite 상태는 Ms점 이하의 온도에서는 계속 일어나고 있으며, 냉각 시간이 2~3 사이에서도 일어나고 있는 것이다. 이것은 2~3의 사이에서 부피의 팽창이 있음과 동시에 수축도 일어나고 있는 것으로 온도의 수축쪽이 크기 때문에 체적 수축으로 되어 나타나고 있는 것이다. 냉각 시간 3~4에서는 외부는 수축을 계속하지만 내부는 martensite 변태를 일으켜서 팽창한다. 그 때문에 내부응력은 상당히 커진다(**그림 4-4** (d) 참조).

냉각 시간이 4~5가 되면 내부나 외부가 함께 수축함으로 내부응력은 어느 정도 완화되고 작아진다(**그림 4-4** (e) 참조). 또 때로는 반전하는 수도 있다(**그림 4-4** (f) 참조).

이상의 그림은 내부응력 분포를 대충 표시한 것이며, 실제로는 냉각의 순간에 있어서의 내부응력 분포는 더욱 복잡하다. 앞의 그림에서 중요한 결론을 찾을 수 있게 되는데, 이는 곧 내부응력은 강이 냉각한 후에는 크지 않고 오히려 냉각되어 가고 있을 때에 가장 크다고 하는 것이다. 즉 내부 martensite 변태를 일으켜 가고 있을 때에 최대의 내부응력이 생기는 것이다. 여기서 이 내부응력이 인장이라고 하는 것이 주의를 요하는 점이며, 이것이 바로 균열의 원인이 되는 것이다(압축응력에는 균열이 발생되지 않는다). 내부응력은 국부적 소성 변형에 의해서 완화 혹은 해소된다. 그러나 소성 변형은 강이 어느 정도의 소성을 가지고 있을 때에만 생기는 것이다. N. M. Fokina의 실험 결과 **표 4-2**에서도 분명하듯이 탄소량이 0.4% 이상의 강은 가령 martensite 변태의 초기에 있어서도 소성 변형은 거의 없는 것을 알 수 있다.

[표 4-2] 강의 martensite량과 기계적 성질

탄소량(%)	martensite(%)	인장강도(kg/mm^2)	항복점(kg/mm^2)	drawing(%)
0.20~0.24	0	77	33	63
	10	117	56	45
	45	167	118	29
	75	175	129	28
	100	194	150	29
0.45	0	81	37	48
	15	75	55	0
	35	74	–	0
	45	66	–	0
	65	43	–	0
	100	52	–	0
0.86	0	69	49	17
	5	60	–	7
	30	63	–	–
	40	63	–	–
	55	42	–	–
	75	22	–	–
	85	19	–	–

이상은 물체의 내부까지 담금질될 경우이다. 내부까지 도입되지 않을 경우의 종합적인 내부응력은 어느 정도 낮아진다. 그것은 내부의 변태가 autensite에서 ferrite, carbide 혼합물이고 체적 변화(팽창)가 적기 때문이다. ferrite, carbide 혼합물의 비용적은 autensite보다는 작은 것이다. 내부응력이 강의 항복점을 초과하면 소성 변형이 생긴다. 이것은 변형이라든가 굽힘이다. 그러나 내부응력이 강의 인장강도보다 커지게 되면 필연적으로 균열이 생기게 된다.

담금질에 의한 내부응력의 발생은 완전히 방지할 수 없다. 단지 완화시킬 수 있을 뿐이다. 이 완화를 위해 여러 가지 방법이 담금질 작업에 사용되고 있다.

4-1-4 담금질에 의한 체적 변화

담금질에 있어서 martensite 조직으로 되면 항상 체적의 팽창이 생긴다. 이것은 martensite의 비용적인 troostite(ferrite carbide) 조직보다 크기 때문이다. 이 체적의 팽창은 탄소량이 증가할수록 커진다. **그림 4-5**와 **표 4-3**는 martensite로 담금질했을 때의 비용적의 변화를 표시한 것이다. 이와 같은 체적의 변화는 일반적으로 그렇게

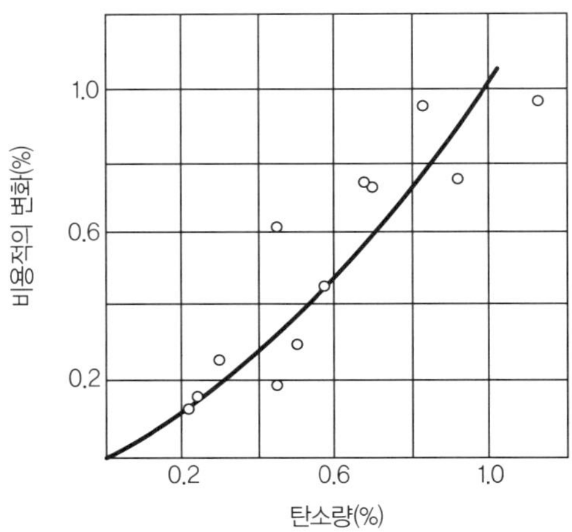

그림 4-5 탄소강에서 비용적의 변화와 탄소량과의 관계

[표 4-3] martensite 변태로 인한 체적 팽창

C%	0.10	0.30	0.60	0.85	1.00	1.30	1.70
체적 변화	+0.113	+0.404	+0.923	+1.227	+1.557	+2.376	+3.75

과대한 것은 아니다.

예를 들면 탄소공구강으로 담금질한 것의 체적 변화는 1%를 넘지 않는다. 이것을 길이 팽창으로 환산하면 약 0.3%가 된다. 이 계산은 다음과 같다. 지금 입방체를 생각하고 그 1변의 길이를 a로 하면 체적은 1%가 증가한다. 따라서

$$a_{quenching} = a_{최초} \times \sqrt[3]{1.01}$$

$$a^3_{quench} = 1.01a^3_{최초} = 1.003a_{최초} \text{ (길이는 0.3\% 증가)}$$

여기서 $a_{quenching}$는 담금질 후 입방체 1변의 길이이며, a의 최초는 담금질 전 입방체 1변의 길이이다.

위의 식은 물체의 중심부까지 담금질되었을 때의 체적 및 길이의 변화를 설명한 것이다. 심부까지 담금질되지 않을 때에는 체적과 길이의 변화가 그 만큼 작아지고, 표면 강화시에는 거의 무시할 정도로 된다. 담금질 온도의 영향은 체적의 변화가 좋은 경우와 나쁜 경우에서의 두 가지가 있다. 즉 담금질 온도가 높을수록 잔류 autensite가 많아지고 체적의 변화는 적어진다. 그것은 autensite가 martensite나 troosite(ferrite cementite) 조직보다 비용적이 작기 때문이다. 따라서 담금질 후 잔류 autensite가 작은 탄소강의 경우에는 담금질 온도를 될 수 있는 한 낮게 하는 편이 체적의 변화를 적어지게 하는 것이며, 반대로 담금질에 의해서 잔류 autensite가 많아지는 합금강에 있어서는 담금질 온도를 조금 올리는 편이 체적의 변화를 적어지게 하는 것이다. 담금질에 의한 길이 및 체적의 변화는 문제될 정도로 큰 것은 아니다. 그러나 근소한 변화에도 문제가 될 때가 있는데 그것은 긴 tap 각종 die나 punch 그 밖의 모양이 복잡한 공구로 담금질 후, 연마 다듬질을 할 수 없는 경우일 경우이다.

이와 같은 공구는 합금강, 예를 들면 cutter류는 Cr–Mn 및 Cr–Mn–W강, die나 펀치류는 Cr강으로 만들고 특수한 담금질(hardening without deformation)을 해서 치수의 변화가 거의 없도록 하고 있다. 여기서 변형 방지 담금질에 대해 생각해 보기로 하자.

담금질 조직중에 martensite가 혼합되어 있으면 체적이 팽창하고, 잔류 autensite가 있으면 체적이 수축하게 된다. 따라서 martensite와 잔류 autensite가 적당한 비율로 존재하고 있으며 체적 혹은 길이의 변화는 생기지 않는다는 것이다. 즉 담금질–뜨임 후 공구의 치수는 담금질 전과 완전히 같아진다.

Cr–Mn강에 대한 변형 방지를 위해 다음의 방법을 권장하고 있다. 담금질 온도 890℃에서 200℃의 초석로에서 냉각해서 30분간 항온 유지한 다음 끌어올려 서냉한다. 열욕(정확히 말해서 marquenching)하는 것은 내부응력과 변형을 적게 하고 굽힘을 방지하는데에 도움이 된다. 그러나 200℃에서의 서냉은 martensite의 생성과 뜨임이 동시에 일어나는 것이다. 즉 이 온도 범위에 있어서는 뜨임의 1단계, 바꾸어 말하자면 정방정 martensite가 입방정 martensite로의 변태를 일으킨다. 200℃로 서냉하는 대신 조금 더 빠르게 냉각하고(예를 들면 공랭), 그 후 180℃~200℃에서 뜨임하는 방법도 있다.

변형 방지를 위한 또 한 가지 방법은 담금질 전에 예비 처리를 해놓는 것이다. 이 예비 처리에는 조질이 적당하다. 이 처리에 의해서 sorbite 조직이 얻어지므로 본 담금질의 가열 때에는 autensite에 각 원소가 균일하게, 그리고 많이 소용된다. 이 때문에 autensite가 안정화되고 담금질에 의해서도 잔류 autensite가 많이 존재하게 된다. 그 결과 치수의 변화가 적어지게 되는 것이다. Cr–W–Mo강을 언제나 일정한 치수의 변화로 담금질하려면 다음과 같은 열처리를 하는 것이 좋다.

① 예비 처리로서 우선 처음에 860℃에서부터 oil quenching한다.
② 다음에 650℃로 1.5~2시간 뜨임한다.
③ 본 열처리로써 830~840℃로부터 oil quenching하고
④ 180℃로 1.5~2시간 뜨임한다.

Cr−12Mo강, Cr−12V강 및 고Cr강 공구는 치수의 변화가 없도록 다듬질 열처리법이라 불리는 특수한 방법으로 담금질한다. 이 열처리 방법은 Y.R. Rauzin 및 E. Liberman의 제창에 의한 것으로 그 요령은 다음과 같다. 담금질 직후의 치수를 수축시키기 위해 잔류 autensite를 상당히 남도록 고온에서 담금질한다.

다음에는 짧은 시간 뜨임을 하고, 잔류 autensite를 천천히 martensite화시켜 치수를 늘어나게 해 주는 것이다. 실제로는 다음과 같이 처리한다.

① 물체를 1,050~1,060°C로 가열한다.

② 다음에 450°C로 가열되어 있는 로로 옮긴다.

③ 물체의 안팎이 같은 온도로 된 다음, 40~50분간 항온 유지한다.

④ 끌어올려서 공랭한다.

⑤ 520°C에서 40~50분간 되풀이하여 뜨임한다.

4-2 담금질 작업

4-2-1 가열과 냉각

담금질의 요점은 오로지 냉각방법에 있다고 하겠다. 물론 가열규칙을 준수함도 필요하다. 가열온도는 Ac_3 또는 Ac_{3-1}+40~60°C로 균일한 austenite화 시키고 유지시간은 필요 없이 길게 해서는 안된다. 구조용 탄소강과 합금강의 가열유지 시간은 거의 0이며 공구강에서는 10분 내외로 충분하다.

가열 후는 임계구역 화색이 없어질 때의 온도까지, 즉 S곡선의 nose까지를 가능한 빨리 냉각시킨다. 이 온도 범위를 늦게 냉각시키면 풀림 또는 불림 처리가 된다.

다시 말해서 이 범위는 pearlite 또는 bainite가 나타나지 않은 최소 냉각 속도로써 이루어지는데, 이 때의 냉각속도를 임계 냉각 속도(critical cooling rate)라 부른다. 강의 담금질 효과를 거둘 수 있는 부분이 Ms점 이하이다. 이 온도 범위에서 과냉

austenite는 martensite로 변태되며, 이 온도 범위는 급랭과 martensite화에 의한 팽창이 상호 작용하여 담금질 균열(quenching crack)을 일으킬 위험을 내포하고 있으므로 이 범위 내를 위험구역이라 한다. 담금질 균열은 냉각되는 순간에 발생되는 것이 아니라 Ms구역에 들어갔을 때 발생하는 것이다. 이 담금질 균열을 방지하기 위해 Ms구역을 서냉시킴이 필요하다. 요컨대 담금질에서는 임계 구역을 위험 구역내에서 서서히 냉각시키는 것이 중요하며, 이렇게 함으로써 균열 없이 경하게 담금질 효과를 얻을 수 있다.

그림 4-6은 담금질의 가열과 냉각의 요점을 나타낸 것이다. 이상의 냉각 요점에 영향을 미치는 인자중 제품의 형상에 따른 냉각의 주의가 필요하다. **그림 4-7**은 제품의 형상에 따른 냉각 속도의 차이를 나타낸 것이며 **그림 4-8**은 같은 제품이라도 장소에 따라 냉각 속도가 어떻게 다른 가를 나타낸 것이다. 담금질에 있어서는 이

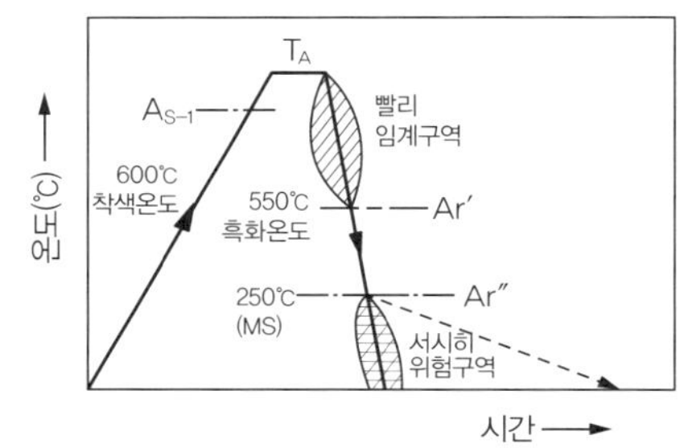

그림 4-6 담금질의 요점

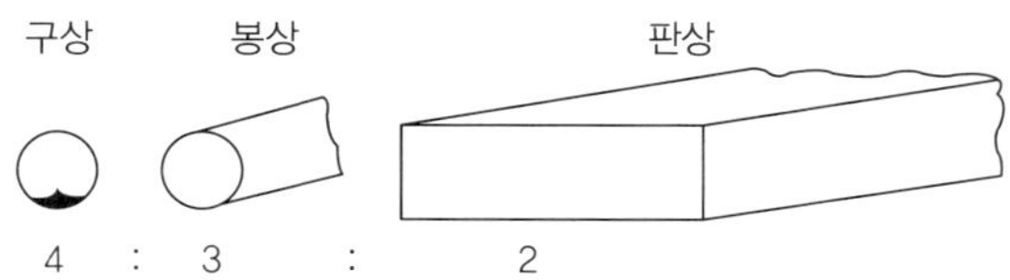

그림 4-7 형상에 따른 냉각 속도의 차

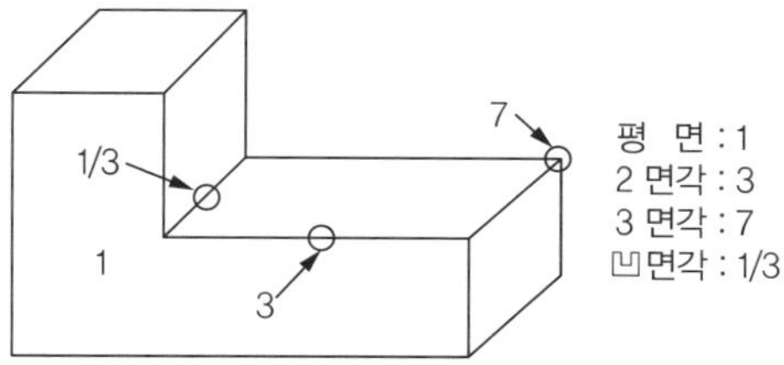

그림 4-8 제품의 부위에 따른 냉각 속도의 차

냉각 방법의 차이를 염두에 두어 모든 부위가 균일하게 냉각되도록 하는 것이 중요하다.

4-2-2 담금질의 종류

[1] 인상 담금질

담금질 작업에 있어서 Ar′ 점에서는 빨리 냉각하고, Ar″ 점에서는 서서히 냉각한다고 하면, 도중에서 냉각 속도를 변화시켜 주어야 할 것이다. 이 냉각 속도의 변환을 냉각 시간으로 조절하는 담금질을 시간 담금질(time quenching)이라고도 한다. 즉 처음에 물로 급격히 냉각시켜 주고, 적당한 시간이 지난 후에 인상하여 유냉하거나 또는 공랭해 주는 것이다. 따라서 이 담금질을 인상 담금질이라고 보통 부르고 있다.

이 담금질의 중요한 점은 인상하는 시기를 정확히 확인하여야 하는 점인데, 그 간단한 방법은 다음과 같다. 즉,

① 제품의 직경 또는 두께 3 mm에 대하여 1초 동안 물 속에 담근 후에 유냉 또는 공랭한다.
② 진동 또는 물소리가 정지한 순간에 제품을 인상하여 유냉 또는 공랭한다.
③ 화색이 없어질 때까지 걸린 시간의 2배 만큼의 제품을 물에 담근 후에 인상해서 유냉 또는 공랭한다. 제품을 기름중에 담금질할 때에도 기름 속에서

완전히 냉각할 것 없이 다음 방법을 쓰는 것이 좋다. 즉,

④ 기름의 기포가 올라오는 것이 정지했을 때에 제품을 공랭한다.

⑤ 제품의 직경 또는 두께 1 mm에 대해, 1초 동안 기름 속에 담근후에 공랭한다.

그림 4-9는 인상 담금질 작업의 과정을 표시한 것이고, **그림 4-10은** TTT곡선에 있어서의 인상 담금질의 관계를 표시한 것이다. 일반적으로 인상하는 온도는 S곡선에 있어서의 인상 담금질의 관계를 표시한 것이다. 일반적으로 인상하는 온도는 S곡선의 nose보다 밑이고 Ms점보다 위의 온도 범위이다. 제품을 인상하는 온도의 높이

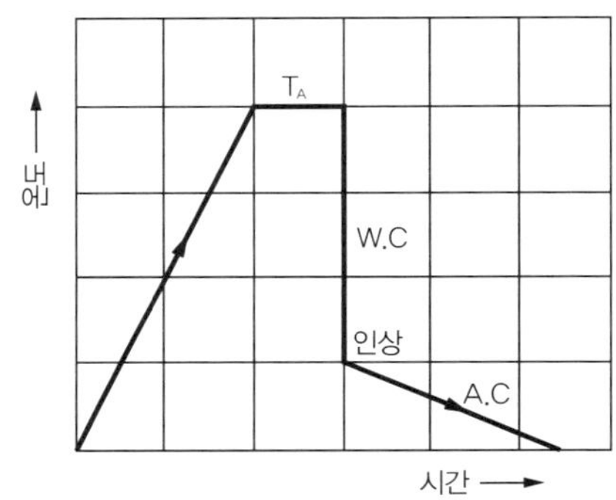

그림 4-9 인상 담금질의 과정

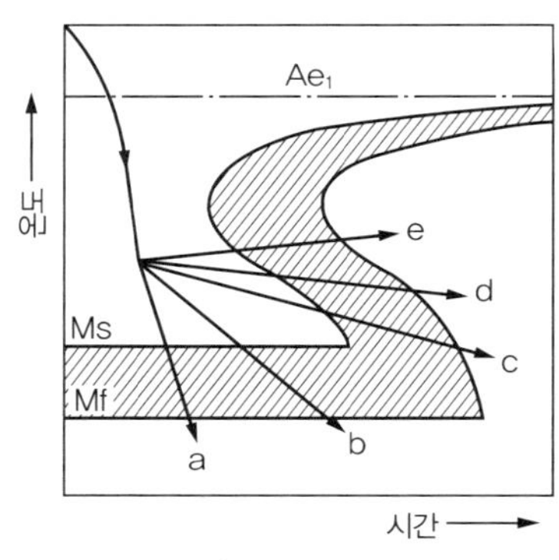

그림 4-10 TTT곡선에 있어서의 인상

와 인상 후의 냉각 과정에 의하여 과냉각된 austenite는 **그림 4-10**과 같은 냉각 변태를 나타낸다. 즉, 그림에 있어서 a는 제품을 인상한 후 다시 급랭한 경우이며 과냉 austenite는 Ms점을 통과하여 martensite로 변화한다. 그리고 b는 인상 후 서냉하여 martensite화를 서서히 일으키게 한 경우이고, c는 인상 후 서냉하여 martensite화를 서서히 일으키게 한 경우이고, c는 더 서냉한 경우이며, 하부 bainite는 서서히 냉각했을 때이고 중부 bainite는 오히려 약간 올라가는 경우이며, 상부 bainite를 얻게 되는 것을 표시하고 있다.

여기서 주의해야 할 것은 실제의 제품을 가지고 있기 때문에 제1단 급랭으로서 외주 부분과 내부와의 사이에 온도차가 생기게 되고, 내부가 보유하고 있는 열량의 영향을 받아 조직 변화가 약간 복잡하게 된다는 것이다. **그림 4-11 ~ 4-13**은 이것들을 표시한 것인데 그림에는 외주 부분, 중간 부분 및 중심 부분의 온도 변화와 단면 경도를 비교하여 표시했다.

그림 4-11은 제1단의 급랭 시간이 길기 때문에 인상 온도가 낮아진 경우이며, 외주 부분의 경우는 제1단 수냉에 의하여 일단 Ms점을 통과하여 martensite로 되지만

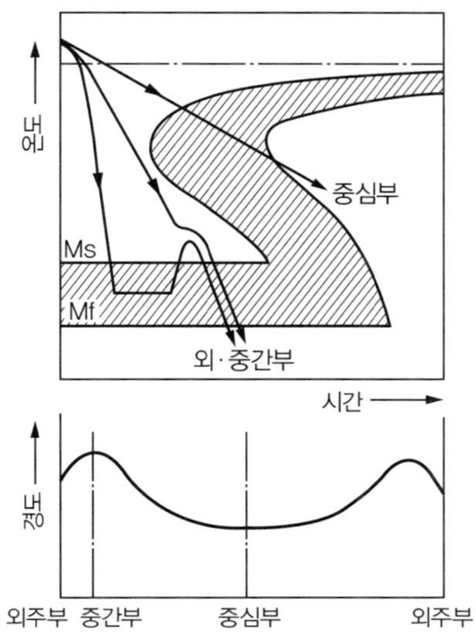

그림 4-11 인상 담금질

공기중에 인상했을 때 내부의 보유열에 의하여 온도가 올라가고 그 이후의 급랭에 의하여 또다시 Ms점을 통과하는 경우이다. 그림에서 알 수 있는 바와 같이 이 때의 외주 부분은 내부의 열에 의해 tempering되어, tempered martensite 조직 중간 부분은 quenched martensite 조직으로 되고 내부로 들어감에 따라 pearlite가 많아지게 된다. 이 때문에 그 단면경도는 중심선에 대하여 좌우가 대칭으로 이루어져 표면부근에 경도의 극대점이 생기게 되는 것이다. 이 극대점은 냉각곡선에 대하여 냉각도중 한번 온도가 올라간 부분에 상당한다.

그리고 제1단의 수냉 시간이 길수록 극대점의 경도가 높아지고, 공기 중에 집어낸 시간이 길수록 경도의 극대치는 감소하며, 극대점은 표면에서부터 중심부로 이동해 간다. 제1단 수냉의 시간 및 공기중에 집어낸 시간이 길수록 표면의 경도치가 접근하여 경도곡선의 극대 부분이 sharp하지 않게 되어간다. 이러한 경향은 탄소량이 낮은 강에 있어서 현저하게 나타난다.

앞에서 말한 바와 같이 공기중에 인상한 후 급랭하면, 외주 부분에 tempered martensite 조직 중간부에 quenched martensite 조직이 생겨 외주부분이 인장

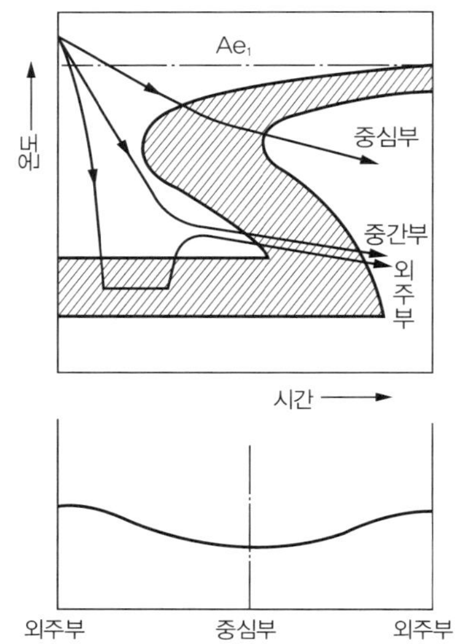

그림 4-12 인상 담금질(수냉→인상→공랭)

(tension)을 받게 되기 때문에 이따금 균열 또는 변형이 발생하는 경우가 있다. 그러나 인상 후 공랭을 하면 **그림 4-12**에서 표시한 바와 같이 항온 변태에 가까운 변화가 일어나게 되는데 조직은 외주부가 tempered martensite 조직, 중간부가 bainite, 중심부가 pearlite 조직으로 되게 된다. 단면경도도 극대점이 없으며, 또 Ar″ 구역을 서냉하게 되기 때문에 잔류응력이 매우 작아지고 균열 또는 변형이 적어진다.

제1단 수냉 시간이 짧고 내부 보유열이 많을 때에는 **그림 4-13**에 표시한 바와 인상 후의 온도도 높고 외주부 tempered-troostite 또는 sorbite로 된다. 따라서 인상 후 급랭해 주면 **그림 4-11**의 경우와 같이 중간부가 martensite로 되고 단면경도에 있어서 극대점이 생긴다. 인상 후 공랭해 주면 **그림 4-14**에 표시한 바와 같이 중간부는 bainite 내부로 들어감에 따라 bainite가 많아진다. 단면경도는 극대점을 일으키지 않으며 전체적으로 연하고 잔류응력 역시 작다. 단면경도의 극대를 일으키기 위해서는 수냉 → 공랭중에 인상 → 수냉의 작업이 필요하다.

일반적으로 시간 담금질(인상 담금질)을 할 때 보통의 담금질보다 잔류응력이 작아지는 것은, 공기중에 인상함으로써 외주부에 생긴 martensite가 tempering 되기

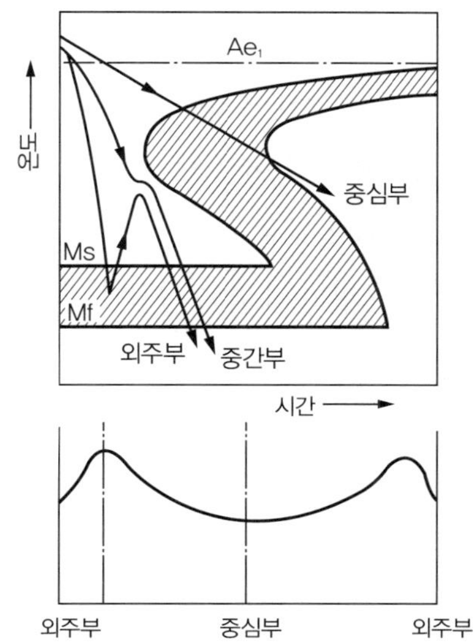

그림 4-13 인상 담금질(수냉→인상→수냉)

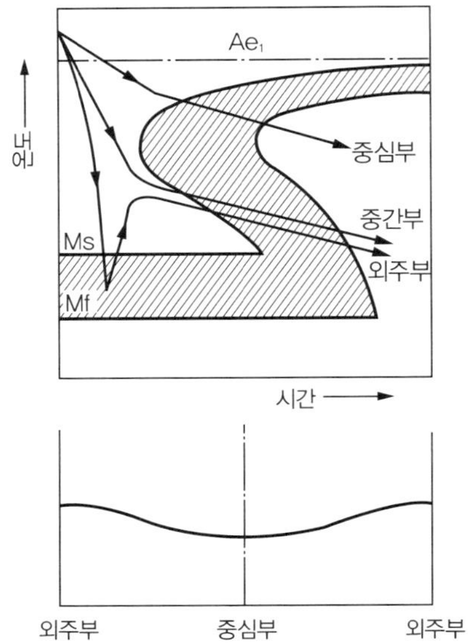

그림 4-14 인상 담금질(수냉→인상→공랭)

때문인데 인상 후의 냉각을 서서히 하면 잔류응력을 더 감소시킬 수 있을 것이다. 그러므로 담금질 시 발생되는 균열 및 변형을 방지하는 방법으로는 수냉 → 인상, 공랭 또는 수냉 → 공기중 인상 → 유냉이 좋다. 특히 물품에 담금질하지 않으면 경화되지 않는 강제 및 대형 제품에는 이 이상 좋은 열처리는 없는 것 같다.

이상에서 설명한 바와 같이 인상 담금질(혹은 시간 담금질)은 잘 깨지지 않고 딱딱하게 담금질하려고 할 때 적용하면 매우 효과적인 방법이며, 이 때는 제1단 수냉 시간을 틀리지 않도록 하는 것이 중요하다.

[2] Marquenching

marquenching은 martempering과 같은 종류의 열처리이며 일종의 중간 담금질(interrupted quenching)이다. marquenching은 다음과 같은 과정으로 되어 있다. 즉,

① Ms점(Ar″점) 직상으로 가열된 salt bath에 담금질(thermo quenching),

② 담금질한 시편의 안팎이 같은 온도로 될 때까지 항온 유지,

③ 인상하고 공랭하고 Ar″ 변태를 서서히 일으키게 한다.

이 때의 조직은 martensite이며 marquenching한 후에 뜨임하여서 사용하는 것이 보통이다. **그림 4-15**는 marquenching의 작업 과정이며 **그림 4-16**은 S곡선에 있어서 냉각 곡선을 그린 것이다.

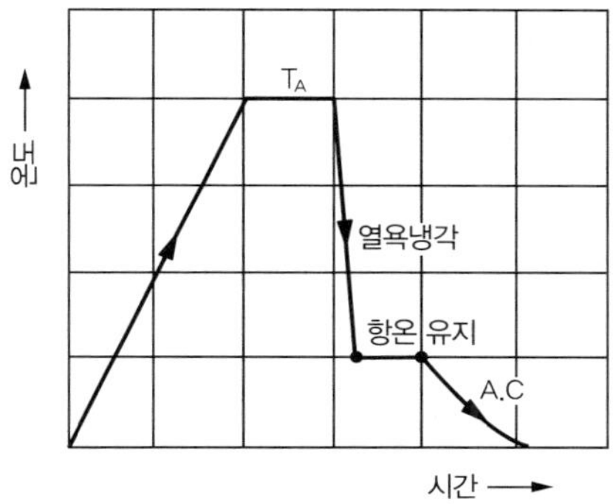

그림 4-15 marquenching 과정

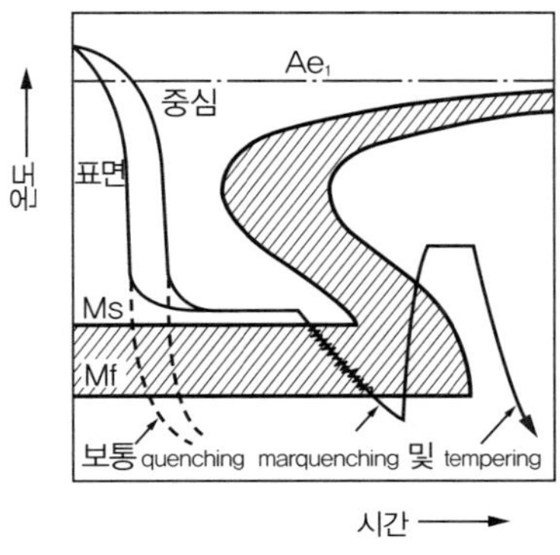

그림 4-16 marquenching

이 방법의 특징은 Ms점 직상에서 냉각을 중지하고 시편의 안팎의 온도를 동일하게 한 다음, Ar″ 구역을 서서히 냉각하는데에 있다. 이와 같이 하면 시편 안팎이 동시에, 그리고 서서히 냉각하는데에 있다. 이와 같이 하면 시편 안팎이 동시에, 그리고 서서히 martensite로 변화하기 때문에 균열이나 변형이 생기지 않게 된다. 깨지지 않고 또 구부러지지도 않는 딱딱한 담금질을 하는데 가장 적합한 방법이다. 물론, 이 때 얻는 조직은 martensite이므로 목적에 따라서 뜨임하고 적당한 경도 및 강도를 가지도록 할 필요가 있다.

이 방법을 실제로 실행하기 위해서는 먼저 그 강재의 Ms점을 알 필요가 있다.

Ms점은 다음 식으로 계산된다(%는 중량%). 즉,

$$\begin{aligned} Ms(^\circ C) = {} & 550-350\times C\%-40\times Mn\%-0\times Si\%-35\times V\%-20\times Cr\%-17\times Ni\% \\ & -10\times Cu\%-10\times Mo\%-5\times W\%+15\times Co\%+30\times Al\% \end{aligned}$$

윗식으로 계산한 수치는 실험식과 잘 일치하기 때문에 이 식을 사용해도 아무런 지장이 없다.

Marquenching용의 hot bath 온도는 위의 Ms점을 택하는 것이 좋다 200°C까지라면 광물유(모빌유), 이것보다 더 높은 온도일 때는 salt 혹은 금속염이 좋다. 최근에는 교반 장치가 붙은 salt bath가 많이 이용되고 있다. 어떤 경우라도 Ms점 직상까지 100% austenite 상태를 가지고 와야 하기 때문에 hot bath의 양은 충분히 많은 것이 좋다. 열욕 중에 유지하는 시간은 시편 안팎의 온도가 동일하게 되면 좋으며, 너무 긴 시간을 유지해서 항온변태가 생기게 되면 효과가 없다. Ms점 직상은 일반적으로 incubation에 가장 긴 곳이므로 그다지 염려할 필요는 없다. 열욕으로부터 집어낸 후의 냉각은 재 안에서 냉각하거나 공랭하는 것이 좋다.

marquenching는 물 또는 기름을 냉각한 경화할 수 있는 것은 물론이지만, Ms점 이하의 온도에서 서냉을 하기 때문에 austenite가 안정하게 되어 잔류 austenite가 많아진다. 따라서 marquenching을 한 제품은 기름 담금질한 제품과 같은 정도의 경도를 얻을 수 있으나, 물에 담금질할 것보다 경도가 약간 떨어지게 되며 이 경향은 고탄소강일수록 현저하게 나타난다.

marquenching을 하면 quenching crack은 전혀 없어지며, 이것은 marquenching의 최대 장점이다. 담금질에 의한 내부응력은 marquenching에 의하여 많이 제거된다. 담금질에 따르는 치수의 변화도 매우 적으므로 형상이 복잡하다. 치수의 오차를 극도로 피해야 할 제품에는 marquenching이 가장 적합하다.

그러나 marquenching한 것은 잔류 austenite가 많기 때문에 긴 시간동안 두면 치수가 변화하는 결점이 있다. 따라서 marquenching 직후에 바로 소정의 온도로 tempering하거나, 또는 sub-zero 처리하는 것이 좋다. marquenching을 하는 경우에는 보통의 기름 quenching, 또는 물에 담금질하는 경우보다

① 화학 조성은 시련의 크기가 일정하면 약간 탄소%가 많은 것이 좋고,

② 시편의 크기는 화학 조성이 일정하면 기름 또는 물중에 담금질한 것보다 소형이 좋다.

최근 marquenching의 열욕 온도를 Ms점 이하까지 내리고 이 온도를 일정하게 유지하여 시편 안팎의 온도를 동일하게 한 후 공랭하는 방법을 modified marquenching이라고 부르고 있다. 이에 대하여 종래의 marquenching을 완전 marquenching로 구별해서 부르기도 한다.

[3] Ms quenching

인상담금질 또는 marquenching을 쓰면 담금질 균열 및 변형은 매우 적게 되지만, Ms~Mf 구역을 서냉하게 되기 때문에 과냉각된 austenite를 안정하게 하는 경향이 있으며, 이로 인해 잔류 austenite가 많아지고, 오랜 시간이 지나면 점차로 잔류 austenite가 martensite로 변화하여 경도가 조금 올라가면서 치수에 오차가 생긴다. 이것을 quenching-aging라고 부르고 있다. 이것을 방지하게 위해서는 Ms~Mf 구역을 급랭하는 것이 좋지만, 그렇게 하면 담금질 균열 또는 변형 방지의 목적에서는 좋지 않다. 그러므로 담금질 균열 또는 변형을 적게 일으키고, Ms~Mf 구역을 급랭하여 잔류 austenite를 작거 해주는 방법으로 Ms quenching을 사용한다.

Ms quenching는 얼핏보아 marquenching과 비슷하지만 그 차이는 **그림 4-17** (a)에 표시한 바와 같이, marquenching에 있어서 Ms점 직상의 온도에서 시편의 안팎의 온도를 동일하게 한 후 서냉하고, Ms quenching에 있어서는 Ms점 직하의 온도에서 균일한 온도로 한 후에 급랭해 준다. (b)는 담금질의 팽창 및 수축을 표시한 그림이다. (c)는 Ms~Mf 구역의 급랭과 서냉의 경우, 시편 안팎의 팽창 및 수축의 차를 표시한 것이다. 즉 Ms점 직상으로부터 급랭하면 수축 → 팽창의 반복으로 인해((c)중의 좌측 그림 참조) 안팎의 연신율의 차가 크게 되는데 비해, Ms점 직하로부터 급랭했을 때와 같은 모양의 팽창뿐이기 때문에((c)의 우측 그림 참조), 안팎의 연신율의 차가 작다. 그러므로 급랭하여도 담금질 균열의 염려가 없으며, 변형도 적고 잔류 austenite도 적기 때문에 quenching-aging에 인한 치수의 오차를 방지하는데 효과적이다.

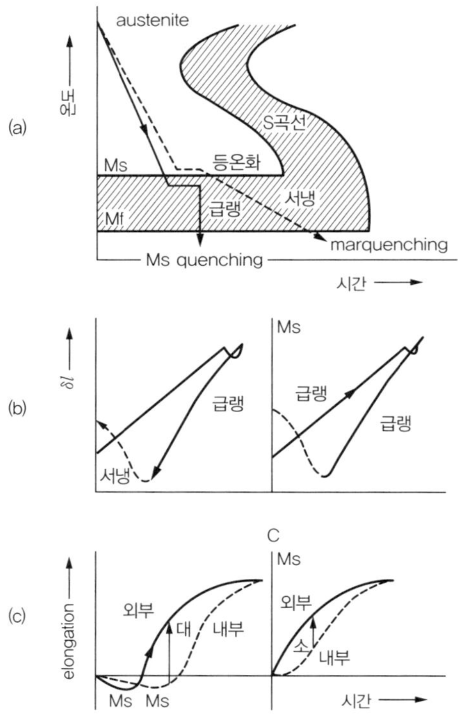

그림 4-17 marquenching과 Ms quenching

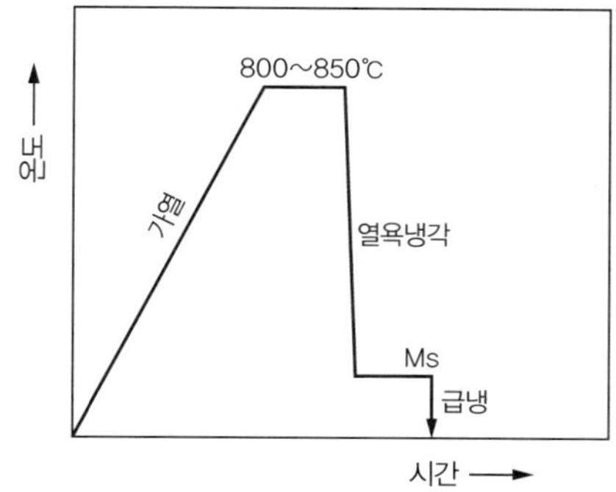

그림 4-18 Ms quenching의 작업 과정

그림 4-18은 Ms quenching의 작업 과정인데 열욕 온도로서는 Ms−50°C 정도가 적당하며, 열욕중에 유지하는 시간은 직경 25 mm에 대하여 약 5분 정도가 좋다.

[4] martempering

martempering은 Ar″ 구역(Ms~Mf)내에서의 항온 처리(isothermal treatment) 방법이며, 그 과정은 다음과 같다.

① austenite 영역의 온도로부터 Ms점 이하의 열욕(100~200°C)에 quenching, 즉 hot quenching하고,

② 과냉각된 austenite의 변태가 대략 완료될 때까지 유지한다.

그림 4-19는 S곡선에 있어서의 martempering을 표시한 것이다. martempering을 이용하면 martemsite의 자기 tempering, quenching stress의 제거 및 과냉각 austenite의 하부 bainite화 등에 의해서 경도를 그다지 저하하지 않고 충격치가 높은 재질을 얻을 수 있다. 이 때의 조직은 tempered martensite와 하부 bainite와의 혼합 조직이다. martempering은 항온변태를 완료시키는데 상당히 긴 유지 시간을 필요로 하기 때문에 공업적으로는 항온변태가 완료하기 전에 인상하여 공랭하고, 이것을 또다시 뜨임해서 사용하는 것이 보통이다. 따라서 이것은 modified

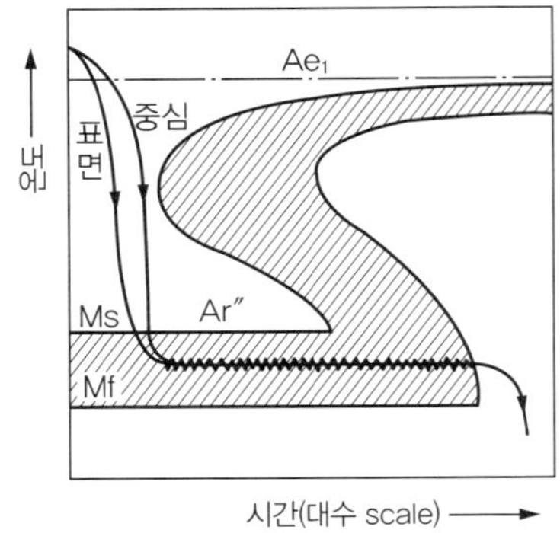

그림 4-19 martempering

marquenching에 비슷한 열처리 방법이 된다.

[5] austempering

austempering이라는 것은 Ar′점과 Ar″점 사이에 유지한 열욕에 담금질하고 과냉각 austenite의 변태가 완료할 때까지 항온으로 유지해 주는 방법이며, 이 때에 얻어지는 조직은 bainite이다. 따라서 austempering을 bainite quenching이라고도 한다. austempering이라는 명칭은 열욕에 담금질을 하면 보통의 담금질 및 뜨임과 같은 결과를 얻을 수 있다는 사실로부터 나온 것이다. 그러므로 austempering한 것은 일반적으로 뜨임을 할 필요가 없고 그대로 사용할 수 있다. **그림 4-20**은 S곡선에 있어서의 austempering이며, 이것과의 비교를 위해 보통의 담금질 및 뜨임에 대한 것은 **그림 4-21**에 표시하였다.

austempering을 한 것은 보통 담금질 및 뜨임한 것보다 연신율, 충격치 등이 크고 강인성이 풍부한 재료를 얻을 수 있으며, 담금질 균열 및 변형이 생기지 않는다. austempering은 HRc=45~50의 경도와 인성을 요구하는 곳에 적용하면 효과적이다.

austempering을 공업적으로 적용할 때 문제가 되는 것은 강의 종류가 아니고 오히려 제품의 크기이다. 즉 austempering할 때는 열욕 온도까지 100%의 austenite를 가지고 올 필요가 있으며, 이의 만족을 위해 제품의 크기는 작을 필요가 있다.

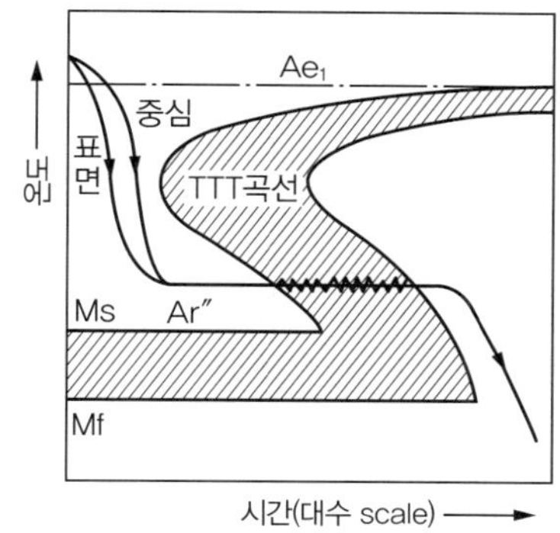

그림 4-20 austempering

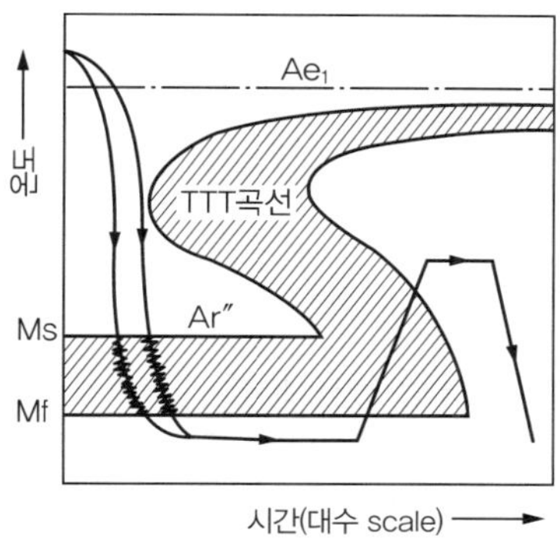

그림 4-21 보통의 담금질-뜨임

그러나 제품의 크기도 강의 종류에 따라서 달라지게 되며, **그림 4-22**의 S곡선과 같이 nose time이 짧은 강에 있어서, 급랭 속도가 a와 같을 때는 변태를 일으키지 않고 무사히 nose 부분을 통과하여 과냉 austenite를 전부 bainite로 변태시킬 수 있다.

그러나 냉각 속도가 b와 같을 경우, austenite는 일부분 pearlite 변태를 일으키기 때문에 전부 bainite 조직으로 할 수는 없으며, b의 냉각 속도일 때는 재료 Ⅱ(점선의 S곡선)의 경우와 같이 nose time이 긴 강일수록 냉각 속도가 늦어도 bainite 조직으로 할 수 있다. 그리고 nose time이 긴 것일수록 제품의 크기를 크게 할 수

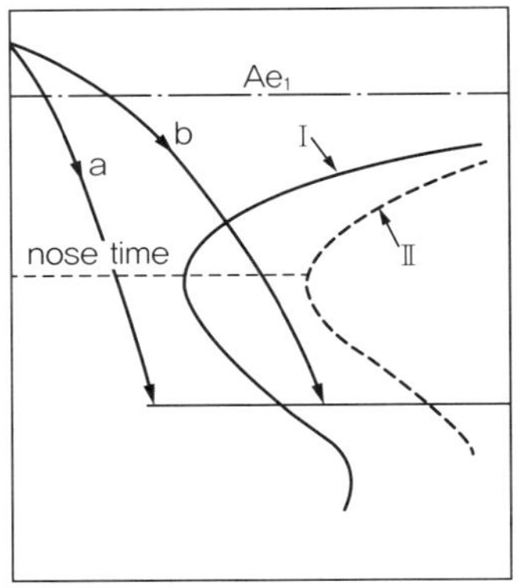

그림 4-22 S곡선의 nose 부근의 냉각곡선

있다. 일반적으로 austempering하는 탄소강의 탄소는 0.6%C 이상이 적당하다. austempering용의 열욕으로서는 **표 4-4**와 같은 염 또는 금속이 적합하다.

[표 4-4] Austempering에 사용되는 열욕제

종류	배합 비율(중량 %)	용융온도(°C)	사용 온도 범위(°C)
염	질산칼륨 ··· 56	145	150~400
	아질산소다 ··· 44		
	질산소다 ··· 50	221	230~500
	아질산소다 ··· 50		
금속	Sb ··· 48	70	80~750
	Pb ··· 26		
	Sn ··· 13		
	Cd ··· 13		
	Sb ··· 50	100	110~800
	Pb ··· 28		
	Sn ··· 22		
	Sb ··· 56.5	125	140~800
	Pb ··· 43.5		

austempering을 한 후에 300~400°C로 1~10시간 동안 가열해주면 시효에 의하여 그 강인성이 크게 된다. 이것을 tempered bainite라고 부른다. bainite는 **그림 4-23**에 표시한 바와 같이 martensite 또는 미세 pearlite(quenched troostite)보다 더 tempering되기 쉽다. austempering을 소형 제품에만 적용되기 때문에 이러한 결점을 제거하기 위하여 비교적 저온의 열욕에 담금질하여 짧은 시간을 유지한 후에 집어내고, 곧 이보다 더 고온에 있는 항온욕에 투입해서 austempering을 하는 방법이다.

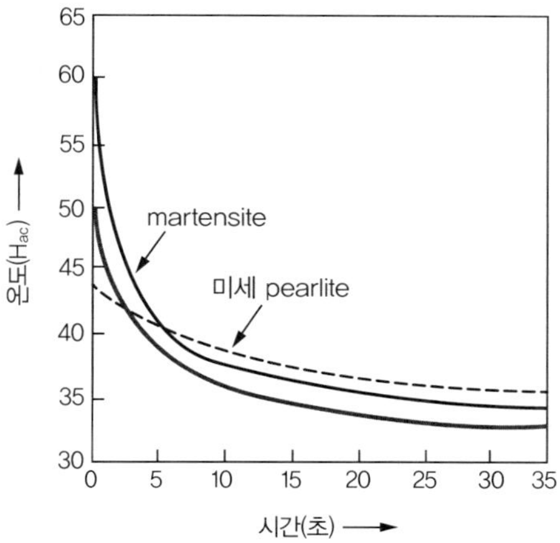

그림 4-23 bainite의 tempering

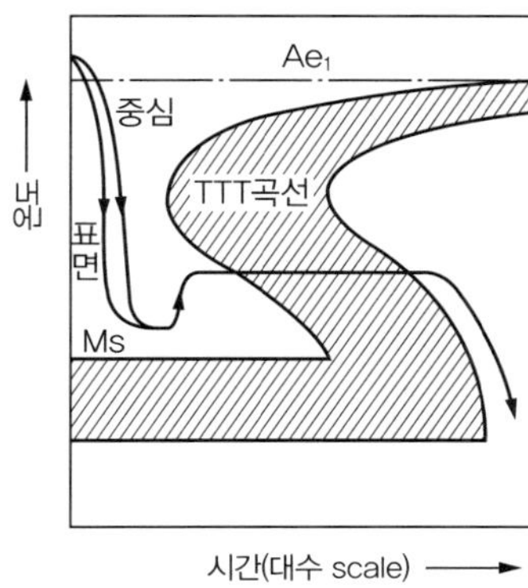

그림 4-24 승온 austempering

이보다 더 고온에 있는 항온욕에 투입해서 austempering을 하는 방법이다. 다시 말하면 소정의 austempering의 온도보다 더 낮은 열욕에 일단 담금질한 후 즉시 온도를 올려서 austempering한다는 것인데, 이것을 승온 austempering이라고 부르고 있으며 S곡선에 있어서의 냉각곡선은 **그림 4-24**에 표시되어 있다.

[6] slack quenching

담금질의 요점은, martensite로 담금질한 후에 목적에 따라 적당한 뜨임을 해주는데 있다. martensite를 뜨임해 주어야 비로소 조질한 열처리의 진가가 발휘된다. 그러나 이렇게 하면 담금질 및 뜨임의 두가지 작업을 해주어야 하는데, 이것을 피하기 위하여 한번의 조작으로 소요의 경도를 얻는 것이 slack quenching이다. slack quenching하기 위해서는 먼저 Ar′ 변태를 일으키게 하는 냉각액을 사용하여 그 조직을 미세 pearlite로 할 필요가 있다. 냉각액으로 비눗물, 연마액 등을 사용하여 이 안에 quenching해주면 된다. 한번의 담금질 작업만으로 담금질 및 뜨임(500~600°C)한 것과 대략 비슷한 경도를 얻을 수 있으므로 공업적으로 편리할 때가 많다.

[7] ausforming

Ausforming은 Harvey에 의해서 처음으로 시도되었으며, 그는 0.95% 탄소강을 TTT곡선의 austenite bay 구역에서 shot peening(고압의 blast로 금속 ball을 제품의 표면에 불어서 기계적으로 표면 경화해 주는 가공법)을 해주고 bainite의 변태 개시 선에 걸리기 전에 담금질하여 우수한 표면 경화층을 얻었다. 그는 martensite 변태 전, shot peening에 의해 담금질 후의 잔류 austnite가 보통 담금질에 비교해서 감소하기 때문에 더 우수한 경화를 얻었다고 결론했다. 그 후 이 방법은 여러 연구자들에 의해서 저합금 구조용 강 혹은 martensite계 stainless강의 기계적 성질의 향상에 응용되어, 현저한 효과를 거두고 있으며, 현재 더 넓은 범위의 연구와 응용이 진행되고 있다.

ausforming은 austenite강을 재결정 온도 이하, Ms점 이상의 온도 범위에서 소성 가공하여 담금질을 실시하는 과정이다. 그리고 가공 온도에서, 냉각중이나

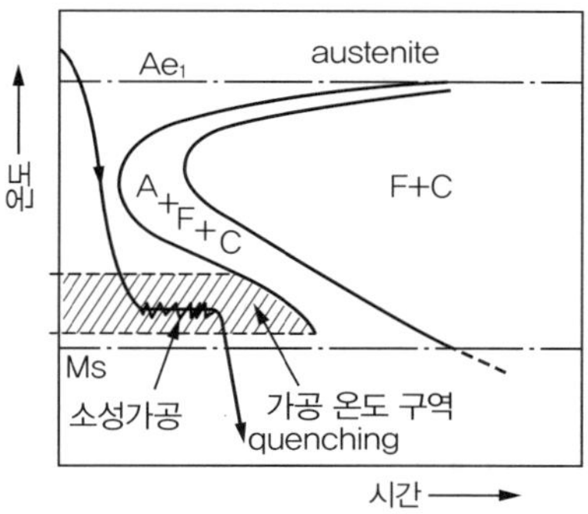

그림 4-25 ausforming의 온도 범위

가공중에 변태 생성물이 생기지 않도록 하는 것이 더 효과적이라고 생각되고 있다. 따라서 TTT곡선에서 austenite의 bay구역이 넓은 강이 이 방법을 적용하는데 적합하다. **그림 4-25**는 TTT곡선을 모형적으로 표시한 것이며, 시편을 austenite bay 구역을 무사히 지나도록 급랭하고 시편의 내외가 동일 온도에 도달한 후 적당한 방법으로 소성 가공을 하여 공랭, 유냉 또는 수냉하여 martensite 변태를 일으키게 한다.

가공 방법으로는 압연, 인발, shot peening, swaging(회전하고 있는 die중에서 제품을 가공해 주는 방법) 등의 방법을 사용한다. 상온으로 냉각한 후 강의 종류에 따라서는 액체질소중의 시료를 적당한 시간 담금으로써 잔류 austenite를 될 수 있는 대로 적게 하고, 그 영향을 피하는 것이 그 후의 열처리를 하는데 더 효과적이다.

4-2-3 고합금강의 담금질 특성

일반적으로 austenite계의 강은 풀림 상태에서는 austenite 결정입 + carbide의 조직으로 되어 있다. carbide는 austenite steel의 기계적 성질을 좌우하는 것이다. 우선 이것은 첫째로 carbide는 austenite steel의 소성 변형 및 내충격성을 방해한다. 따라서 carbide의 존재는 좋지 못하다. 그러나 이것이 이의 중요한 원인은 아니다. 더욱이 바람직하지 못한 점은 합금원소의 일부가 carbide 속에 남아 있어 austenite 중의 합금 원소량을 줄이고, 이것이 내산 및 내식성이라는 점에서 보면 carbide가 강의 조직중에 존재하는 것은 좋지 못하다.

그 이유는 다음과 같다. 금속부식의 기초 이론에서도 분명하듯이, 내식성이 다른 조건과 똑같다면 균일 조직의 것이 제일 좋다. 2상 또는 몇 상의 조직으로부터 이루어진 것은 부식을 촉진하는 원인을 수없이 만드는 것이 된다. 따라서 austenite 단상의 것이 austenite+carbide의 혼합 조직의 것보다 내식성이 우수한 것이다.

이와 같이 austenite계 steel에 있어서 carbide가 석출되고 있다는 것은 좋지 못한 것으로 오히려 유해하기까지 하다. 따라서 이 carbide를 어떻게 해서 없애느냐가 문제이다. 이 문제의 해결에는 carbide를 austenite중에 고용시키는 것이 실용적인 방법이며 austenite에 고용되는 비율은 온도가 높아질수록 증가해 간다. 따라서 austenite steel에 적용되는 열처리는 다음과 같은 조작이 된다.

① carbide가 austenite중에 전부, 또는 대부분 고용하는 것과 같은 온도로 가열한다.
② 냉각할 때에 austenite에서 carbide가 석출되지 않도록 수중 급랭한다.

서냉하면 carbide가 석출한다. austenite steel의 예를 들면 고망간강(hard field steel)의 담금질 조직은 탄소량이 높다 해도 완전한 austenite 조직이다.

austenite계 내열강(heat resisting steel)은 약 500~650°C의 온도 범위에서 주로 사용이 되고 있다. 이 강에 대한 담금질 온도는 1,000~1,100°C에서 안정화 처리 또는 시효 처리를 한다. 담금질에 의해서 균일한 austenite를 얻고, 이어서 600~850°C에서 몇 시간 가열하여 안정화 처리시켜 austenite 기지에서 carbide가 미세한 입자로 석출되는 조직이 된다.

titanium 그 밖의 특수 원소를 함유한 강에서는 금속 화합물(예를 들면 $N_{i3}T_i$ 등)도 동시에 미세입자로 석출된다. 시효처리 온도는 사용 온도보다 높은 온도를 사용한다. 시효 처리 중 carbide나 금속화합물의 미세한 입자는 응집 성장하고 일정한 크기에 도달해서 입자의 성장을 멈춘다. 사용 온도에서는 이들 입자가 조대화되지 않는다. 이것이 austenite계 내열강의 고온에서 조직의 안정화, 더 나아가서는 내열성을 발휘하게 하는 이유가 된다.

carbide계의 강은 공구강이다. 주로 상태로는(Ledeburite가 carbide)가 공정의 형태로 되어서 기지 조직으로 분산하고 있다. 단조나 그 외의 열간가공에 의해서 ledeburite carbide를 부수고 입상 carbide로 변하는 것이다.

plaing anvil 위의 열간가공에 의해서 ledeburite carbide는 띠(band) 모양으로 분포되는 일이 있다. 이 현상을 carbide 편석이라고 하며 전혀 바람직하지 못한 것이다. carbide segregation이 현저한 carbide계 공구강(tool steel)은 사용 수명이 대단히 짧다. carbide 편석은 ledeburite carbide가 austenite 중에 고용하기 어려우므로 열처리 조작에 의해서 이것을 소멸시킬 수가 없다.

carbide계 강의 단조조직 및 annealing 조직은 sorbite 또는 입상 pearlite 조직 + 2차 carbide + ledeburite · carbide로부터 이루어져 있다. ledeburite계의 강은 pearlite계의 강과 똑같이 변태를 일으키므로 martensite 조직으로 담금질할 수가 있다. 그러나 carbide의 양이 대단히 많으므로 열처리 조작도 일반적인 경우와 약간 달라진다. 그 특이한 점은 다음과 같다.

carbide계 강의 대표적인 것은 고속도강이다. 따라서 carbide계 강의 열처리 특이성은 실용상 중요하다고 생각되는 고속도강에 관해서 설명하면서 기술하기로 한다.

고속도강의 현저한 특성은 그 적열강도 또는 2차 경도, 즉 약 600°C의 고온까지 높은 경도 및 절삭 능력을 유지하는 힘이다. 이것은 두말할 나위없이 martensite가 탄소강의 martensite보다 왜 열에 강한가 하는 것이다. martensite의 어느 부분이 다른 것일까? 답은 간단하다. 고속도강의 martensite는 tungsten, chromium vanadium 등을 상당히 함유하고 있으며, 결정격자를 안정시키고 탄소원자의 석출을 방해하므로 martensite의 분해를 막기 때문이다.

martensite중의 합금원소량을 증가시키려면 austenite steel에 대한 것과 같은 방법, 즉 quenching 온도를 높이는 것이 있다. 담금질할 때에 고속도강은 용융점 가까이의 온도까지 가열한다. 담금질 온도가 높으면 높을수록 austenite 중에 고용하는 carbide양이 많아지며 austenite는 부화된다(**그림 4-26** 참조). 그러나 carbide양이

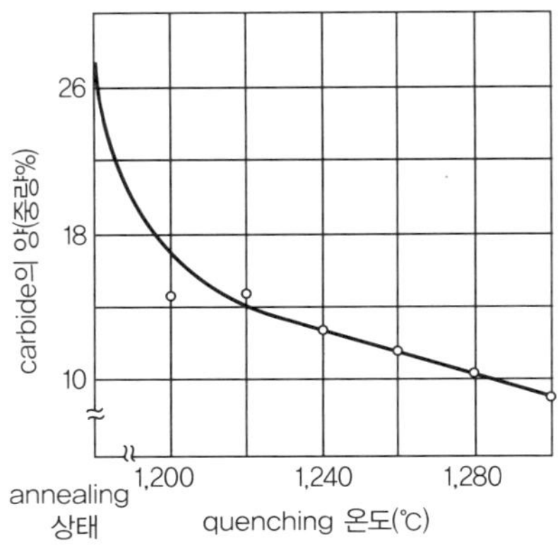

그림 4-26 고속도강의 담금질 온도와 미고용 carbide양과의 관계

고용 한도를 초과하고 있으므로(고속도강을 ledeburite계에 속한다.) 가열에 의해 모든 carbide를 austenite중에 고용하게 한다는 것은 불가능하다.

담금질에 의해서 austenite는 일부분 martensite로 변태한다. 따라서 고속도강의 담금질 조직은 martensite+잔류 austenite+미고용 carbide로 이루어져 있다. 뜨임에 의해서 잔류 austenite의 대부분은 martensite로 변한다.

carbide계의 강에는 고속도강 외에 die steel과 같은 고크롬강이 있다.

4-2-4 결함과 대책

[1] quenching crack

담금질 균열은 부품의 형태가 나쁜 곳에서 나타난다. 즉 예리한 모서리 또는 층계가 져 있는 부품에 발생한다. 따라서 담금질 균열에 대해서는 부품의 형태를 새로이 고안하는 것이 선결 문제다. 그러나 아무리 형태가 잘 되어 있어도 냉각 방법이 나쁘면 역시 담금질 균열이 발생한다. 담금질 균열은 빨갛게 가열된 강을 냉각액에 투입한 순간에 깨지는 것이 아니라 담금질에 의해 경화될 때, 즉 Ms구역에 들어갔을 때 깨지는 것이다. 담금질 경화시에 깨어지므로 담금질 균열이라 한다.

따라서 담금질 경화가 되지 않는 것에는 담금질 균열이 발생하지 않는다. 담금질 균열은 부품의 내부와 외부가 동시에 martensite화 하면 아무리 급랭하더라도 균열은 발생하지 않는다. martensite화가 부품의 장소에 따라 시기를 달리하기 때문에 발생하게 되는 것이다.

급랭하면 이 때의 시간적 차질이 크게 되므로, 발생 빈도가 높아진다. 반대로 Ms 구역을 서냉하면 시간적 차질이 없어지므로 동시에 martensite화가 진행되어 담금질 균열이 없어지게 된다.

또한 담금질이 끝나면 곧(30분 이내) 뜨임을 하든가, 또는 냉각 도중 약 60℃ 정도가 되면 곧바로 뜨임로에 넣는 것이 좋다. 60℃ 이상의 온도에서 tempering로에 넣으면 뜨임처리가 되지 않으며, 그 후의 냉각 과정에서 깨어지는 일이 있다. 이를 조기 인상뜨임에 의한 담금질 균열이라 한다. 이 외에 제품의 형상이 나쁘면 아무리 우수한 담금질 기술을 가졌다고 하여도 담금질 균열 또는 담금질 변형을 방지할 수 없게 된다.

담금질 처리에 나쁜 형상의 예를 들면 다음과 같다.

① 두께의 균일성이 나쁜 경우: 두께 조정을 위한 구멍 또는 보강판을 붙인다.
② 예리한 모서리: 모서리에 R을 붙이거나 chamfer를 붙인다.
③ 계단 붙임: R을 붙이거나 테이프를 준다.
④ 구멍막기: 관통된 구멍으로 만들거나 구멍을 점토 등으로 막는다.

[2] 연점(soft point)

담금질 부품의 표면이 불균형하게 부분적으로 담금질이 되지 않는 상태이다. 이와 같이 softspot가 생기는 것을 일반적으로 얼룩이라 한다. 얼룩의 원인은 다음과 같다.

강 표면에 탈탄층이 있는데 탈탄 부분은 담금질이 잘 되지 않으며 담금질 온도가 불균일하여 불안전한 austenite 또는 ferrite도 공존 존재하면 이 부분은 담금질이 잘 되지 않는다. 냉각이 불균일할 경우, 예를 들어 수냉하였을 때 강의 표면에 기포 또는 스케일이 부착되면 부분적으로 냉각이 잘 되지 않아 연점으로 발생하기 쉬우며, 탄소 함유량을 비롯하여 경화능을 높이는 원소의 편석으로 인해 경화 얼룩이 생긴다.

경화능의 부족으로 인하여 강의 냉각이 임계 냉각 속도에 미치지 못할 때 얼룩이 생기기 쉽다. 이러한 얼룩이 생겼을 때의 검출 방법은 연삭을 하면 되는데 연한 부분은 경화된 부분에 비하여 색이 흐리고 뿌옇게 보이며, 50% 염산수용액을 사용하여 부식시키면 흐린 상태가 된다. 이러한 얼룩의 방지 대책으로는 탈탄을 방지하거나 탈탄 부분을 기계적인 방법으로 제거한 후 담금질하거나, 적당한 열처리 온도로 열처리를 한다. 로내의 온도 분포, 부품의 장입 방법, 균열 및 가열 시간을 조절한다. 또한 강의 부품 냉각을 빨리, 균일하게 한다. 따라서 냉각액을 충분히 교반하거나, 10% 염수 냉각을 하거나, 분수 냉각을 한다.

강의 경화능과 냉각 능력을 생각하여 화학 성분이 알맞은 재료를 선택해야 한다. 부분적인 경도 부족이 아니고 전반적인 경도 부족에 대해서도 강의 표면에 얼룩이 생기는 원인이 된다.

① 담금질의 가열 온도가 너무 낮아서 austenite·ferrite의 2상 구역에서 quenching 할 경우
② 담금질을 했을 때의 냉각 속도가 임계 냉각 속도보다 느려서 ferrite가 석출된 경우

이러한 경우에는 화학 성분 및 크기와 냉각 속도와의 관계를 아는 것이 중요하며, 그 강재의 C.C.T 곡선과 부품 내부의 각 부분에 있어서의 냉각곡선에서 경도를 예측한 후 알맞은 강종을 선택하거나 냉각 방법을 조절해야 한다. 일반적으로 저합금강으로 빨리 냉각시켜 높은 경도를 얻는 것이 좋지만, 급랭하면 변형이나 균열의 발생이 커지므로, 특히 복잡한 형상이나 부품의 두께가 고르지 않은 경우에는 냉각 속도를 늦추어(수냉 → 유냉 → 공랭) 조직이 알맞게 이루어지도록 해야 한다. 또 냉각 속도를 빠르게하는 방법으로서는 충분한 교반, Jet유, 10% NaCl 또는 NaOH를 혼합하여 냉각한다.

③ 담금질 개시 온도가 너무 낮아진 경우에는 C.C.T 곡선도에 따라서 ferrite 개시 온도와 그 때까지의 시간을 측정하여 적어도 ferrite 변태가 시작되기 전에 담금질을 개시해야 한다.

④ 고탄소강, 고합금강 등은 담금질을 하기 전의 공정으로 탄화물의 크기나 분포가 달라져서 응집된 조대한 탄화물이나 망상 탄화물 등이 존재하게 된다. 이 경우에는 담금질 가열할 때 탄소의 고용량이 부족하여 담금질 경도가 충분히 나타나지 않는다. 그러므로 가공을 하거나 미리 열처리를 하여 이러한 탄화물을 없애고, 미세하거나 입상의 탄화물로 존재하게 해야 한다.

⑤ 탈탄층은 담금질 경도가 충분하지 못하다. 또 화학 성분의 편석에 의해 정편석 부분에서는 경도가 높고 부편석 부분에서는 경도가 낮다.

⑥ 불순문의 혼입은 경화능이 나쁘게 되어 경도 부족의 현상을 일으킨다. 매우 초보적인 실수이지만 현장에서는 흔히 있는 일이다. 불순물의 혼입은 재료의 화학 성분을 분석하여 보면 분명해지지만, 현장에서는 불꽃 시험 등을 많이 이용한다. 불순물 혼입의 방지 대책으로, 재료 관리를 깨끗이 하여 열처리를 해야 한다는 점을 지적할 수 있다.

⑦ 잔류 austenite로 말미암아 경도 부족의 현상이 생긴다. 탄소 약 0.6% 이상의 강은 담금질하여 상온까지 냉각시키면 잔류 austenite가 나타나기 쉽다. 이 잔류 austenite의 양은 고탄소강일수록 많으며, 담금질 온도가 높을수록 수냉시킬 때보다는 냉각 속도가 느린 유냉에서 많다. 잔류 austenite가 많아지면 경도가 낮아지며 경년 변화나 균열, 또는 tempering crack, 연삭 균열 등의 원인이 된다. 그 대책으로서는 유냉보다는 수냉하는 것이 좋지만 담금질을 행한 후 즉시 저온의 dry ice + 알코올 용액(−75°C까지) 또는 액체질소(−196°C) + 알코올 용액 속에 2~8시간 유지하는 심랭 처리를 하면 잔류 austenite를 거의 완전히 martensite로 변태시킬 수 있다.

[3] 변형(distortion)

열처리 변형에는 열응력, 변태응력 또는 경화 상태가 불균일하기 때문에 생기는 변형과, austenite로부터 martensite의 조직 변화에 따르는 체적 변화의 두 가지 종류가 있다.

전자는 대형 부품의 변형에서 나타나는데, 가열, 냉각 방법, 형상 등의 개선으로 양호한 효과를 얻을 수 있으며, 후자는 공구, 중·소형의 정밀 부품에서 문제가 되어지는데 일반적으로는 어떻게 할 수는 없다.

물론 실제의 담금질으로 인하여 변형은 급랭 때문에 조직 변화가 일어나므로 다른 열처리에 비하면 그 양도 크게 된다. 변형에 미치는 각종 영향은 다음과 같다.

1) 냉각방법

① 수냉 → 유냉 → 공랭의 순서로 변형이 적어진다.

② 균일한 냉각을 위해서는, 길이가 긴 제품은 수직으로 매달아 담금질하거나 수직으로 회전시키면서 냉각하는 것도 좋은 방법이다.

③ 물 또는 기름속에 투입하는 방법에 의해서도 변형량이 달라진다(**그림 4-27** 참조).

④ austempering, martempering을 실시한다.

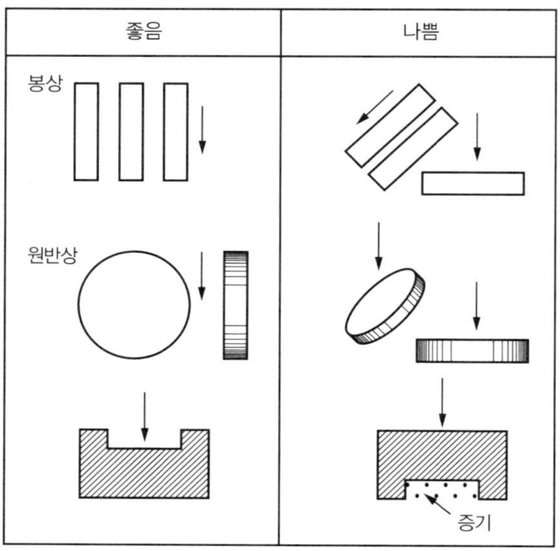

그림 4-27 냉각액 속에 투입하는 방법

전자는 A_1점과 Ms점 사이에서 항온 유지시켜 bainite 조직으로 하고 후자는 Ms점 직상에서 항온 유지한 후 냉각하여 martensite 조직으로 한다. 이와 같은 방법은 강의 내외 온도가 균일화되게 하고 변태 시간의 편차도 적으므로 변형이 적어진다.

2) **담금질 깊이**: 담금질 깊이가 얕아지고 pearlite의 중심부가 나타나면 치수 변화는 적어지지만, 담금질 깊이가 커지면 항상 변화는 일반적으로 커지고 변태에 의한 현상이 열에 의한 현상으로 이루어진다.
3) **담금질 온도**: 담금질 온도를 높이면 부품의 치수 및 현상의 변화가 커지므로 될 수 있으면 낮게 하는 쪽이 좋다. 단, 잔류 austenite가 증가하면 형상 및 치수의 변형은 적어진다.
4) **형상**: 원주 및 원판을 수없이 반복하여 담금질하였을 때 처리 회수 증가에 따라 점점 구형에 가까워지는 방향으로 변형이 되고, 보통 크기의 원주라도 열적인 영향을 받으면 길이가 감소하고, 원주의 두께는 증가하지만 원주내면의 냉각은 적기 때문에, 주저앉아 장구와 같은 형태가 된다(**그림 4-28** 참조).

그림 4-28 90 mmϕ × 120 mm 극연강 원주를 반복 수냉시켰을 때의 형상 변화

제5장

뜨임 및 심랭 처리

5-1 뜨임(tempering)

5-1-1 뜨임의 목적

담금질한 강 부품에는 뜨임을 하는 것이 보통이다. 예외는 austenite steel뿐으로, 이것은 담금질 후 뜨임을 하지 않는 것이 보통이다. 뜨임은 불림 후에 행하여지는 경우도 있다. 담금질한 강은 다음의 이유에 의해서 뜨임을 하지 않으면 안된다. 담금질한 강의 조직은 주로 정방정 martensite + 잔류 austenite이다. 담금질한 고탄소강에 있어서는 이 밖에 austenite에 미고용된 잔류 carbide가 있다. 소입강(quenching steel)의 기계적 성질은 정방정 martensite의 성질, 즉 높은 경도에 의해서 크게 지배된다. 담금질된 강의 조직은 대부분 이 정방정 martensite이기 때문에 만약 정방정 martensite의 높은 경도가 취성을 수반하지 않으면 공구 등에 정말 안성맞춤이다. 그러나 경하고 여린 것이 결점이다. 이 때문에 담금질한 공구는 반드시 뜨임을 하는 것이다. 뜨임을 하면 정방정 martensite는 탄소를 석출해서 입방정에 가까운 고용체와 초미립자로 석출된 carbide와의 불균일 혼합물로 변화한다. 이 I단계 변태에 의해서 경도가 감소하는 한편, 다른 쪽에서는 인성(toughness)이 증가해가는 것이다.

뜨임에 의한 인성의 회복 정도는 공구의 사용 목적에 의해서 적당히 선정하지 않으면 안된다. 예를 들어 절삭공구에 있어서 절삭 능력은 경도에 의해서 좌우되므로 뜨임에 의해서 너무 경도를 내리는 것은 좋지 않다. 때문에 현저한 취성을 제거할 정도의 낮은 뜨임 온도를 사용한다. 탄소강제 절삭공구의 경우에는 뜨임 온도는 160~220℃로도 충분하다. 충격을 받는 공구(예를 들면 금형, punch, broach 등)는 다소 경도를 희생해서 200~300℃의 뜨임 온도를 사용한다.

구조용 강의 기계 부품은 인장강도, 항복점, 인성 등의 기계적 성질이 우수한 sorbite 조직으로 할 필요가 있다.

뜨임이라고 하는 것은 650℃ 이하의 재가열 처리라고 정의되고 있으며, 뜨임의 제Ⅰ변태, 제Ⅱ변태를 이용하는 것이다. 고온뜨임은 높은 온도로 재가열하는 것인데 뜨임의 제Ⅲ변태, 제Ⅳ변태를 이용하는 조작이다.

5-1-2 뜨임의 종류

[1] 저온 뜨임

이미 지적한 바와 같이 저온도의 뜨임, 즉 저온 뜨임은 각종 공구에 적용된다. **표 5-1**은 pearlite계 강제의 각종 공구의 적정 뜨임 온도를 표시한 것이다.

[표 5-1] 탄소강제 공구의 뜨임 온도

공구의 종류	강종	tempering 온도(℃)	경도(HRC)
milling cutter, drill, tap 등의 절삭공구	탄소공구강	150~220	60~64
die, punch, 상온 성형 공구	탄소공구강	220~260	55~59
얇은 탄용 stamp, punch류	탄소공구강	250~270	56~60
충격을 받는 공구(정류)	탄소공구강	280~300	53~56

공구의 저온 뜨임은 기름(250℃) 또는 초석염용로 속에서 행하여진다. 로내교반식의 로에서도 tempering을 한다. 비교적 저온에 있어서는 정지공기로부터 물체로의 열전도가 대단히 늦고, 더욱 나쁜 것은 물체로의 열전도가 고르지 못하다는 것

이다. tempering로내의 공기가 교반되지 않을 때에는 소정 시간을 유지해도 공구가 충분히 뜨임되지 않는 수가 많으며, 이외로 절삭 수명이 짧아지는 경우가 있다. 실제 열처리 작업 때 이런 점이 그대로 넘어가기 쉽다. 저온 뜨임이 잘 되거나, 안 된다 해도 현미경 조직은 거의 같기 때문에 저온 뜨임의 정도를 현미경 조직으로 확인할 수는 없다. 뜨임 온도가 높을수록 martensite의 부식의 정도가 강하지만, 이것으로는 목표를 기대할 수 없다. 부식의 정도는 부식 시간에 의해서 대단히 많이 변화하기 때문이다.

담금질 후 될 수 있는 한 빨리 뜨임을 실시하는 것이 매우 중요한 일이다. 흔히 담금질 공정에서 복잡한 모양의 공구를 열처리할 때 담금질 냉각이 잘 되어 quenching crack이 생기지 않았는데, 방치하는 동안에 갑자기 균열이 발생하는 일이 흔히 있다. 이것은 급랭에 의해 내부응력이 커졌기 때문이다. 이와 같은 공구는 담금질 후, 즉시 tempering로에 장입하는 것이 좋다.

간단한 모양의 소형 공구는 quenching할 때 완전히 냉각되지 않고 내부의 자체열로 뜨임하는 일이 있다. 이와 같은 열처리를 자체 열뜨임이라고 하며 아래와 같이 이루어진다. 즉 냉각이 완료되지 않는 동안에 공구를 quenching tank로부터 끌어내어 재빨리 물체의 표면 일부를 줄(file) 또는 emery paper로 연마해본다. 공구는 완전히 냉각되어 있지 않으므로 내부의 보유 열에 의해서 이미 급랭된 표출부가 천천히 재가열되어, 연마한 표면에 temper color가 나타난다. 이 표면의 temper color가 소요색이 되는 곳에서 다시 급랭하여 지나치게 뜨임이 되지 않도록 한다.

자체 열뜨임은 정과 같은 국부 경화하는 공구에 응용된다. 정은 날 끝부분만을 냉각액 속에 넣어, 냉각되지 않은 부분의 열에 의해서 담금질이 된 날 끝을 적당히 뜨임하는 것이다. 자체 열뜨임의 열처리는 소량의 공구를 제작, 보수하는 것과 같은 소규모 공장에서 흔히 행하여지고 있다.

temper color는 뜨임 온도가 높아짐에 따라서 강의 표면에 극히 얇은 산화막이 생기며, 이 산화막의 두께에 따라 빛의 간섭이 달라지게 되므로 그 곳에 색깔이 나타나는 것이다. 색깔에 의해서 뜨임 온도를 정하는 것은 이 산화막의 두께에 일정한 색깔이 나타나는 것을 이용한 것이다.

330°C 이상의 온도에서는 temper color가 사라지고 표면의 산화막이 불투명해진다. temper color에 의해서 온도를 결정할 때는 주의하지 않으면 안된다.

담금질한 재료에 인성과 내마모성을 주기 위해서 100~200°C의 온도에서 저온뜨임을 행하여 수냉시키면 내부응력이 감소되어, 경도는 거의 변화됨이 없이 인성과 내마모성이 향상된다. 이러한 뜨임을 snap tempering이라고 한다. 또한 상온 가공을 한 강, 특히 피아노강선의 탄성한계를 높이기 위해서는 200~250°C, 피로한계만을 높이기 위해서는 300~375°C에서 가열하면 되는데, 이렇게 하면 시효 경화의 현상이 가장 빠르고 유효하게 일어나기 때문에 항장력, 인장강도, 탄성한계, 경도 및 피로한계 등이 향상된다. 이 온도상에서는 강의 표면에 청색의 산화피막이 생기는데, 이런 까닭으로 이러한 처리를 blueing이라 부른다.

[2] 고온 뜨임

고온 뜨임은 구조용 강과 같이 강인성을 필요로 하는 것에 적용된다. 뜨임 온도는 400~650°C이며 뜨임 온도에서의 냉각은 급랭으로 한다. 이렇게 고온 뜨임 처리된 것을 조질이라고 하는데 조질에 의한 강인화의 장점은 강의 탄소 %에 따라 다르며, 0.6%C 이하의 것이 효과적이다. 그러므로 강의 탄소 %는 0.6%C 이하로 제한되고 있다. 또한 조질 후의 경도(T_{HRC})를 확보하기 위해서는 담금질경도(Q_{HRC})로서 $T_{HRC}+5$가 필요하다. 즉 $Q_{HRC}=T_{HRC}+5$이다.

고속도강이나 금형공구강 등을 담금질 처리 후 550~600°C로 재가열하면 이들은 다시 경화한다. 이것을 temper hardening이라 한다. temper hardening에 의해 잔류 austenite가 martensite화하므로 경해진다. 따라서 외관상은 tempering이나 내용적으로 담금질과 같다. 이 때문에 뜨임 온도로부터 서냉함이 필요하며, 급랭하면 균열(temper crack)을 발생시킨다. temper hardening 후는 다시 한번 뜨임 처리를 추가할 필요가 있다. 이러한 temper hardening법을 secondary hardening 또는 conditioning이라고 한다. 일반적으로 temper hardening되는 강에 대해서는 1회의 장시간 뜨임 처리보다 짧은 시간, 수회 뜨임 처리하는 것이 효과적이다. 이를 repeated tempering이라고 한다.

5-1-3 뜨임에 의한 결함과 대책

[1] temper crack

temper crack이 발생되는 원인으로, 먼저 뜨임의 급속 가열을 지적할 수 있다. 로내 온도의 불균일로 말미암아 열응력이 결정립계에서 나타나는 취성과 함께 응력이 집중된 부분에서 균열이 발생된다. 잔류 austenite가 많은 경우에도 martensite 조직에 얼룩이 생겨 파손되기 쉽다. 또한 앞에서 설명하였듯이 tempering 온도로부터 급랭할 경우, 즉 뜨임으로 인하여 2차 경화되는 고속도강은 tempering 온도에서 급랭시키면 열응력과 조직 변태로 인하여 형상이 좋지 못한 부분에서 특히 균열이 발생된다. 고속도강과 같은 강의 내부에서 잔류 austenite가 martensite 조직으로 팽창되고, 탄화물이 석출에 의해 수축이 생겨, 외부의 탈탄층과는 조직이 크게 다르기 때문에 균열이 생기는 일이 있다.

이러한 temper crack의 발생을 방지하기 위한 대책으로 뜨임 온도의 가열을 천천히 하여 잔류응력을 제거하거나, 응력이 집중되는 부분응 열처리상 알맞게 설계해야 하는데, 결정립계의 취성을 나타내는 화학 성분을 감소시킨다. 예를 들면 Cr, Mo, V 등의 합금원소는 이와 같은 취성을 방지하며, 특히 고속도강과 같은 경우에는 뜨임하기 전에 탈탄층을 제거하고 뜨임을 처리한 후에는 서냉하거나 유냉시킨다.

[2] temper brittleness

뜨임 취성(temper brittleness)에는 저온 뜨임 취성과 고온 뜨임 취성이 있다. 저온 뜨임 취성은 250~400℃의 뜨임시 발생되는 취성으로 P와 N을 함유한 강에서 많이 나타나며, Al, Ti, B를 함유한 강에서는 적게 나타난다. 이에 대한 대책은 이 온도 범위내에서는 뜨임하지 말아야 한다.

Mn, Ni, Cr 등을 함유하는 구조용 강을 500~550℃에서 뜨임하면, 뜨임 후 냉각 속도에 관계 없이 취약해진다. 또한 550℃ 이상에서 뜨임하여 급랭된 상태에서 인성이 좋아지지만, 서냉된 상태에서는 취약해진다.

전자를 1차 temper brittleness, 후자를 2차 temper brittleness라고 하는데 이 두

가지 취성은 500~550°C에서 석출되는 석출물로 말미암아 취약해진다고 생각된다. 대책으로는, 전자는 될 수 있으면 600°C 이상의 온도에서 뜨임을 해야 하는데, 강도상 600°C 이하에서 뜨임을 할 필요가 있을 때는 뜨임 온도를 낮추지 않고 뜨임 시간을 짧게 한다. 후자는 뜨임 후 급랭을 하거나 재질상 Mo 0.15~0.5%정도를 함유한 강을 선택한다.

[3] 뜨임에 의한 변형

뜨임에 의해 발생되는 변형은 다음 두가지로 나눌 수 있다. 첫째는 치수 변화로서 뜨임 온도가 상승하면 먼저 초기의 석출된 탄화물이 약간의 수축을 일으킨 후 전류된 austenite의 분해로 약간 팽창되고, 나중에 cementite의 생성과 응집 과정에서 다시 크게 수축한다. 둘째로서 형상 변화를 들 수 있다. 담금질하였을 때의 잔류응력이 뜨임으로 인하여 제기되는 과정에서 형상 변화가 일어난다. 따라서 잔류응력이 큰 water quenching 특히 유심 담금질의 경우는 형상 변화도 크지만 잔류응력이 적은 oil quenching에서는 적고 air quenching에서는 거의 무시된다.

5-2 심랭 처리(sub-zero treatment)

5-2-1 심랭 처리의 목적

일반적으로 담금질한 강은 martensite 중에 10~30% 정도의 잔류 austenite가 존재하고 있으며(**그림 5-1** 참조), 이것은 담금질경도의 저하와 시효 변경과 시효 균열을 발생시킨다. 잔류 austenite는 상온 이하의 적당한 온도로 냉각시켜 martensite로 변태시킴을 목적으로 하는 처리이다. 잔류 austenite양은 강의 탄소 함유량이 증가하면 그 양이 증가하고, 대체로 Ms점을 저하시키는 원소가 합금으로 많이 첨가되어 있으면 잔류 austenite양이 증가하는 경향이 있다. 담금질할 때의 냉각 조건의 차이에 따라 잔류 austenite양은 변화하고, 냉각제가 고온일수록 austenite의 잔류량은 많아진다.

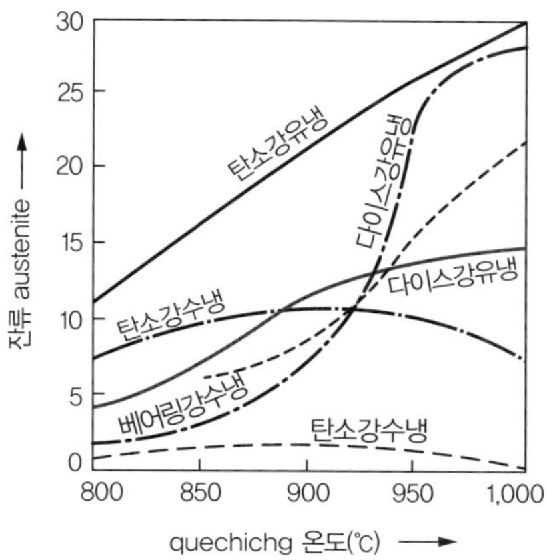

그림 5-1 담금질 온도와 잔류 austenite와의 관계

이것은 발생한 martensite가 시효 변화를 받는데 관련하여 나타나는 것으로 생각된다.

표 5-2는 탄소강 및 베어링강을 각각 20℃의 물과 기름에 담금질시킨 후 −196℃로 심랭 처리하였을 때, 잔류 austenite가 약간 존재하게 되나 대부분은 martensite

[표 5-2] 강의 냉각 조건과 담금질 조직

강재	가열 조건	냉각 조건	담금질 경도 (H_RC)	조직 성분(vol %)		
				잔류 austenite	martensite	미용해 탄화물
1.07%C강	790℃ × 30 min	53℃의 물에 quenching	65.9	14.1	83.3	2.6
		20℃의 물에 quenching	67.0	9.0	88.4	2.6
		상동, −196℃에 심랭 처리	68.0	2.9	94.5	2.6
1.0%C, 1.5%Cr, 0.2%V, 베어링강	843℃ × 30 min	230℃의 염욕 quenching	64.0	10.6	85.4	4.0
		120℃의 기름에 quenching	64.4	9.5	86.5	4.0
		52℃의 기름에 quenching	64.9	9.0	87.0	4.0
		20℃의 기름에 quenching	66.5	7.0	89.0	4.0
		상동, −196℃에 심랭 처리	67.0	2.0	94.0	4.0

로 변태하고, 그것에 따라 경도도 상승한다. 심랭 처리에 의한 경도의 증가는 사소한 것이나, 잔류 austenite양이 현저히 감소하는 것은 뜨임에 의한 금속 조직의 안정화를 용이하게 한다는 점에서 강의 열처리에 중요하다.

이 심랭 처리를 실시하고 있는 부품은 대부분 guage류, die류 및 침탄 부품이 많다. 그리고 강종으로는 STD, SKS, SKH 및 침탄강인데, 기타 베어링강, stainless강도 포함되어 있다. 심랭 처리를 실시함으로써 담금질된 강의 경도가 균일화되고, 경도가 향상되며 담금질된 강의 조직이 안정화되어, 시효 변화가 적어지고 부품의 치수 및 형상이 안정되는 이점을 얻을 수 있다.

5-2-2 심랭 처리의 방법

심랭 처리 방법에는 여러 가지가 있으나 일반적으로 담금질된 강재를 보온용기에 담아, 여기에 알코올을 넣고 액체공기를 유입시켜 적당한 온도로 조절하는 방법이라든가, dry ice를 투입하여 0°C 이하(−80°C 정도)의 적정 온도를 유지하면서 심랭 처리하는 방법들이 있다. 아직 심랭 처리 공정의 표준적인 작업기준이 확립되어 있지 않으나, 일반적으로 **그림 5-2**가 권장되고 있다. 그리고 담금질 직후에는 심랭 처리 온도까지 급랭하는 것이 보통이지만 두께가 두꺼운 부품이나 뾰족한 모서리를

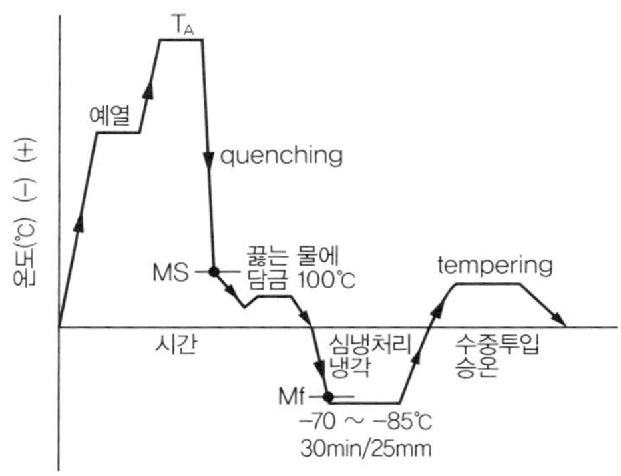

그림 5-2 심랭 처리 공정

가진 부품은 subzero crack이 발생되기 쉽다. 전처리 과정으로 부품을 담구어 두는 작업(hot water tempering)을 하는 것은 균열을 방지하기 위해서이다. 소정의 심랭 처리 온도에 도달하면 유지 시간이 꼭 필요하지는 않으나 일반적으로 두께 25 mm 당 30분이 사용되고 있다. 심랭 처리 온도에서의 승온 과정은 그것을 공기중에 방치하는 것도 좋으나, 작업성에서나 잔류응력을 제거하는 과정에서 볼 때 수중(온도나 냉수)에 투입하는 것이 좋다. 심랭 처리 방법은 앞에서 간단히 설명하였으나 여기서는 dry ice법, 기계적 냉동법, 액체질소법 등으로 나누어 간단히 설명하기로 한다.

dry ice법은 단열재나 라이닝한 stainless제 상자에 dry ice와 알코올을 넣어 −80°C정도로 유지시켜 놓고 이 속에 부품을 담근다. dry ice 위에 직접 부품을 올려 놓아도 충분한 결과를 얻을 수 있다. 기계적 냉동법은 freon 가스를 사용하는 냉동기로서 −120°C 정도까지 냉각할 수 있게 되어 있다. 운전 경비는 저렴하나 설비비가 많이 들며 냉각 시간이 길다는 결점이 있다.

액체질소법은 액체질소에서 기화되는 질소가스를 순환시키는 가스법과 적당한 용제를 넣은 용기(bath) 속의 배관내에 액체질소를 보내어 냉각시키는 액체법이 있다. 가스법은 −196°C까지 냉각이 가능한 데에 비하여, 액체법은 용제의 응고점에 따라 사용되는 냉각 온도가 한정된다. 알코올은 −100°C까지 isopentane은 −120°C까지 가능하다. 액체 propane은 온도 제한은 없으나 사용하는데 위험성이 따른다.

심랭 처리 장치의 대표적인 예로서 **그림 5-3**은 미국 Harries 냉동회사가 고안한

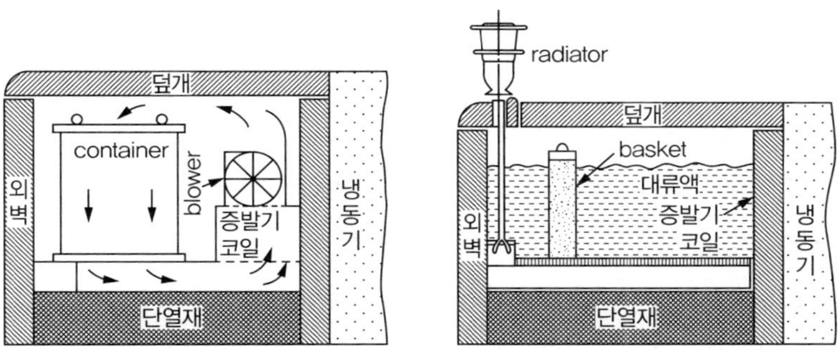

(a) botch형 냉각 장치 (b) 냉각액 순환 장치

그림 5-3 심랭 처리 장치

[표 5-3] 심랭 처리용 냉각제

냉각제(%)		온도(℃)	냉각제(%)	온도(℃)
NH_4Cl 20.0	얼음 80.0	−15.4	탄산가스(CO_2)	약 0~−50
NaCl 24.8	얼음 75.2	−21.0	프레온($CFCl_2$)	0~100
$NaCl\cdot 2H_2O$ 21.8	얼음 57.5	−25.5	액체에탄	−103.7
$NaNO_3$ 20.5	얼음 57.5	−25.5	액체메탄	−161.3
$NaCl\cdot 2H_2O$ 19.7	얼음 62.7	−25.0	액체산소	−183.0
NH_4Cl 17.6	얼음 62.7	−25.0	액체질소	−195.8
에텔과 드라이아이스(CO_2)		−78.0	액체수소	−252.8
암모니아(NH_3)		약 0~−50	액체헬륨	−268.8

장치인데 (a)는 blower로 냉각시킨 공기를 container와 기화 코일 사이로 유통시키는 방법을 사용하고 있는 것이고, (b)는 propeller식 냉각 장치로서 대류냉각액을 접촉시키는 방법이다. **표 5-3**은 심랭 처리에 이용되는 냉각제와 냉각 온도(사용 온도)를 나타낸 것인데 가장 일반적으로 사용되는 냉각제는 알코올과 dry ice이다.

5-2-3 심랭 처리의 효과

심랭 처리로 발생되는 균열은 냉각 온도가 낮을수록 발생되기 쉬운 것이다. 이의 주된 원인은 제품의 표면 다듬질 정도가 거칠은 경우, 담금질 온도가 높을 때 열응력 분포가 불균일하거나 처리 방법이 부적당한 경우 등을 들 수 있다.

심랭 처리는 담금질한 직후에 할수록 효과가 있으나, 균열 발생 원인은 위에 열거한 세 가지 원인 외에도 온도의 불균일성 때문에 일어나기도 하므로 심랭 처리 전에 가볍게 뜨임를 실시하고 난 후 심랭 처리를 하는 것이 좋다.

심랭 처리를 한 후에 뜨임하는 경우, 경도는 약간 저하하지만 균열 방지에는 아주 효과적이다. 일반적으로 담금질 직후에 가볍게 뜨임을 실시하고, 심랭 처리를 실시한 후 다시 뜨임을 처리하는 순서가 가장 안전하다. 그런데 심랭 처리는 잔류 austenite를 martensite로 변화시켜, 경도를 높이는데는 아주 유리한 처리 방법이다. 이것은 잔류 austenite가 있다고 하는 담금질 과정의 결함을 보완하기 위해서 행해지는 공정인 것이며, 가능하다면 가열 온도의 관리(과열 상태로 될수록 잔류 austenite가 많다.) 등을 충분히 잘해서 심랭 처리가 필요 없도록 해야 할 것이다. 잔류 austenite가 많아 경도가 떨어질 경우, 심랭 처리를 하여 경도를 높이더라도 조직이 거칠고 취약하게 되는 결점이 생기기 때문이다.

[1] 자연 균열의 방지

상온까지 급랭시킨 강(부품)에 잔류되어 있는 austenite는 상온에 방치해 놓으면 서서히 진행되기는 하나 거의 martensite로 변화한다. 이 때문에 내부응력이 점차 증가되어 균열을 일으키는 일이 있다. 이것을 자연 균열이라 한다.

심랭 처리는 이러한 자연 균열의 원인이 되는 잔류 austenite를 거의 소멸시켜 버리므로 자연 균열의 원인이 되는 효과를 나타낸 것인데, 일반적으로는 담금질 후에 뜨임을 실시하여 잔류 austenite를 분해하거나 안정화시켜 취성이 큰 martenite를 인성이 큰 조직 martenite로 변화시켜 놓는 방법이 사용되고 있다.

[2] 경도와 인성에 대한 효과

잔류 austenite를 martensite화 하면 당연히 경도도 함께 상승한다. 그러므로 담금질한 강을 심랭 처리하면 경도가 올라가게 된다. 반면에 인성은 저하된다. 침탄 또는 침탄질화층 표면의 잔류 austenite로 인한 경도 저하를 회복시키는데는 심랭 처리가 매우 효과적이다.

[3] 경년 변형에 대한 효과

Gauge와 같은 고도의 치수 정도가 요구되는 강재를 사용하는 도중에, 치수 변화를 일으켜서는 안 된다는 것은 두말할 필요가 없는 것이다. 심랭 처리는 이러한 경년 변화를 방지시키는데 매우 효과적인 방법이다. 심랭 처리를 한 베어링강과 심랭 처리를 하지 않은 베어링강의 경년 변화를 살펴보면, **표 5–4**에 나타난 바와 같이 심랭 처리가 경년 변형에 얼마나 효과적인지를 잘 알 수 있을 것이다.

[표 5-4] 경년 변화에 미치는 tempering 심랭 처리의 영향

기호	처리	경도 (H_RC)	20℃에서의 길이 변화(10^{-6})			
			1일 후	7일 후	1월 후	3월 후
A	122℃ × 1hr tempering	65.0	0	+27	+48	+60
B	150℃ × 1hr tempering	64.0	0	0	0	+2
C	205℃ × 1hr tempering	62.5	0	−2	−6	−6
A′	−195℃ 심랭 처리 120℃ × 1hr tempering	65.5	0	−6	−10	−12
B′	−195℃ 심랭 처리 150℃ × 1hr tempering	64.0	0	−4	−6	−7
C′	−195℃ 심랭 처리 205℃ × 1hr tempering	63.0	0	−3	−5	−5
D′	−195℃ 심랭 처리 120℃ × 10hr tempering	66.0	0	−3	−5	−6
E′	−195℃ 심랭 처리 후 120℃ × 1hr tempering만 10회 반복함	66.0	0	0	0	0
F′	−195℃ 심랭 처리 후 120℃ × 1hr 양자를 서로 10회 반복함	66.0	0	−3	−4	−5
G′	120℃ × 1hr tempering −195℃ 심상처리 양자를 서로 10회 반복함	65.0	0	−2	−3	−4

제6장

염욕 열처리

강철의 열처리에는 그 요구에 따라 많은 열처리 방법이 있다. 그러나 일반적으로 전기로, 가스로, 중유로, 등의 공업용로에 의하여 대기중에서 가열된 경우, 피처리강의 표면은 다소나마 산화·탈탄을 피해야 하는 공구강, 정밀기계 부품 또는 고속도강 등의 가열로는 염욕로가 쓰이고 있다. 즉, 정밀공구 기타 이것과 유사한 강철제 부품의 열처리는 중성 매질중에서 가열되는 것이 필요하고, 이것에는 염욕로 이외에도 가스분위기로, 진공분위기로, 유동입자로 등이 이용되고 있다.

예를 들면 고속도강의 열처리와 같이 1,300℃ 전후의 높은 온도를 필요로 하는 것은 로의 열원이 문제가 되기도 하고, 작업 능률의 점에서 대부분의 경우 염욕로가 이용되고 있다. 염욕로를 이용하는 경우는 이것에 응용하는 무기염류의 성질 또는 융점을 자유로이 조절할 수 있어 광범위한 처리 온도의 안정을 얻을 수 있는 점과 강철 표면에 침식되지 않는 점에서 일반 공업용로로서는 중성 염욕에 의한 염욕로가 쓰이고 있다.

염욕은 열전도성, 균열성, 분위기 조절의 용이성 등이 뛰어나고, 다음과 같은 장점이 있어 각종 금형 및 공구 열처리에 널리 이용되고 있다.

① 다른 열처리와 비교하여 설비비가 저렴하고 조작 방법이 간단한 편이다.

② 균일한 온도 분포를 유지할 수 있다.

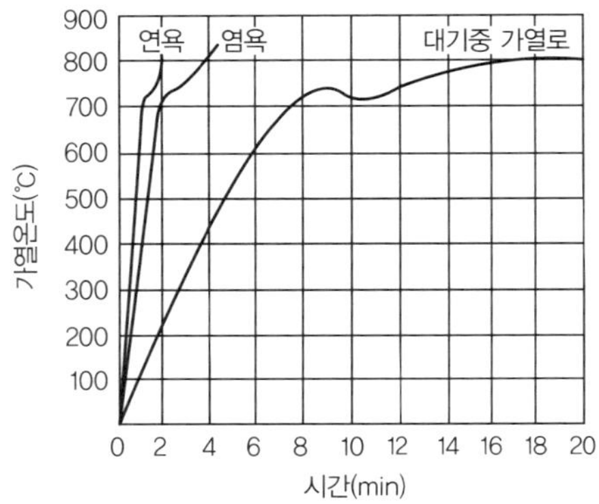

그림 6-1 가열 속도의 비교

③ 소량 다종 부품의 열처리, 즉 금형 및 공구류의 열처리에 적합하다.

④ 처리품을 대기중에 꺼냈을 때 그 표면에 염욕제가 부착하여 피막을 형성, 대기와의 차단을 돕고 표면 산화를 막아 열처리 후 표면이 비교적 깨끗하다.

⑤ 열 전달이 전도에 의하므로 가열 속도가 대기중의 가열에 비해 4배 정도 빠르며, 특히 담금질 온도가 높아 결정립 성장에 민감한 고속도강의 열처리에 적합하다(**그림 6-1** 참조).

⑥ 냉각 속도가 빨라 급속한 처리를 할 수 있다.

⑦ 국부적인 가열이 가능하다

단점은 다음과 같다.

① 염욕의 관리가 어렵다. 순도가 높은 염의 사용 및 수시로 화학 분석 또는 강박법에 의한 검사를 하여야 하는 등 관리가 까다롭다.

② 염욕의 증발 손실이 크며 제진 장치가 필요하다.

③ 표면에서 방사 열손실이 크고 가열 용량을 비교적 크게 할 필요가 있어 에너지 절약면에서는 불리하다. 특히 응고한 염욕로를 가동할 때 염욕의 융해 잠열이 크므로 다량의 열량을 필요로 한다.

④ 폐가스와 노화된 염욕의 폐기로 인한 오염 등에 신경을 써야하고, 특히 액체 침탄 등 CN기를 사용하는 경우의 폐기 처리 장치가 필요하다.
⑤ 열처리 후 제품 표면에 붙어 있는 염욕의 제거가 곤란하다.
⑥ 균일한 열처리품을 얻기가 어렵다.

위와 같이 염욕로의 이용에는 장단점이 있다. 특히 환경 문제, 안전 위생 및 에너지 절약면에서 볼 때 점차 그 중요성은 경감되고 있지만, 설치비가 저렴하고 다종 소량 부품을 열처리할 때 유리하다. 항온 열처리가 보편화되면서 오스템퍼(austempering), 마템퍼(martempering), 마퀜칭(marquenching) 등의 열처리는 모두 염욕 열처리를 기반으로 하는 방법이다.

최근 염욕을 이용한 표면 처리 기술의 향상과 더불어 염욕로의 이용도 광범위해졌으며, CN기가 없는 무공해 액체 침탄, 전해질화, 연질화, 침붕처리 및 TD 프로세스 등도 중성 염욕 가열과는 다르나 모두 염욕을 이용한 열처리이다. 또 염욕로와 분위기로의 장점만을 취한 유동층로(fluidized bed furnace)는 알루미나(Al_2O_3), 탄소분말 등을 부유시켜, 이것이 가열 매체가 되어 가열 속도가 염욕에서와 비슷하고, 적당한 보호 가스를 첨가하여 분위기를 자유로이 조절할 수 있으며, 열손실이 적어 매우 유리한 열처리 방법으로 널리 보급될 전망이다.

6-1 염욕의 성질 및 종류

6-1-1 염욕의 성질

강의 열처리용 염욕의 주성분은 용도와 목적에 따라서 다르지만, 일반적으로 많이 사용되는 것은 주기율표 상의 Ⅰ족 및 Ⅱ족의 염화물 계통이며, 침탄 질화용으로서는 청화염(NaCN, KCN) 계통의 염화물 또는 탄산염 등을 첨가제로 하여 사용한다.

일반적으로 염욕이 갖추어야 할 조건은 다음과 같다.

① 염욕의 순도가 높고 유해 불순물을 포함하지 않는 것이 좋다

② 가급적 흡습성 또는 조해성이 적어야 한다. 흡습 작용은 염욕을 분해 변질시켜 성능을 떨어뜨린다.

③ 열처리 온도에서 염욕의 점성이 적고 증발 휘산량이 적어야 한다. 증발 휘산량이 너무 많을 때는 염욕의 손실 뿐만 아니라 휘산량 증가는 부근의 기계 기구를 부식 또는 침식시킨다.

④ 열처리 후 제품의 표면에 점착한 염의 세정성이 좋아야 한다.

⑤ 용해가 쉽고 유해 가스 발생이 적어야 한다.

⑥ 구입이 용이하고 경제적이어야 한다.

이들 조건을 모두 만족시키는 것은 매우 어려우며, 일반적으로 단염의 사용을 피하고 공정 조성으로 혼합하여 사용한다.

6-1-2 염욕의 세정성

열처리 후 제품의 표면에 점착한 염욕을 씻어 완전 제거해야 하며, 만약 미량이라도 남아있을 경우 녹이 스는 원인이 된다. 그러나 세정의 난이는 점착된 염의 양뿐만 아니라 염욕의 성질 또는 담금질 때의 냉각매질에 따라서도 크게 다르다. 실례를 들면 중성염보다도 염기성 염욕의 세정이 쉽고, 냉각매질은 기름 담금질이 물 담금질의 것보다 세정 작업이 더 어렵다. 또 고온염으로 사용되는 Ba염은 제품의 표면에 견고하게 점착하는 성질이 있어 세정이 곤란하다.

피처리 제품 표면에 염욕이 얇게 점착하는 사실은 염욕 열처리의 특징도 되며, 이것에 의해 피처리 제품은 대기에 접촉되지 않고 담금질이 가능하다. 그러나 그 점착량 및 점착 염욕의 성질이 다른 경우는, 담금질 때 냉각 속도를 불균일하게 하고 염처리 효과를 해칠 뿐만 아니라 처리 후 세정을 몹시 어렵게 한다.

6-1-3 열처리용 염욕의 종류

열처리용 염욕을 사용 목적에 따라 분류하면 다음과 같다.

[1] 저온용 염욕

보통 150~550℃에서 사용된다. 강재의 뜨임, 마퀜칭, 마템퍼 등의 항온 열처리용으로서 비철금속의 열처리, 시효처리, 착색처리에도 이용된다. 주로 저온용 염욕은 질산염 계통으로 $NaNO_3$, $NaNO_2$ 및 KNO_3 등이며, 첨가제로서는 NaOH, KOH, $SnCl_2$, CuCl 등을 혼합하여 사용한다. 염욕의 온도가 500℃ 이상에서는 심한 산화 작용을 하게 되므로 제품이나 로를 침식시킨다. 질산염 중에 유지, 청화물, 탄소분말 등이 너무 지나치게 들어갈 경우에는 폭발과 같은 위험을 내포하고 있으므로 상당한 주의가 필요하다. **표 6-1**은 저온용 염욕의 성분 및 조성(중량%)에 따른 용융점을 나타낸 것이다.

[표 6-1] 저온용 염욕

성분	조성(중량%)	용융점(℃)	성분	조성(중량%)	용융점(℃)
$NaNO_3$ – NH_4Cl	20.1 : 79.9	121	KOH – KNO_3	52.7 : 47.3	230
KNO_3 – $LiNO_3$	73 : 27	132	NaOH – $NaNO_3$	65.2 : 34.8	246
KCl – CuCl	28 : 72	136	NaOH – $NaNO_3$	32.7 : 67.3	260
KNO_3 – $NaNO_2$	55.2 : 44.8	140.9	NaCl – $NaNO_3$	4.2 : 95.8	298
KNO_3 – $Ca(NO_3)_2$	55.1 : 44.9	174	NaCl – CuCl	17.6 : 82.4	314
KNO_3 – $Pb(NO_3)_2$	55 : 45	207	KCl – KNO_3	7.6 : 92.4	320
$NaNO_3$ – KNO_3	45.8 : 54.2	218	LiCl – KCl	46.2 : 53.8	352
$NaNO_2$ – KNO_2	60.2 : 39.8	219	NaCl – $PbCl_2$	7 : 93	411
$NaNO_2$ – $NaNO_3$	44.5 : 55.5	221.5	NaCl – $MgCl_3$	44 : 56	430

[2] 중온용 염욕

일반적으로 550~950℃에서 사용된다. 보통 강재의 담금질 가열, 고속도강의 마퀜칭, 예열, 뜨임 또는 오스템퍼 등에 이용된다. 이 염욕에는 NaCl, KCl, $CaCl_2$ 및 $BaCl_2$ 등의 주기율표 상의 Ⅰ족, Ⅱ족의 염화물이 사용되며, 이 염화물의 두 가지 또는 세 가지를 섞어 공정 조성을 만들어 사용한다. 염화바륨이 많을수록 염욕은 안정화되어 휘산 손실이 적고, 오래 사용할 수 있으나 융점이 높고 제품에 점착량이 많아 세정이 곤란하므로 NaCl, KCl를 첨가하여 이러한 성질을 개선할 수 있다. 그러나 염화칼륨은 침식성, 흡습성, 증발이 커서 포트(pot)의 손실이 크고 쉽게 융점이 증가되며, 또 고속도강의 뜨임 및 마퀜칭 등에 있어서는 고온 염욕로에서는 염화바륨이 묻어와 융점이 상승하여 관리가 어렵다. 그러므로 수시로 염화바륨 양을 측정하여 염화나트륨 및 염화칼륨을 첨가해주어야 한다. **표 6-2**는 중온용 염욕의 성분과 조성(중량%)에 따른 용융 온도, 사용 온도를 나타낸 것이다.

[표 6-2] 중온용 염욕

성분	조성(중량%)	용융온도(℃)	사용온도(℃)
$BaCl_2$ – $CaCl_2$	47 : 53	450	600~850
$BaCl_2$ – $CaCl_2$ – NaCl	16 : 47 : 37	453	500~800
$CaCl_2$ – NaCl	46 : 54	501	550~850
NaCl – NiCl	42.9 : 57.1	580	600~900
$BaCl_2$ – $CaCl_2$	35 : 65	600	600~850
$BaCl_2$ – NaCl	40 : 60	654	700~900
$BaCl_2$ – KCl	40 : 60	656	700~1,000
NaCl – KCl	50 : 50	664	700~900

[3] 고온용 염욕

보통 1,000~1,350℃에서 사용된다. 고속도강의 담금질, 오스테나이트계 스테인리스강의 수인 처리, 다이스강의 담금질 가열에 사용된다. 염욕으로는 염화바륨($BaCl_2$) 단염이 많이 이용된다. 그러나 사용 온도가 높아 염욕이 약간만 노화되어도 산화바륨(BaO)이 생겨 심한 탈탄 작용을 하므로, 수시로 산화바륨양을 측정하고 탈산제, 탈탄 방지제를 투입하여 사용한다.

고온용 염욕은 1,300℃ 전후의 고온에서 사용되기 때문에 필연적으로 증발·휘산되는 양이 많고, 변질이나 열화되기 쉽다. 예를 들면 붕사($Na_2B_4O_7$)를 넣은 경우에는 강재의 표면에 존재하는 산화물을 용해, 제거하는 성질은 있으나 염욕로를 침식시킨다. 또한 KF, MgF_2, BaF_2, NaF, CaF_2 등을 약간씩 혼합하여 사용하면 염화바륨 염이 심하게 휘산 증발되는 것을 방지하지만, 염욕로의 침식이 심하기 때문에 경제적으로 큰 이점이 없다.

[표 6-3] 불화물 계통의 용융 온도

불화물의 종류	용융 온도(℃)
KF	867
MgF_2	908
BaF_2	1,280
NaF	922~988
CaF_2	1,300~1,378

표 6-3은 불화물 계통의 용융 온도를 표시한 것이다. 염화바륨 염은 보통 $BaCl_2 \cdot 2H_2O$의 상태로 존재하기 때문에 건조 처리하여 수분의 상태를 완전히 없애는 것이 좋다. 그렇게 하기 위해서는 60℃ 부근에서 탈수가 시작되어 150℃ 부근에서 완전히 끝나므로, 이러한 저온에서 장시간 건조하여 사용하는 것이 더욱 효과적이다. 여기서 150℃ 이상의 온도에서 건조를 한다면 염기성으로 변질될 우려가 있다.

6-2 염욕의 관리

6-2-1 염의 보관 및 용융 염욕의 관리

염욕은 흡습이나 그에 따른 변질, 열화로 인하여 탈탄을 촉진시키므로 사용하지 않는 염의 보관은 드럼통에 넣어 비닐로 밀폐하여 보관한다.

열처리 작업 전에 정기적으로 작업량의 대소에 따라 오전, 오후 또는 1일 1회 강박 시험(steel foil test)를 실시한다. 강박은 1.0%C, 두께 0.0 5mm, 폭 30 mm, 길이 100 mm 정도로 만들어, 철사로 꼭 매달아 염욕 중에 침지할 때 올려뜨지 않도록 한 다음, 염욕 중에 주어진 온도에서 **그림 6-2**와 같이 일정 시간 동안 유지한 후 재빨리 꺼내 수냉한다. 부착된 염을 잘 씻어내고 건조한다. 강박을 손으로 구부려 보아 미세하게 깨어지면 이 염욕은 탈탄 작용을 하지 않을 것이며, 만약 구부려서

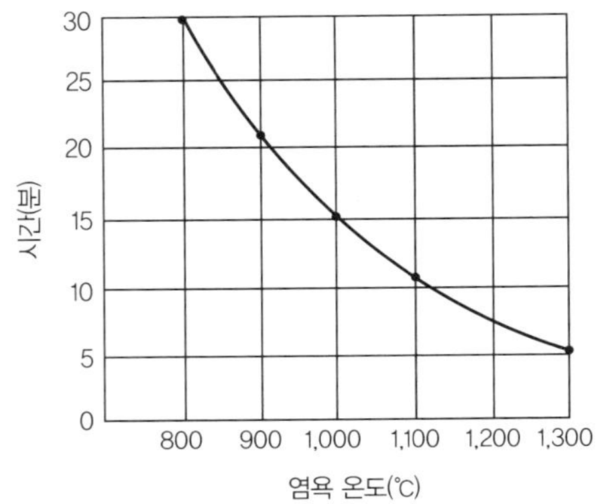

그림 6-2 염욕 온도와 침적 시간

[표 6-4] 염욕중의 추정 탄소량

강박판을 구부렸을 때 상태	추정 잔류 탄소량(%)
구부려도 깨어지지 않음	0.1 이하
구부리면 약간 깨어짐	0.3
구부리면 곧 깨어짐	0.5
구부리면 미세하게 깨어짐	0.7 이상

휘어지면 탈탄 작용을 하는 것으로, **표 6-4**는 강박시험을 하였을 때 강박판의 상태에 따른 염욕의 잔류 탄소량%(추정)를 나타낸 것이다. 중온 염욕로에서는 탈탄 방지제로 금속규소 분말을 첨가한다. 첨가량은 중량비로 2~3% 정도이며, 고온 염욕로에서는 탈탄 방지제로 규산칼슘($CaSi_2$)을 첨가하는 것이 좋다. 전에는 봉사를 사용했으나 효과가 그다지 좋지 않고, 전기 저항을 증대시켜 현재는 사용되지 않고 있다. 규산칼슘의 첨가량은 중량비로 0.2% 정도이다.

6-2-2 염욕에 의한 강재의 침식 작용

염욕 열처리의 특징은 피처리 강재에 대하여 산화, 탈탄 등의 침식 작용을 하지 않지만, 염욕 열처리도 항상 안전하다고 할 수 없다. 그 이유는 중성 염욕이 연속 용융 중에 점차 변질 염기성으로 열화하기 때문에 그 결과로 피처리 강재가 산화, 탈탄을 일으키는가 하면 중성 염욕에는 미량이지만 유해 불순물을 포함하는 경우가 많아 이것이 강재를 침식하게 되며, 이 침식 정도는 열처리 온도가 고온일수록 현저하다. 이러한 불순물에는 황산염으로 Na_2SO_4, $CaSO_4$, $MgSO_4$ 등이 있고, 탄산염에는 $NaCO_3$, $CaCO_3$ 등이 있으며, 염화물에는 $MgCl_2$, $CaCl_2$ 등이 있다. 염욕이 열화하는 이유는 다음과 같다.

① 중성 염욕에 포함되어 있는 불순물(황산염, 탄산염)에 의한 열화

• 황산염

$$Fe + Na_2SO_4 \rightarrow FeO + SO_2\uparrow + Na_2O$$

(피처리 강재) (식염 등의 불순물) (산화)

• 탄산염

$$Na_2CO_3 = Na_2O + CO_2\uparrow$$

$$Fe + CO_2 \rightarrow FeO + CO$$

(피처리 강재) (산화)

② 고온 용융 염욕이 대기중의 산소를 흡수

$$Fe + \frac{1}{2}O_2 \rightarrow FeO$$

(피처리 강재) (산화)

$$C + \frac{1}{2}O_2 \rightarrow CO$$

(피처리 강재 중의 C) (탈탄)

③ 고온 용융염욕이 대기중의 산소와 반응 염기성으로 변질

$$2NaCl + \frac{1}{2}O_2 \rightarrow Na_2O + Cl_2$$ (강재 침식)

$$BaCl_2 + \frac{1}{2}O_2 \rightarrow BaO + Cl_2$$ (강재 침식)

④ 중성염 자체의 흡수, 잔여 수분이 대기중의 수분과 작용

$Fe + H_2O = FeO + H_2$ (산화)

$C + H_2O = CO + H_2$ (탈탄)

또 소금(NaCl)은 불순물로 $MgCl_2$를 포함하고 있으며, 이는

$MgCl_2 + H_2O = Mg(OH)Cl + HCl\uparrow$

$Mg(OH)Cl + H_2O = Mg(OH)_2 + HCl\uparrow$

$Mg(OH)_2 = MgO + H_2O$

이상과 같은 원인에 의하여 중성염은 열화하게 된다. 열화염욕을 물에 녹여 pH를 검사하면 pH 11 정도의 강염기성을 나타낸다.

6-2-3 염욕의 열화 방지 대책

염욕의 열화를 방지하기 위해서는 1,000℃ 이하의 염욕 열처리를 행할 때 Mg-Al(50 : 50)의 것을 혼합하여 사용하며, 1,000℃ 이상의 고온 염욕에는 $CaSi_2$(칼슘실리콘)을 첨가하여 사용한다. 또한 모든 염은 사용 중에는 산화 및 불순물의 축적 등으로 인하여 점점 열화되어 그 효율이 저하되기 때문에 사용 도중 일정한 양을 보충하지만, 나중에는 열화되어 더 이상 사용할 수 없게 된다. 이런 경우에는 불순물을 걸러내어 선별 사용하기도 하고 아주 효율이 나쁜 경우에는 폐기한다.

염욕 중에 함유된 유해 불순물을 제거하는 방법에는 다음과 같은 것이 있다. 즉 1,000℃ 이하의 염욕에 황산근(SO_4^{--})이 함유된 경우에는 $BaCl_2$(28%) + NaCl(67%) + Na_2SO_4(5%)의 황산염이 포함된 열욕을 900℃로 가열 용융하여 열처리를 행할 경우, 강 표면이 황산근에 의해 심한 침식 작용을 당하거나 산화, 탈탄 작용이 일어난다. 이러한 황산근의 제거에는 구상흑연주철(3.0~4.0%C) 조각을 금망에 넣어 염욕에 침적 약 1시간동안 유지한다. 구상흑연주철 조각은 고탄소이므로 구상흑연주철의 C와 Na_2SO_4가 다음과 같이 반응한다.

$$Na_2SO_4 + C = CO + SO_2 + Na_2O$$

염욕 중에는 대기 중의 산소를 흡수하므로, 그 결과 강력한 산화성 물질이 된다. 이러한 경우에는 강력한 탈산제를 첨가하여 흡수한 산소를 제거할 수 있다. 이런 종류의 탈산제로는 Mg-Al(50 : 50), Mg, Mg접종제 등이며, Mg접종제의 조성은 8.6%Mg, 4.3%Si, 48%Fe, 0.01%Al이고 Mg, Si 등도 강력한 탈산제이다.

6-3 항온 변태를 이용한 염욕 열처리

열처리 방법 중에서도 우수한 기계적 성질을 나타내는 조직을 얻기 위하여 염욕을 이용하는 항온 열처리법이 있으며 최근 널리 이용되고 있다. 이 항온 열처리법에는 오스템퍼, 마템퍼, 마퀜칭 등이 있다.

6-3-1 오스템퍼

오스템퍼(austemper)는 오스테나이트에서 베이나이트로 항온 변태를 행하는 일종의 경화 처리이다. **그림 6-3**과 같이 항온을 유지하는 온도는 Ar′와 Ar″의 중간 온도로 유지된 열욕 속에서 변태가 완료될 때까지 항온을 유지한 다음 공랭한다. 탄소강의 경우는 약 550°C 이하에서 Ms점 이상의 온도가 적당하다. 이렇게 하여 얻어진 베이나이트 조직은 우모상 또는 침상 조직으로 상부 베이나이트와 하부 베이나이트로 나눠어진다. 상부 베이나이트는 비교적 높은 온도에서 항온 유지함으로써 생성되는 조직으로, 하부 베이나이트에 비해 강도나 경도가 약간 낮다. 또 저온 인성 등의 충격 특성에 대해서도 하부 베이나이트 조직이 양호하므로 보통 오스템퍼 처리에서는 하부 베이나이트 조직이 얻어지도록 열처리를 행한다. 베이나이트 조직은 보통의 페라이트보다 다소 탄소가 과도하게 고용된 페라이트(α철)와 시멘타이트(탄화물)로 되어 있으며, 강의 표준 조직은 펄라이트와 유사하나 현미경으로 관찰하면

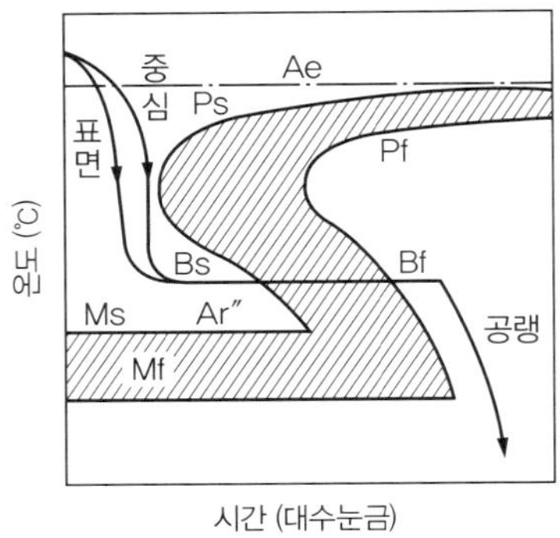

그림 6-3 오스템퍼

흑색의 침상 조직을 볼 수 있으므로 침상 마텐자이트 조직과 혼동하기가 쉽다.

오스템퍼의 목적은 주로 기계적 성질의 개선에 있다. 통상의 담금질, 뜨임을 행한 재료와 비교하면 강인성을 갖고 있으며, 오스템퍼를 행한 쪽이 신율, 단면 수축률, 충격치 등이 우수하다. 또 오스템퍼 처리에서는 오스테나이트의 마텐자이트화에 의한 강의 체적 팽창이 심하지 않고, 강의 표층과 내부가 거의 균일한 온도를 유지하면서 서서히 변태가 일어나므로 담금질 균열 및 변형의 방지가 가능한 것이 장점이다.

이와 같이 오스템퍼 처리는 여러 가지 장점이 있으나 모든 재료에 적용 가능한 것은 아니며 다음과 같은 제약 조건이 있다.

[1] 항온 변태도의 노즈(nose)의 위치와 부품 크기 관계

오스템퍼는 베이나이트 변태를 일으키는 처리이므로 강을 오스테나이트화 온도에서 항온 변태 온도까지 급랭할 필요가 있는데, 냉각 시간이 노즈 개시 시간보다 길게 되면 냉각 중에 펄라이트 변태가 일어나 베이나이트화가 불가능하게 되며 인성은 저하한다.

따라서 노즈 개시 시간 이내에 급랭하는데에는 강종과 크기에 관련이 있으며, 0.6~0.8%C, 탄소강에 있어서는 직경이 약 5 mm이하, 0.6~0.55%C, 0.8~1.1%Cr,

0.15~0.25%Mo의 Cr−Mo강에서는 직경이 약 13 mm이하, 0.6~0.7%C, 1.5~2.0%Ni, 0.5~0.8%Cr, 0.3~0.4%Mo의 Ni−Cr−Mo강에서는 직경이 약 25 mm 이하가 아니면 오스템퍼 처리는 불가능하다.

[2] 항온 변태의 완료 시간

항온 변태가 너무 길면 공업적인 면에서 실용적 가치가 없으므로, 보통 변태 완료 시간은 1시간 이내가 좋다. 이상과 같이 조직을 100% 베이나이트화 하는데에는 여러 가지 제한을 받으며, 경우에 따라서는 베이나이트가 85% 정도의 것에서는 공업적으로 실용화가 가능하나 경도, 인성 등은 약간 저하되므로 주의가 필요하다.

[3] 승온 오스템퍼

승온 오스템퍼는 **그림 6-4**와 같이 2단계의 항온 유지를 행하는 처리이다. 전술한 바와 같이 직경이 큰 재료는 항온 유지 온도까지 냉각할 때 노즈 부근에 걸리게 되어 베이나이트화가 불가능하므로, 이것을 제1단계로 Ms점에 가까운 저온까지 급랭하여 냉각 곡선이 노즈에 걸리지 않도록 처리하고, 그 후 2단계로서 베이나이트 변태 온도까지 승온하여 항온 처리하는 방법이다. 이 처리에 의해 오스템퍼 처리 범위가 넓혀지는 것이 가능하게 되었다.

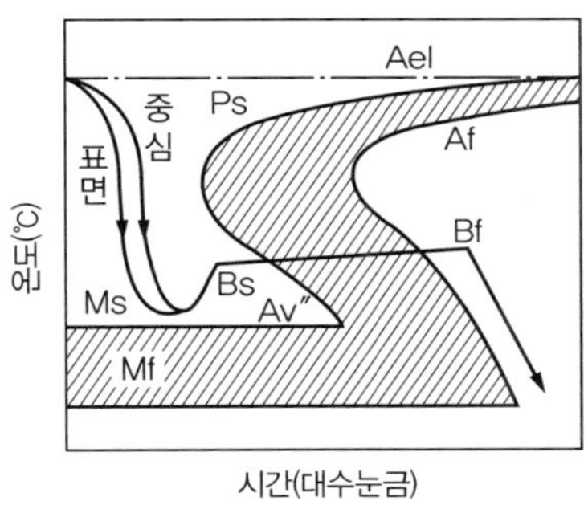

그림 6-4 승온 오스템퍼

6-3-2 마템퍼

마템퍼(martemper) 처리는 마텐자이트 변태 범위인 Ms점과 Mf점의 중간 온도에 항온 유지하여 변태를 완료시키는 조작이다. 이 처리를 함으로써 오스테나이트의 일부는 마텐자이트가 되며, 나머지 오스테나이트는 하부 베이나이트로 된다. 따라서 경도는 별로 저하하지 않고 충격치가 높은 것이 얻어지는 이점이 있다. 또 마템퍼 처리는 항온 유지 중에 마텐자이트로부터 일부 탄화물이 석출하여, 이미 뜨임한 조직으로 되어 있으므로 뜨임이 필요없다. **그림 6-5**는 마템퍼 처리를 나타낸 것이다. 이 처리의 단점은 상당히 장시간 항온 유지를 하지 않으면 안되는 것으로, 공업적으로 널리 이용되는 것은 아니다. 그러나 담금질과 뜨임을 한 재료와 비교하여 보면, 보다 안정한 조직이 얻어진다.

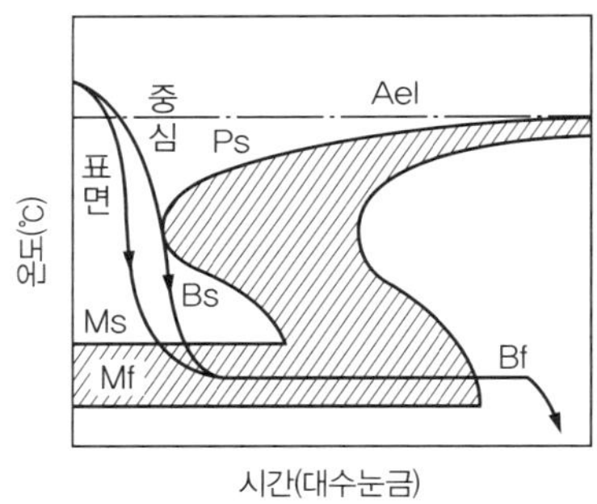

그림 6-5 마템퍼

6-3-3 마퀜칭

마퀜칭(marquenching) 처리는 **그림 6-6**에 나타난 바와 같이 주로 (a), (b) 두가지 방법이 쓰인다. (a)는 오스테나이트화 온도까지 가열한 강을 직상의 온도까지 급랭하여, 이 온도에 오랜시간 유지하여 강의 표면과 내부 온도가 일정하게 되면, 대기

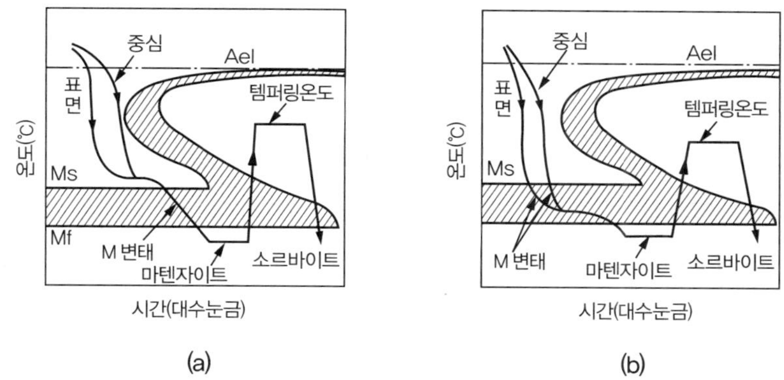

그림 6-6 마퀜칭과 뜨임

중에 냉각하고 그 후 뜨임하는 방법이다. (b)는 Ms점과 Mf점의 중간 온도까지 급랭하여, 그 온도에 유지한 후 대기중에 냉각한 다음에 뜨임을 행하는 방법이다.

마퀜칭의 특징은 보통의 담금질 처리에서 종종 발생하는 변형과 담금질 균열의 방지에 효과가 있는 방법으로, 그 위에 적당한 담금질 조직이 얻어지는 것이다.

(a)의 방법은 주로 담금질성이 좋은 강에 적용된다. 이 방법은 Ms점 직상에서 항온 유지하고, 여기서부터 공기중에 냉각함에 따라 Ms점과 Mf점간의 냉각이 서서히 이루어져 마텐자이트 변태가 천천히 진행된다. 이에 따른 내부 응력 발생도 적고, 특히 변형, 담금질 균열이 우려되는 재료에는 최적이다. 또한 이 처리에 의해 얻어지는 조직은 마텐자이트이므로, 그 후의 뜨임에 의해 사용상의 적당한 경도와 강도를 부여하는 것이다. (b)의 방법은 담금질성이 나쁜 강종에 적용된다. 이 방법은 Ms점과 Mf점의 중간 온도에서 항온 유지되는 것으로, (a)의 방법보다도 담금질에 의한 냉각 속도를 빠르게 하기 위해 보다 저온으로 담금질을 하는 것이다. 이것에 의해 페라이트와 펄라이트가 석출한 불완전 담금질이나 잔류 오스테나이트가 증가하는 것을 피할 수 있다. 이 처리에 의하면, 오스테나이트의 일부는 냉각에 의해 마텐자이트로 변태하며, 그 후의 항온 유지 중에 마텐자이트에서 일부 탄화물이 석출하여 뜨임 처리된 상태로 된다. 또 항온 유지 후 실온에서 냉각될 때에 잔류 오스테나이트

가 마텐자이트로 변태하므로, 담금질 뜨임 조직과 마텐자이트 혼합 조직이 되는데, 담금질 경도의 영향은 거의 없다. 그 후에 뜨임 처리를 한다. 이 방법과 (a)의 방법을 비교하면 표면이 먼저 마텐자이트 변태가 개시되며, 그 다음 중심부가 변태를 시작하므로 변태 응력에 의한 내부 응력이 발생하나, 그 정도는 보통의 담금질 처리에 비해 아주 근소하다.

마퀜칭에서 항온 변태 후의 냉각은 공랭하는 것이 일반적이나, 잔류 오스테나이트가 많이 남게 되어 수냉하는 경우가 있다. 이 급랭 담금질에 의해 잔류 오스테나이트 양은 반감하므로, 잔류 오스테나이트가 시간의 경과와 함께 마텐자이트로 변태하여 제품에 변형을 일으키는 이른바 시효 변형의 방지에는 효과적이다.

제7장

진공 열처리

7-1 진공 열처리의 개요

7-1-1 개요

어떤 재료를 열처리할 때는 그 재료에 대한 적절한 분위기와 온도 가열 유지 및 냉각이 필요하다. 다시 말해서 온도와 시간과 분위기가 열처리의 기본이라고 할 수 있다. 철강을 대기 중에 가열하면 온도가 높아짐에 따라 스케일이 생기고, 가열 시간이 길어지면 성장하여 두꺼워진다. 스케일의 발생은 변태점 이상으로 가열하면 급격히 증가된다. 그리고 스케일의 발생 뿐만 아니라 그 하부에는 탈탄층이 형성되어 결정립계의 산화가 일어난다. 또 스케일은 열전도도가 불량하여 열처리 재료의 균일한 가열을 방해하고 담금질 균열의 원인이 된다. 열처리 후 가공 공정에서 이 스케일 층의 제거는 막대한 시간과 인력을 필요로 한다. 이 스케일에 따른 열화층의 제거는 육안으로 확인하기 곤란하므로, 완전 제거가 어려우며 재료의 수명을 단축시키는 원인이 된다.

금속과 산소와의 대표적인 반응식은

$M + O_2 = MO_2$ (M은 금속)

로 표시한다. 따라서 금속을 산화시키지 않는 방법은 산화성 분위기에서 가열하지 말아야 한다. 가열 온도를 낮추거나 반응계의 산소압을 해리점보다 낮추면 좋다.

금속을 산화시키지 않고 가열하는 방법으로는 보호 분위기 중에서 가열하는 방법이 있다. 변성 가스를 사용하여 피열처리 재료의 광휘도를 보존하기 위해서 몇 %의 분위기가 유효하게 이용되었으며, RX가스에 의한 침탄에서 소비 가스량의 몇 %가 유효하게 이용되었을까? 암모니아 분해 가스 중의 수소 가스는 환원성 분위기이므로 스케일 발생 방지에는 효과적이나 불순물, 특히 수분의 영향이 크고 미량의 존재에도 탈탄이 생긴다.

일반적으로 강에 어떤 화학적 변화를 야기시키지 않는 아르곤, 헬륨 등의 불활성 가스가 보호 분위기로서 이용된다. 그러나 미량의 수분을 포함하면 산화성 분위기가 되므로 엄격한 함유 수분의 관리가 필요하고, 또 가격면에서도 이런 가스는 고가이므로 비경제적이어서 실용적이지 못하다.

염화바륨($BaCl_2$) 등을 주성분으로 한 중성 염욕 중에서 가열하는 방법은, 피열처리 재료를 대기와 완전히 격리시켜 가열함으로써 산화 탈탄이 일어나지 않고 가열 시간이 단축되며, 또 설비 비용도 염가이므로 공구강의 열처리에 사용되어 왔다. 그러나 염욕의 열화에 기인한 탈탄 문제나 처리 후 염욕의 제거 등이 필요하고, 특히 폐액의 처리, 염욕의 증발, 발산에 의한 대기 환경 오염 및 에너지의 낭비 등 여러 가지 문제를 야기하고 있다.

그 결과 완전한 무산화 분위기로 평형 산소압을 해리압 이하로 낮추고, 적극적으로 산화물을 해리하는 방법으로 도입된 것이 진공 열처리 방식이다.

7-1-2 진공, 진공계, 진공도

물리학에서는 물질이 존재하지 않는 공간을 진공이라고 말한다. 실제 문제로서는 압력이 수 토르(torr)이하인 극저압 상태를 뜻할 때가 많다. 또 실험 기술이나 공학에서 진공이라고 할 때는 정도가 높은 감압 상태, 즉 일반적으로 수 토르 이하를 뜻한다. 그러나 일반적으로 진공이란 대기압(760 토르) 이하의 압력 공간을 의미한다.

[표 7-1] 압력 범위의 구분

구분	압력	범위
저진공	760 torr~1 torr	100KPa~100Pa
중진공	1 torr~10^{-3} torr	100Pa~0.1Pa
고진공	10^{-3} torr~10^{-8} torr	0.1PA~10μPa
초고진공	10^{-8} torr~10^{-10} torr	10μPa 이하
극고진공	10^{-10} torr	

[표 7-2] 압력 단위 환산표

	torr	atm	dyne/cm^2	kg/cm^2	lb/in^2	newton/in^2
1 torr(mmHg)	1	1.132×10^{-3}	1.333×10^{3}	1.360×10^{-3}	1.934×10^{-2}	8.6×10^{-2}
1atm	760	1	1.0133×10^{6}	1.033	14.70	65.37
1dyne/cm^2(μbar)	7.501×10^{-4}	9.869×10^{-7}	1	1.020×10^{-3}	1.450×10^{-5}	6.45×10^{-5}
1kg/cm^2	735.6	9.678×10^{-1}	9.804×10^{5}	1	14.22	63.281
1lb/in^2(Psi)	51.72	6.805×10^{-2}	6.895×10^{4}	7.031×10^{-5}	1	4.447
1newton/in^2(Pa)	11.63	1.530×10^{-2}	4.55×10^{4}	1.58×10^{-2}	0.225	1

진공의 정도를 나타내는 단위는 여러 가지가 있지만 KS에서는 토르(≒mmHg)와 Pa를 사용한다. **표 7-1**은 압력 범위에 따른 진공 구분을 나타낸 것이고, **표 7-2**는 진공에 사용되는 압력단위 환산표이다.

진공계는 희박 기체의 압력을 재는 장치이며, 중요한 진공계의 측정 범위는 **그림 7-1**과 같다. 저압이 아닌 범위에서는 수은이나 액체를 쓴 액체압력계, 부르동관이나 미압차에 의한 격막의 변형을 용량 변화로 하여 전기적으로 측정하는 격막진공계 등이 쓰인다. 압력의 절대값을 나타내는 것은 압축형 수은 압력계인 매클로드 진공계 및 크누첸 진공계 뿐이고, 그 밖의 것은 매클로드 진공계로 교정하여 측정하도록 되어 있다. 또 진공도란 진공의 정도, 보통 잔류 기체의 압력으로써 나타내는데, 압력의 단위로는 mmHg, μHg, 바(bar), 토르 등이 쓰인다.

진공 펌프 등을 사용해서 도달할 수 있는 최고진공도는 1×10^{-12} mmHg 정도이며,

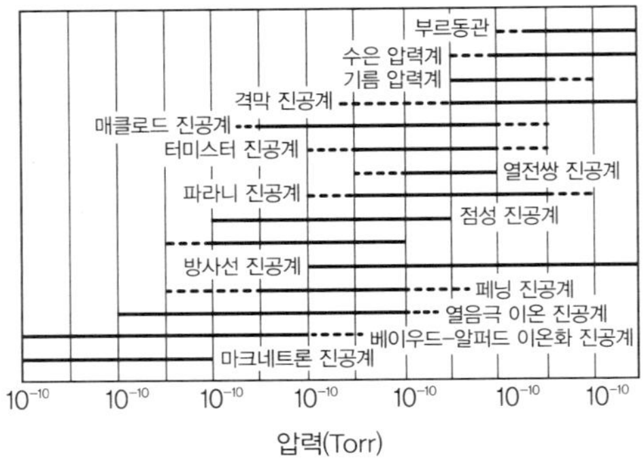

그림 7-1 각종 진공계의 측정 범위

거의 완전 진공과 같다고 볼 수 있다.

7-2 진공열처리의 장·단점

대기압 중에 노출된 상태에서 행하는 재래식 열처리작업과 진공중에서 행하는 진공열처리작업과 비교하면 다음과 같은 장·단점이 있다.

7-2-1 장점

① 피처리물 표면의 산화반응을 방지할 수 있으며, 열처리 전에 형성된 산화물 및 기타 화합물을 분해하여 제거할 수 있다.

② 피처리물에 함유한 가스를 축출시킬 수가 있다.

③ 열처리 작업 후 추가적인 표면 마감 처리 작업이 필요없다.

④ 피처리물에 균일한 가열을 행하므로 열처리 효과가 우수하다. 특히 공공, 부품의 후미진 부분 등에 균일한 열처리 효과를 기대할 수 있다.

⑤ 피처리물 표면에서 모재의 원소가 이탈되는 것을 방지할 수 있다. [예: 탈탄

방지(강의 경우)]

⑥ 처리 도중 노구조 재료나 피처리물의 화학반응을 방지할 수 있다.

⑦ 염욕로 열처리 시 발생되는 주요 문제인 피처리물의 오목진 부분이나 틈 사이에 염이 남으므로 발생하는 부식 문제를 피할 수가 있다.

⑧ 열처리 작업의 온도 범위가 넓다.

⑨ 열처리 도중 피처리물의 이동이 없어서 재료의 변형이 거의 없다.

⑩ 공해 문제가 거의 없다.

⑪ 안전 조업이 가능하다.

⑫ 열처리 전과정을 자동화해서 처리시킬 수가 있다.

⑬ 고융점 금속의 고온도 처리가 가능하다.

⑭ 열처리 작업을 행하지 않을 때는 조업을 완전히 정지할 수가 있다.

7-2-2 단점

① 높은 증기압을 가진 합금원소를 함유한 금속을 열처리할 수 없다. (예. 황동)

② 투자비가 고가이다.

③ 엄격한 작업 조건이 요구된다.

④ 냉각계통의 효율을 증가시키기 위하여 휘발성가스를 사용해야 한다.

⑤ 열처리 사이클이 길다

⑥ 작업 후 진공실의 청소 기간이 필요하다.

진공 열처리의 출현은 당초에 우주 개발 기구 및 항공기에 사용되는 특수 금속의 열처리에 있었다. 1960년대에 이르러 전술한 장점이 인식되고, 공구강·스테인리스강 등과 같은 일반 재료의 열처리에 응용되었으며, 더욱이 최근엔 일반 기계 부품에까지 진공 열처리를 이용하게 되었다. 이러한 상황에 따라 보다 더 적합한 진공 열처리로의 개량 및 개발에 대한 노력이 이루어져 왔다.

7-3 진공 열처리의 특징

대기중에서 열처리를 할 때, 열처리의 결과는 처리 온도와 처리 시간, 가스 분위기내의 습기와 수증기의 양, 노점(dew point) 등의 로의 조건에 따라 결정된다. 그러나 진공중에서 열처리를 행할 때는 적은 양의 잔류 가스와 낮은 기압으로 대기압에서의 재래식 열처리 과정에서 발생하는 가스반응을 전혀 고려할 필요가 없으며, 노의 온도와 처리 시간만이 결정인자가 된다. 실제로 10^{-3} torr의 진공도에서서는 공기의 양은 0.1% 미만이고 산소 함유량은 1 ppm 이하이다. 진공중의 잔류 가스의 대부분은 주로 수증기와 밀폐를 목적으로 사용하는 진공 구리스, 진공 오일의 증발된 유기물질로, 불순물의 전체량도 대략 1.5 ppm정도이다. 진공 열처리 도중 이러한 불순물이나 가스는 펌프 계통을 통하여 밖으로 배출된다.

진공 열처리는 복잡한 형상이나 막힌 공공 부품의 후미진 부분 등의 열처리를 행할 때, 열처리 효과가 보통의 로에 비하여 크다. 그러나 장시간의 청소 시간이 요구되므로 오염물을 완전히 제거할 수는 없으나, 로를 진공으로 배기시킨 후 불활성 기체 등과 같은 방호적 분위기 가스를 가열실이나 레토르트(retort) 내에 채워 넣어, 열처리시 그 오염도를 현저히 줄이고 청소 시간을 단축시킬 수가 있다.

진공 열처리의 특징을 정리하면 다음 네 가지로 요약할 수 있다.

첫째로, 산화나 탈탄 같은 피처리물의 표면 반응을 방지하여 재료의 원래 화학성분을 갖는 깨끗한 표면을 유지할 수가 있다. 즉, 상대적으로 적은 산소나 가스 성분 때문에 이들 성분의 화학적 활동도가 낮아 가스와 고체간의 반응(예를 들면, 산화, 환원, 탈탄 등)이 거의 일어나지 않는다.

둘째로, 산화막이나 제조 과정 중 생긴 윤활제의 잔재 등과 같은 표면의 오염물을 열분해나 환원반응을 통하여 제거할 수가 있다.

셋째로, 진공의 탈가스 효과를 이용하여 증기압이 높은 용해된 불순물은 금속으로부터 제거가 가능하다. 즉 금속이나 합금이 함유하고 있는 함유 가스의 제거 및 금속화합물, 다른 가스−금속간의 화합물 등을 분해하여 진공 펌프를 통해 제거 가능하다.

넷째로, 진공 브레이징이나 진공 중의 확산 결합에 의해 금속 부품을 불순물이 전혀 함유되지 않는 상태에서 서로 결합시킬 수가 있다.

이러한 진공 열처리의 특징을 고려해 볼 때, 진공중에서 열처리를 행함으로써 표면의 화학 성분이 변화하지 않고 내부 성분과 동일하게 유지되는 순도가 높고, 표면의 마감이 그대로 유지되는 고급 제품을 생산하거나 가공을 할 수가 있다. 그러나 무엇보다도 진공 열처리의 근본 특징은 비금속 불순물의 제거보다는 제2장에서 언급한 바와 같은 바람직하지 않는 표면의 산화반응과 탈탄반응을 억제할 수 있다는 것이다.

7-3-1 진공 열처리 원리

진공중에서 금속의 표면 산화를 방지하기 위해서는 금속 산화물의 산소 해리압 이하의 산소 분압에 해당하는 진공도, 즉 금속이 안정하고 산화물은 해리반응을 일으켜 분해하는 환원성의 영역까지 감압한다.

그림 7–2는 금속산화물에 있어서 산소 해리압과 온도의 변화를 표시한 것이다.

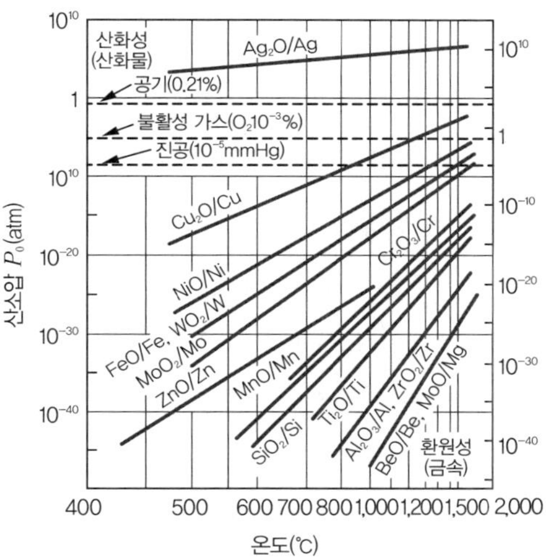

그림 7–2 각종 금속산화물의 산소해리압선도

감압에 의하여 공기의 조성 변화가 없으면 진공도가 10^{-4}mmHg일 때, 산소 분압은 약 5분의 1이 된다. 상압의 공기중에서 안정한 귀금속 Ag를 제외하고, 비교적 산소 친화력이 낮은 Cu, Ni에 대해 약간 고온에서 환원성으로 되는 것 이외에 비금속에는 거의 산화성을 나타내므로, 이런 금속에 대해서는 산소압을 더욱 낮추어야 한다.

예를 들면 10^{-10}mmHg에 있어서 가열 온도를 900℃ 이상으로 하면, 강의 표면에 발생한 산화철은 산소 원자가 기산하여 산화철은 제거된다.

오른쪽의 금속은 미량의 산소에도 산화물을 생성하기 쉽다. 산화물을 제거하는 데는 상당하는 산소 분압은 낮게, 가열 온도는 높게 하지 않으면 안된다. 또한 왼쪽의 금속산화물, 예를 들면 산화동의 경우 산소분압을 조금 낮게 하고, 가열해 주면 산화물을 쉽게 증발 기산시킬 수가 있다.

7-3-2 진공 분위기

진공 중에서 물체를 가열하면 저온에서 노내의 수분과 N_2, O_2 등의 표면에 부착된 유지 등의 불순물이 증발 휘산한다. 800℃ 이상이 되면 물체의 표면에서 수소와 질화물, 염화물의 해리 가스 등이 발생하여 탈가스 작용이 행하여진다. 이 열분해에 의한 증발 휘산 현상으로 산화된 물체라도 금속 광택이 재현될 수 있다. 물체의 가열 중의 산화를 완전히 방지할뿐더러 적극적으로 표면의 유해 물질을 제거한다는 점에서 타의 방법보다 우수한 진공 열처리가 이루어진다.

이와 같은 물체의 표면의 청정화는 미관상뿐만 아니라 내마모성, 피로 한계의 향상 등에 효과가 있다. 물론 열처리 후의 산화물 제거 등 후처리 비용의 절감 효과는 말할 여지가 없다. 또 한편 Mn, Ni, CO, Cr 등 강중의 특수 원소와 Zn, Pb, Cu 등을 포함한 금속, 강에 부착된 찌꺼기 등의 증기압이 높은 원소는 진공중에 가열되어 증발해 버린다.

표 7-3은 각종 금속의 증기압을 나타낸 것이다. 그러나 고진공으로 하면 양호한 광휘도를 얻을 수는 있으나 단순히 생각하면 위험하며, 금속의 증기압에 주의하여 때에 따라서는 고순도의 불활성 가스를 취입하여 진공도를 저하시키지 않으면 안된다.

[표 7-3] 금속의 증기압

금속 기호	일정 증기압에 대한 평형 온도(℃)			금속 기호	일정 증기압에 대한 평형 온도(℃)			금속 기호	일정 증기압에 대한 평형 온도(℃)		
	10^{-2} mtorr	1 mtorr	1,000 mtorr		10^{-2} mtorr	1 mtorr	1000 mtorr		10^{-2} mtorr	1 mtorr	1000 mtorr
Cu	946	1,141	1,628	C	2,129	2,471	3,214	Mo	1,923	2,295	–
Ag	767	936	1,353	Si	1,024	1,223	1,670	W	2,554	3,016	–
Au	1,083	1,316	1,867	Ti	1,134	1,384	1,965	U	1,461	1,730	2,338
Be	942	1,130	1,582	Zr	1,527	1,816	2,459	Mn	717	878	1,251
Mg	287	383	605	Th	1,686	1,999	2,715	Fe	1,094	1,310	1,783
Ba	418	546	858	Ge	897	1,112	1,635	Co	1,249	1,494	2,056
Zn	211	292	–	Sn	823	1,042	1,609	NI	1,157	1,371	1,884
Al	843	1,030	1,465	Pb	483	625	975	Rh	1,681	1,971	2,607
In	667	840	1,260	Ta	2,407	2,820	–	Pd	1,156	1,405	2,000
Pt	1,606	1,904	2,580	Cr	907	1,090	1,504	Ir	1,993	2,340	3,118

다음에 진공 열처리를 하면 열처리상의 변형 발생을 대체로 적게 하는 효과를 얻는다. 이 효과는 진공 열처리의 직접적인 효과라기보다는 진공 중에 가열되는 조건에 따라서 얻어지는 효과라 할 수 있다. 즉 진공중의 물체의 온도 상승은 열전도가 없으며 대부분이 열방사에 의존한다. 따라서 어떤 가열 수단보다도 물체의 온도 상승이 서서히 이루어지며, 이것이 열변형 등의 발생을 낮추는데 효과가 있다고 생각된다.

표 7–4는 진공도에 따른 노점의 관계를 나타낸 것이다.

[표 7-4] 진공도와 노점(D.P)의 관계

진공도(torr)	5×10^{-1}	10^{-1}	10^{-2}	10^{-3}	10^{-4}	10^{-5}	10^{-6}
D.P. (℃)	–24	–40	–67	–76	90	–101	–125
수분 (Vppm)	691	93	9.3	0.93	0.093	0.0093	0.00093

7-3-3 진공 가열 중 강 표면에 일어나는 제현상

다음은 진공 가열 중에 강 표면에 일어나는 여러 가지 기대 가능한 효과를 나열한 것이다.

① 산화를 방지하여 열처리 전과 같은 깨끗한 표면 상태를 유지한다(탈스케일 작용).
② 표면에 부착된 절삭유나 방청유 등의 탈지 작용을 한다.
③ 표면의 탈가스 작용을 한다. 이 탈가스 작용은 헨리(Henry)의 법칙에 의한다.
④ 가스나 원소의 침입을 방지한다.

7-4 진공 열처리로

7-4-1 진공로의 구성

진공 열처리가 현재 행하고 있는 일반 열처리와 상이한 점은, 높은 진공에 의해 노내의 분위기를 거의 완전히 제거한다는 것이다. 선택된 진공로하에서 열처리가 행하여지는데, 이 때는 복사에 의한 진공 상태나 불활성 가스의 대류에 의하여 열처리가 행하여진다.

처리 후 냉각은 중성 가스나 기름에 의해 행하여진다. 이와 같이 진공 열처리의 원리는 간단하며 또한 단순하다. **그림 7-3**은 진공로이고, 그 구성은 다음과 같다.

① 밀폐된 금속제 탱크
② 차단이 우수한 가열실
③ 가열 기구(복사와 대류)
④ 진공 펌프(배기 장치)

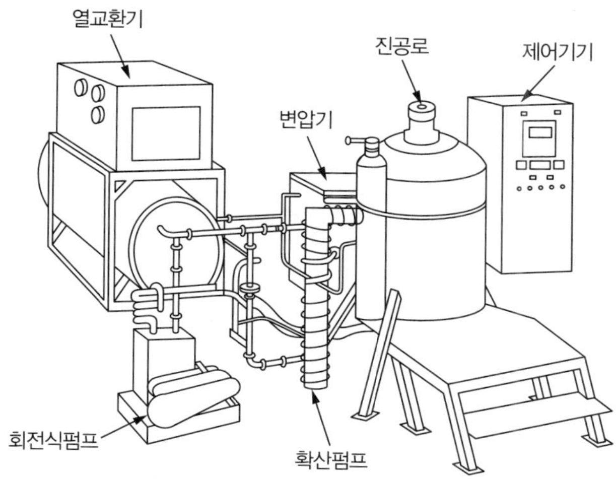

그림 7-3 진공로 설비

⑤ 냉각 장치

⑥ 컨트롤 시스템(control system)

[1] 발열체

Fe−Cr−Al, Fe−Cr, Ni−Cr(니크롬)의 전열선은 10^{-2} torr이하의 고진공에서 처리하면 Cr이 휘산하기 때문에 사용하기 곤란한 점이 있다. W, Mo, Ta는 수소나 진공중의 고온에서 사용되며 진공로에 적합하다. 그러나 Ta, Mo는 W에 비해 가열에 의한 변형이 현저하기 때문에 어렵다.

일반적으로 고진공이 필요한 실험로는 고진공 승온시에 탈가스가 적은 금속 발열체(Mo, Ta, W)가 쓰이며, 생산용 진공 열처리로에서는 대부분 고온용으로는 흑연 발열체, 뜨임로와 같은 저온 용광로에는 니크롬 발열체를 사용하는 경우가 많다.

흑연 발열체의 형태는 섬유상과 봉상이 있다. 진공중의 가열은 방사열에 의존하므로, 면적이 큰 섬유상(graphite wool)의 것이 좋다. 그러나 가열실 냉각형일 때에는 강제 냉각 팬의 영향으로 섬유상의 것은 사용되지 않고 있다.

[표 7-5] 진공로용 발열체의 종류

- 발열체
  - 금속 발열체
    - 귀금속 발열체 : Pt, Ir, Re, Rh
    - 비금속 발열체
      - 니크롬, Fe-Cr-Al
      - Mo, W, Ta
  - 비금속 발열체
    - 흑연 발열체(섬유상, 봉상)
    - 화합물 발열체(SiC, $MoSi_2$)

표 7-5는 진공로용 발열체의 종류를 나타낸 것이다.

[2] 단열재

단열재로 고려하여야 할 점은 다음과 같다.

① 노내의 가열 효과를 올리기 위하여 방사열을 완전히 반사시키는 재료이어야 한다(봉상 발열체일 때 특히 중요).
② 열용량이 적어야 한다.
③ 단열 효과가 커야 한다.
④ 흡습성이 없어야 한다.
⑤ 열적 충격에 강하여야 한다.
⑥ 염가로 교체가 용이해야 한다.

단열 방법으로는 금속판에는 Mo판이 일반적으로 사용되고 있다. 특징은 비금속 단열재와 달라서 가스를 대부분 흡착시키지 않고 있기 때문에 고진공을 얻기 쉬운 이점이 있으므로, 실험용 진공로에 많이 사용하고 있다. 그러나 금속 반사판을 장기적으로 오래 사용하면 표면이 오염되어서 반사 효과가 나쁘게 되는 경우도 있다.

이것에 대하여 비금속 단열재의 그라파이트 펠트나 알루미나 울은 열용량이 적고 단열 효과가 좋으며, 동시에 열응력이 강하므로 진공 열처리로의 단열재에 아주 적합하다. 단 알루미나 울은 흡습성이 있어 고진공을 얻기에는 불리하다. 그리고 그라파이트 펠트를 가열실 냉각형에 쓰게 되면 강제 냉각 팬의 영향을 받아 비산되고 전기적 사고의 원인이 된다. 따라서 가열실 냉각형에는 그라파이트 펠트를 사용하지 말아야 한다.

[3] 진공 펌프

용기 속의 기체 압력을 대기 압력보다 낮게 하기 위해서 쓰는 펌프류를 총칭하여 진공 펌프라고 한다. 진공 펌프에는 여러 가지 형식이 있고 배기특성도 다르다. 기계적으로 배기하는 것에는 회전 펌프와 보통인 피스톤 펌프 외에 특수한 원리를 쓰는 분자 펌프가 있다. 분출하는 증기 흐름을 이용하는 것 중 확산 펌프나 이젝터 펌프에는 기름이나 수은이 쓰이고, 스팀 이젝터에는 수증기가 쓰인다. 이 밖에 게터(getter)의 흡착을 이용하는 이온 펌프 또는 크라이오 펌프 등이 있다.

고진공을 얻을 목적으로 확산 펌프를 쓰는 경우가 많고, 또 분자 펌프나 흡착을 이용한 펌프도 쓰이지만 어느 것이나 보조 펌프를 써서 어느 정도 저압(보조 진공)으로 한 뒤가 아니면 동작하지 않는다. 미리 보조 진공으로 해놓기 위해서 쓰는 보조적인 펌프를 홀딩 펌프라 하며, 이것에는 보통 기름 회전 펌프가 쓰인다. 10^{-1} torr 이하에서는 배기 속도가 현저하게 저하되므로 10^{-3}~1 torr 정도인 흡기압에서 큰 배기 속도를 갖는 것을 중간에 넣는 경우가 있다. 이것을 부스터 펌프라고 하며 이젝터 펌프나 루츠 펌프가 쓰인다(**그림 7-4** 참조).

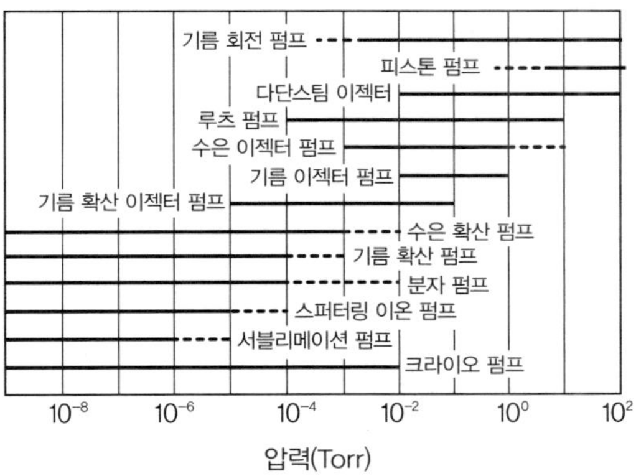

그림 7-4 각종 진공 펌프의 도달 진공도

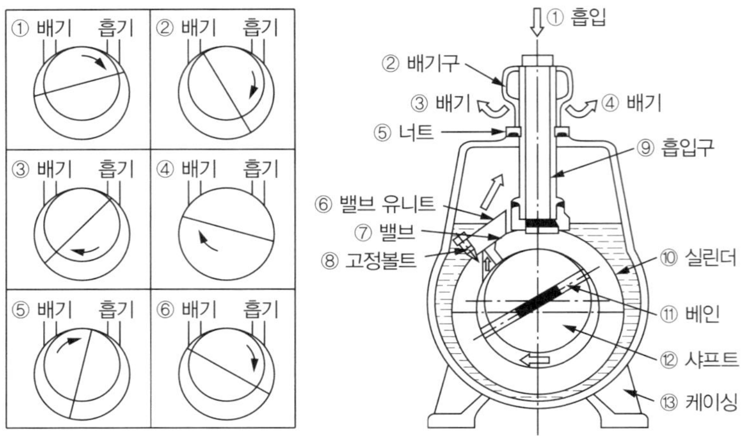

그림 7-5 회전형 진공 펌프의 구조 및 원리

보통의 진공로는 회전 흡입 펌프와 유확산 펌프를 직렬로 연결해서 배기한다. 최고 도달 진공도는 10^{-5} mmHg(torr) 정도이다. **그림 7-5**는 회전형 진공 펌프의 구조 및 원리이다.

[4] 냉각

담금질 작업에서는 냉각 속도가 중요한 요소이다. 그러나 진공로 내에는 보온병과 같으므로 열전도가 낮아 냉각 속도가 대단히 느리다. 그렇기 때문에 초기의 진공 열처리로는 냉각 속도가 그다지 문제가 되지 않는 풀림 등의 방법에 사용되었다. 최근의 노는 노내에 불활성 가스를 송입, 노내에 설치된 교반팬과 냉벽(cold wall)에 의해 물체를 강제 냉각시키는 방법이 가능하게 되었다.

사용하는 가스는 수소, 헬륨, 질소, 아르곤 등이다. 공기의 열전도율을 1이라 하면 수소가 약 7배, 헬륨이 약 6배, 질소가 약 0.99배, 아르곤이 0.7배이다. 그러나 수소나 헬륨은 열전도율이 높아 냉각 효과는 크지만 가격이 비싸다. 아르곤은 냉각 효과가 적고, 질소는 고순도의 것이 용이하게 얻어질 수 있고 더욱 값이 싸서 경제적이다. 아르곤이나 헬륨은 활성 금속의 냉각용 가스로 쓰인다.

이렇게 하여 진공 열처리로는 내열강이나 스테인리스강의 용체화 처리, 공랭 강의 담금질에도 적용되게 되었다. 그리고 냉각 효과를 올리기 위해 냉각실을 분리한 형식의 노라든지 가열실을 이동시켜 물체를 직접 가스 냉각되도록 한 노 등이 개발되어, 진공 열처리의 적용 범위가 비교적 넓어졌다. 그리고 공구강을 진공 열처리할 때의 진공도는 10^{-1}~10^{-3} torr 정도이며, 노체를 스테인리스강으로 할 필요가 없게 되었다. 이 때문에 진공 열처리의 범용성이 현저히 증가하였다.

그러나 진공 열처리는 구조상 물 담금질을 필요로 하는 탄소강 등의 열처리에 적용이 곤란하였으나 최근에는 기름 담금질, 물 담금질 등을 진공 열처리 노내에는 행할 수 있도록 설계되어, 여러 가지 재료의 열처리를 진공 분위기에서 처리 가능하게 되었다.

7-5 진공로의 종류

진공 열처리에 사용되는 진공로는 일반적으로 다음과 같이 분류한다.

① 가열 형태(heating type)에 따라

가. 고주파 가열(Induction heating)

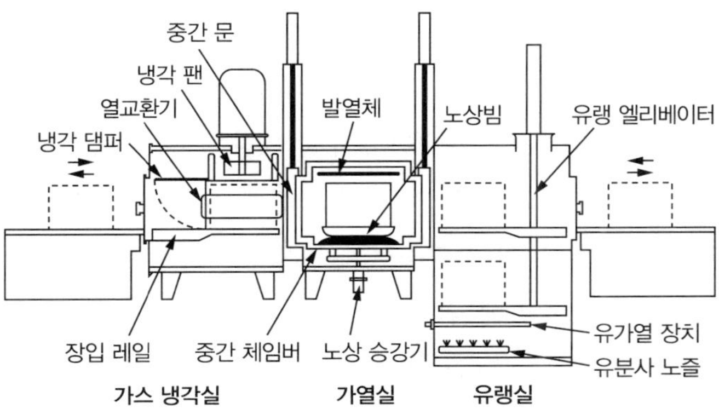

그림 7-6 진공 열처리로의 구성

나. 저항 가열(resistance heating)

– 외열식

– 내열식

다. 기타 가열 방식에 의한 진공로

② 장입 방법(loading type)에 따라

가. 상부 장입 형태(top loading type)

나. 하부 장입 형태(bottom loading type)

다. 수평 장입 형태(horizontal loading type)

7-5-1 고주파 유도가열 진공로

고주파 코일 내측에 위치한 물체의 내부에 생기는 와전류(eddy current)에 의해 피처리물을 가열시키는 노로서, 피처리물에 직접 와전류를 생기게 하는 경우와 피처리물을 흑연 도가니에 넣어 와전류에 의한 유도 저항으로 흑연 도가니를 가열시킨 후, 피처리물을 대류 및 전도에 의해 간접적으로 가열하는 경우가 있다. 전자는 주로 진공용해에 널리 사용하며, 후자는 초경합금의 진공소결처리로로 주로 사용하고 있다.

고주파 전원으로는 전동발전기가 주로 사용되며, 주파수는 피가열물의 형상과 크기에 따라 결정하나 1,000Hz~10,000Hz의 범위가 널리 쓰이고 있다. 노의 형식으로는 유도코일을 진공실내에 설치하며, 주로 뱃치식이다. 방전에 의한 사고가 문제가 되므로 코일 및 진공 도입 리드 부분을 충분히 절연시켜야만 한다.

그림 7-7은 고주파 유도 가열 진공로의 구성을 보여준 것이다. 피처리물은 흑연도가니내에 놓인 시료선반에 위치시키며, 흑연도가니와 수냉코일 사이에는 단열을 위하여 흑연분말이나 흑연섬유 등으로 채운다. 열처리 가능 온도는 보통 1,600~2,300℃ 범위인데, 단열을 잘 시키면 사용 온도를 더 높일 수가 있다.

흑연도가니로를 만드는 흑연분말은 흑연화가 잘 된 회분이 적은 것이 아니면

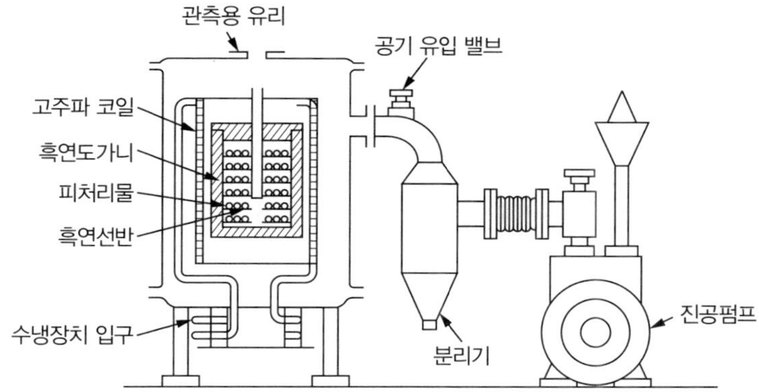

그림 7-7 고주파 유도 가열 진공로

가스가 많이 방출되어 진공도를 해치므로, 도가니 선택에 주의해야 한다.

유도 가열식 노는 전동발전기를 이용하여야 하므로, 대체로 설비비가 고가여서 1,500℃ 이상의 고온 열처리를 하고자 할 때 사용한다. 그러나 조업시 소모되는 전력은 저항 가열식 노에 비하여 적으며, 한 개의 전동 발전기로 여러 개의 노를 동시에 작동시킬 수가 있는 장점이 있다. 피처리물을 도가니에 장입하므로, 피처리물과 도가니와의 반응이 일어나는 재료는 열처리를 할 수가 없는 제약조건이 있다. 주로 진공소결 작업시에 사용되고 있다.

7-5-2 외열식 저항 가열 진공로(레토르식)

이 형식의 노는 가열원을 진공실 외부에 설치하며, 진공용기인 레토르트를 외부에서 가열하는 형태로서 진공을 유지하는데 아주 이상적이다. 그러므로 가열원·단열재료 등을 진공중에 유지하는데 아주 이상적이다. 그러므로 가열원·단열재료 등을 진공중에 두기 위한 여러 제약 사항인 재질, 전압의 선택·사용 재료의 탈가스 등의 문제가 전혀 없다.

한편으로 진공실은 구조재료가 고온도 상태에서 대기와의 압력차에 견딜 수 있어야 하므로 상당한 두께가 요구되고, 이로 인하여 열용량이 커지므로 큰 전력이 필요하다. 그러므로 레토르트의 크기에 제한을 받는 단점이 있다. 뿐만 아니라 진공실 구조재료의 열간강도상의 문제로 재질에 따라 사용온도가 제한을 받는다. 레토르트의 크기에 제한을 받는 단점이 있다. 뿐만 아니라, 진공실 구조재료의 열간강도상의 문제로 재질에 따라 사용 온도가 제한을 받는다. 레토르트의 재료로서는 500°C 이하의 저온용으로는 연강, 600~700°C에서는 SUS27, 800~900°C에서는 고급 스테인리스강, 그 이상의 고온용으로는 인코넬 합금 등 고가의 내열강을 사용한다.

외열식 저항 가열 진공로는, 진공실 외부에서 가열하는 형태로서 노벽의 온도가 고온 상태이므로, hot wall이라고도 불리운다. 피처리물의 장입 방법에 따라 다음 세 가지로 분류한다.

[1] 저부 장입식

그림 7-8은 저부장입식 외열 저항 가열 진공로의 단면도이다. 피처리물은 고융점 금속으로 제작한 노상에 놓이게 되며, 노상은 상하로 이동할 수 있으며, 진공을 유지할 수 있도록 플런저와 개스킷으로 밀폐할 수 있게 되어 있다.

이 형식의 노는 급격히 가열과 냉각을 할 수 없으며, 열처리나 열사이클이 일정 시간에 대해 제한을 받는다. 가열된 상태의 레토르트가 외부의 대기압을 전부 견뎌

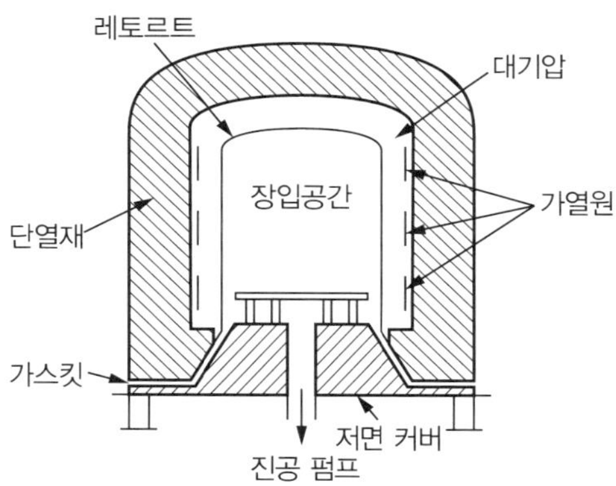

그림 7-8 저부 장입식 외열 저항 가열 진공로

야 하기 때문에 레토르트 벽이 두껍고 무거우며, 열간 강도 때문에 열처리 온도는 925°C 이하로 제한된다.

[2] 상부 장입식

그림 7-9는 상부 장입식 외열 저항 가열 진공로의 단면도를 나타낸 것이다. 피처리물을 내열합금으로 만든 머플(muffle)이나 레토르트에 장입시킨 후 권양기를 이용하여 하강시켜서, 레토르트의 상부가 개스킷과 맞물린 플런저에 의해 밀폐되도록 하여 진공실을 유지시킨다.

진공실과 내화물로 단열된 노벽 사이에 가열원이 위치하며, 이 공간은 러핑 펌프로 배기하여 진공실의 외부 압력이 0이 되도록 한다. 이렇게 유지함으로서 진공실의 벽 두께를 감소시키고, 최고 가열 온도를 저부장입식보다 높은 1,175°C까지 상승시킬 수가 있다. 가열 과정이 끝나면 불활성 가스를 레토르트내로 공기를 가열원이 설치된 노벽 공간으로 불어넣어, 레토르트벽의 양쪽 압력이 동일하게 유지되도록 한 후, 레토르트를 노로부터 빼내어서 냉각시킨다. 이때, 다른 레토르트를 뜨거워진 노에 설치함으로써 노의 열사이클수와 생산율을 증가시킬 수가 있다.

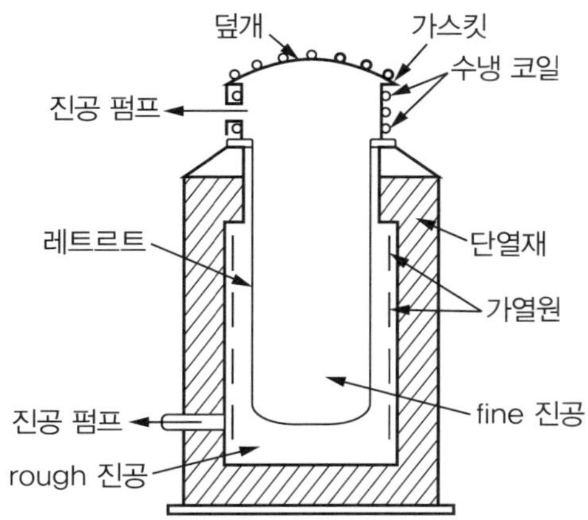

그림 7-9 상부 장입식 외열 저항 가열 진공로

[3] 수평 장입식

그림 7-10은 수평 장입식 외열 저항 가열 진공로의 단면도이다. 다른 방식과 다르게 내열 합금 탱크가 노의 가열 부분밖까지 길게 연장되어 있다. 연장된 부분은 수냉식 재킷이 외부에 설치되어 있어서 이를 이용하여 냉각 속도를 증가시킬 수가 있게 된다. 피처리물은 push rod를 이용하여 가열 지역으로 밀어 넣고, 냉각 지역으로 빼낼 수 있게 정착되어 있다.

노상의 양단에 수직으로 열 차단판이나 여러 겹의 방사판이 설치되어 열이 가열 지역에 집중되도록 한다. 뿐만 아니라, 냉각시킬 때는 차단장치는 열 제거가 쉽도록 작용하여 냉각률을 증가시킬 수 있기 때문에, 앞에서 설명한 저부나 상부 장입식 노에서 처리할 수 없는 공랭식 경화강의 강화 처리와 고용체 처리 등을 하는데 이용할 수가 있다.

이러한 형식 이외에도 대형로의 경우, 수평 장입식 노와 유사하게 냉각 지역과 가열 지역을 분리시키어 냉각 및 가열률을 증가시켜 열사이클 수를 크게 할 수 있다.

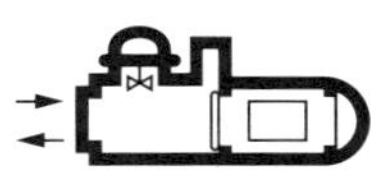	가스 냉각 전용로로서 가압 가스 가압실을 별도로 설치. 냉각 시간의 단축과 에너지 절약형 설계
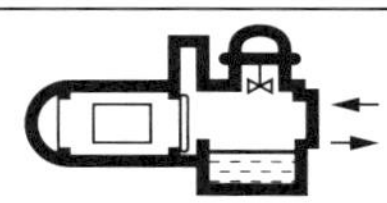	가스 냉각과 오일 담금질이 한 곳에서 가능한 겸용로로서, 작은 공간을 이용 다품종을 처리하는 데 최적
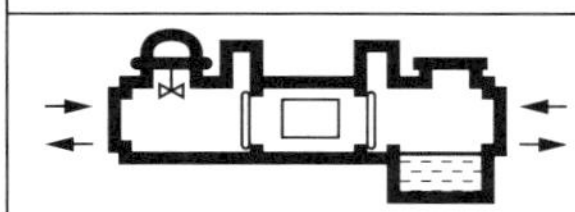	가스 냉각실과 오일 담금질실을 분리, 다품종 처리에 최적이며 straight through형으로 연속 작업도 가능
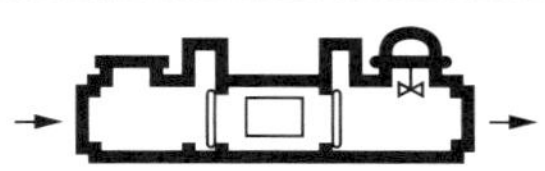	가스 냉각 전용의 straight through형으로서 연속 처리에 최적
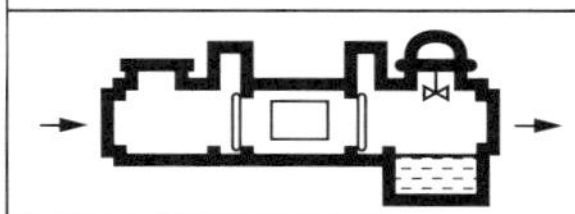	가스 냉각과 오일 담금질 겸용의 straight through형으로서 다품종의 연속 처리에 최적

그림 7-10 수평형 진공 열처리로의 형태

그러나 일반적으로 외열식 저항 가열로는 가열 및 냉각 속도가 늦으므로, 피처리물의 강도를 요구하는 수준까지 얻기가 어려워서 열처리용으로는 그 사용에 제한을 받는다.

7-5-3 내열식 저항 가열 진공로

내열식 저항가열진공로는 수냉 장치가 외부에 부착된 진공실내에 가열원을 설치하고, 전기저항열로 내부의 온도를 상승시켜 열처리를 행하는 형태이다. 노벽이 냉각되어 차거운 상태이므로 cold wall이라고도 불리우는데, 작업 온도가 진공실 구조재료의 강도에 영향을 미치지 않기 때문에 높은 온도의 열처리가 가능하고, 노를 대규모로 설계할 수가 있다.

이 방식의 노에서는 진공실이 저항식 가열원, 단열 방사판, 피처리물을 놓는 노상 등을 내부에 포함하기 때문에 이들을 지지할 수 있어야 한다. 가열원은 온도 조건, 피처리물의 종류에 따라 선택되나, 통상 1,100℃까지의 온도 범위는 니크롬, 캔탈 등의 발열체를 사용하며, 그 이상의 온도 범위에서는 **표 7–3**에서 보인 금속 등을 사용한다. 그러나 가열원이 진공실내에 있음으로써 피처리물의 장입시 또는 냉각 과정 중 자주 파손되므로 보수를 요할 때가 많다.

진공 상태에서는 정상 열처리 온도에서 열전도가 되지 않고, 열복사에 의해서만 열전달이 가능하다. 그러므로 진공은 노내의 단열 매개체, 가열원, 열차단판과 노상 지지대에 대한 보호코팅을 역할은 한다. 또한, 진공은 피처리물에 대한 방호 매개체 역할만 하므로, 다른 진공로에서 사용할 수 없는 흑연, W, Mo 또는 Ta와 같은 재료를 피처리물과 직접 접촉되게만 하지 않는다면, 상호간의 반응성에 관계없이 가열원 또는 노 구조재료로 사용할 수가 있다.

진공의 이점을 이용할 수가 있어서, 내열식로는 여러 겹의 방사판을 가벼운 세라믹 단열재로 진공실내에 설치하여 복사열을 피처리물에만 집중적으로 방사시킬 수가 있는데, 가열 속도를 빠르게 할 수가 있다. 그러나 냉각을 시킬 때는 복사에만 의존한 냉각 속도를 빠르게 할 수가 있다. 그러나 냉각을 시킬 때는 복사에만 의존한 냉각 속도가 너무 느리기 때문에 냉각 속도를 빠르게 하기 위해서 열처리를 행한 후, 진공실내에 공기를 불어넣어 거의 대기압까지 압력을 상승시키거나, 또는 질소나 아르곤 같은 불활성 가스를 대기압의 5배 정도까지 불어넣는다. 이때 불어넣은 가스를 고출력, 높은 성능을 가진 가스 펌프를 이용하여 냉각 코일과 외부 열 교환기 사이로 강제 순환토록 한다. 주로 후자를 냉각 방법으로 택하며, 이렇게 함으로써 열전도에 의한 열배출 속도를 증가시킬 수가 있어서 냉각 속도를 빠르게 할 수 있다. 노의 가열 및 냉각 속도를 빠르게 하는 것은, 노의 작업 시간을 단축시키고 열처리 싸이클을 짧게 함으로써 노의 생산율을 높여 주는 효과가 있다.

일반적으로 내열식 저항 가열로는 뱃치 형태로서, 가열하는 동안 피처리물을 노내에 정지 상태로 두어야만 한다. 그러나 여러 진공실을 두어 피처리물을 한 진공실에서 한 과정이 끝나면 다른 진공실로 이동시킴으로써 계속적으로 작업을 행할 수 있는 반연속 진공로를 설계하기도 한다. 내열식 진공로는 다른 진공로에 비하여 전원의 비용이 적으며, 노의 설비가 저렴한 장점이 있다. 그러나 앞서 언급한 바처럼 가열원의 잦은 파손으로 보수문제가 따른다.

내열식 노도 외열식 노와 동일하게 피처리물의 장입 방법에 따라 다음의 세가지로 분류한다.

[1] 저부 장입식

그림 7-11은 저부 장입식 내열 저항 가열 진공로의 개략도이다. 그림에서 보이는 바처럼, 노상을 지면 수준까지 하강시켜 조 밖으로 빼낸 후 피처리물을 장입하고, 다시 노저 부분으로 밀어 넣은 후, 포크 리프트(fork lift)로 올려서 노의 저부를 구성하도록 한다. 내부 및 외부에 장치한 강제 순환 장치를 이용하여 채워 넣은 가스를 빠른 속도로 순환시킴으로서 냉각을 급속히 할 수 있는 장점이 있다.

[2] 상부 장입식

이 방식의 노는 **그림 7-12**에 나타난 바와 같이, 노 상부를 행거로 들어 올리고, 피처리물을 장입한 후, 원위치시켜 진공실을 유지한다. 그러므로 수직 권양장치가

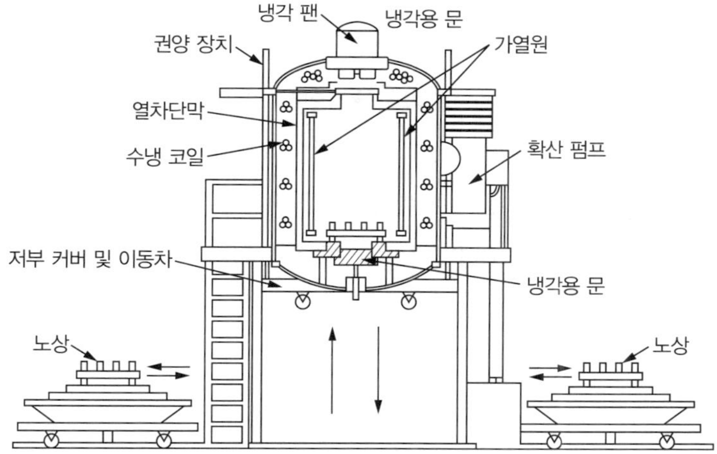

그림 7-11 저부 장입식 내열 저항 가열 진공로

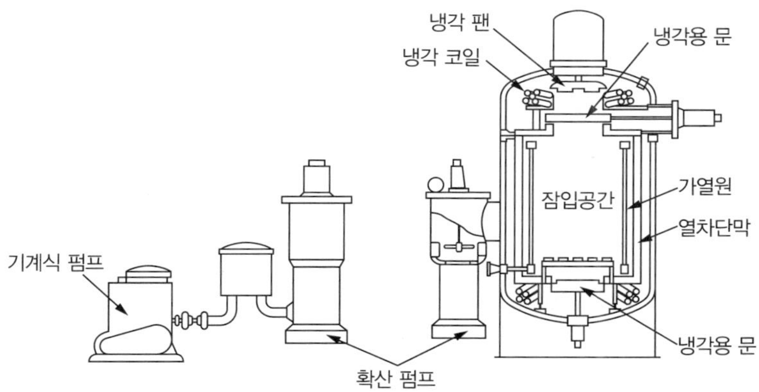

그림 7-12 상부 장입식 내열 저항 가열 진공로

필요하며, 상부에 격실을 둔다. 저부 장입식 노와 동일하게 가스를 채워 넣고 강제 순환을 시키면서 냉각을 행한다. 저부 장입식 노보다는 자주 이용되고 있지 않으나, 샤후트 같은 길이가 길고 두께가 얇은 피처리물의 열처리에는 적합한 방식이다.

[3] 수평 장입식

그림 7-13은 수평 장입식 내열 저항 가열 진공로의 단면을 앞면과 옆면에서 바라본 것이다. 이 노는 원통형 셀과 밖으로 볼록한 모양을 가진 양옆 덮게판으로 구성되어 있으며, 덮게판은 노 본체에 쉽게 밀착되도록 되어 있고, 앞부분의 판만을 개폐할 수 있도록 설계되어 있다. 원통형 셀과 양 덮게판은 외부 표면에 수냉을 목적으로 구리 코일을 용접하여 부착시키거나, 이중 벽으로 만들어 벽 사이에 수냉 장치를 설치하는 식으로 설계가 되어 있다.

셀은 보통 스테인리스강이나 탄소강으로 제작한다. 개폐식 옆 덮게판은 셀의 원주 부분과 0-링을 이용하여 밀폐되도록 장치되어 있다. 대기의 압력은 내부가 진공일 경우, 볼록한 덮게판을 안쪽으로 밀어주기 때문에 밀폐 작용을 한다. 그러나 불활성 가스를 채워 넣어 냉각할 경우, 형성되는 노내의 고압력에 의해 저절로 개폐문이 열리는 것을 방지하기 위하여 보조 클램프를 장착하여 이를 방지한다.

대부분의 수평 장입로는 노 전면에 레일을 가설하여 트럭이 레일 위에 움직일 수 있도록 하고, 피처리물을 물동이에 넣어 트럭으로 노 전면까지 운반시킨 후 포크 리프트를 이용하여 노내에 장입시킨다.

수평 장입식 노는 열처리 과정에 따라 다중 밀폐된 진공실을 설계하여 피처리물을

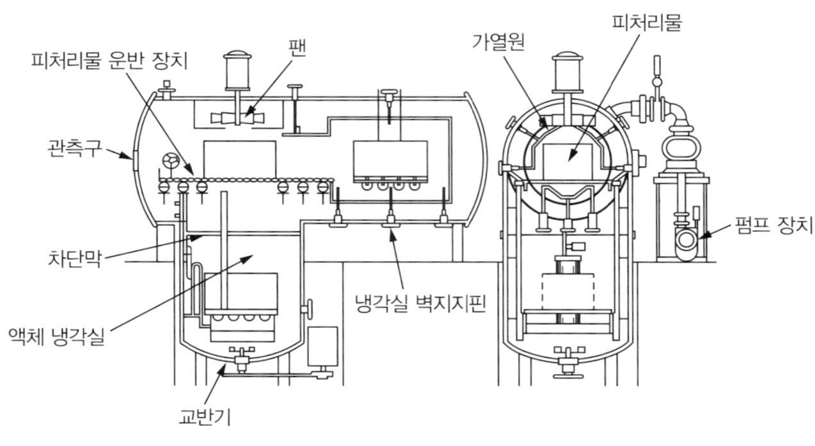

그림 7-13 수평 장입식 내열 저항 가열 진공로

진공실 사이로 이동시킬 수 있도록 한다. 3개 또는 그 이상의 진공실을 연결시킨 반연속로는, 각 단계가 진공실별로 독립적으로 작동되도록 구성되어 있으며, 피처리물을 각 실에 장입 및 추출하는 단계가 외부 컨베이어 장치로 작동되게 함으로써 고도의 생산성을 얻도록 되어 있다. 이러한 반연속 진공로는 여러 개의 노를 통합하여 프로그래밍되어 있는 컴퓨터를 이용하여 자동적으로 작동할 수도 있게 한다.

7-5-4 기타 가열방법에 의한 진공로

진공중에서 전자빔을 만들고, 전자에 운동 에너지를 갖게 하여 피처리물에 충돌시킴으로서, 가열하는 방식은 아직은 별로 이용되고 있지 않으나, 장차 이용이 기대된다. 현재 특수한 경우에 사용되고 있는 전자빔 가열식 진공로는 15kV 이상의 전압에서 전자를 가속시키는 고전압 빔인데, 10^{-4} torr 이하의 고진공을 유지해야 한다.

최근 일본에서 개발된 중공 음극 플라스마 빔(hollow carthode plasma beam)은 10^{-3}~10^{-4} torr 정도의 아르곤 분위기중에서 얻을 수 있는 것으로, 가속 전압이 100V 이하의 낮은 전압에서도 충분하므로 열처리용 가열원으로서는 제어도 용이하여, 앞으로 크게 이용이 기대되고 있다.

전자빔에 의한 가열 방식으로는 고온을 빠르고 용이하게 얻을 수 있으며, 그 제어 기능이 우수하여 진공소결 등의 기초 실험용으로 현재 이용되고 있다.

7-6 진공 열처리의 종류

진공 열처리 기술이란 앞장에서 언급한 진공의 여러 가지 장점들을 금속 또는 비금속의 제조 및 가공처리 공법에서 실제로 이용할 목적으로, 진공로내에서 각종 열처리를 행하는 것이다. 진공 기술이 계속적으로 발전되어 옴에 따라 한편으로 그 응용 기술이 끊임없이 연구 개발되어 왔다. 재래의 열처리 작업을 진공중에서 행하는 진공경화, 진공뜨임, 진공풀림, 진공소결 및 진공 브레이징 이외에도 재료의 내부의 성질은 변하지 않고 표면의 조직과 성질만을 개선시키기 위해 진공로를 이용하는 이온질화, 진공코팅 및 이온주입 등의 최신의 기술 등이 개발되어 왔다.

본장에서는 각종 진공 열처리의 종류, 작업 과정, 열처리 조건 및 특징 등과 새로운 처리 기술로서 그 응용이 장차 크게 기대되는 진공 금속 분야에 대해 소개한다.

7-6-1 진공경화(vacuum hardening)

대기중에 노출되는 노를 사용하여 경화 처리할 수 있는 어떠한 금속 재료도 진공로를 이용하여 요구되는 진공중에서 재료를 가열 및 냉각시켜 재질을 경화시킬 수가 있다. 이렇게 진공중에서 경화 처리를 행하는 근본적인 이유는,

첫째, 열처리 과정 중 가열된 피처리물을 이동시키지 않으므로 재료의 뒤틀림이 없다.

둘째, 피처리물을 균일하게 가열함으로 열처리 효과가 좋다.

셋째, 침탄 및 탈탄과 같은 표면 반응이 전혀 일어나지 않는다.

넷째, 공구강이나 다이강의 열처리에 적합하게 아주 깨끗한 표면을 작업 후에도 유지할 수가 있다.

다섯째, 염욕로 처리시 피처리물의 오목진 부분이나 틈 사이에 염이 남아 발생하는 재료 부식이 전혀 고려되지 않는다.

여섯째, 정해진 경화 처리 조건에서는 동일한 반복 생산이 가능하다.

등의 장점이 있기 때문이다.

진공경화 열처리 과정을 보면, 적당한 청결 장치를 이용하여 열처리하고자 하는 제품 표면의 먼지나 오일 등의 불순물을 제거한 후, 깨끗한 상태로 노에 장입한다. 그리고 요구되는 정도의 압력 이하로 펌프 장치를 이용하여 배가시킨 후, 경화 처리 온도보다 100~200℃ 정도의 낮은 온도까지 가열한 후, 10~30분 정도 유지하여

예열을 시킨다. 그리고나서 피처리물 재료에 따라 결정되는 적당한 경화처리 온도까지 가열하여 일정 시간을 유지시킨다. 열처리 도중에도 계속 진공 펌프를 이용하여 낮은 압력을 유지하도록 주의한다. 냉각을 시키고자 할 때에는 펌프 작동을 중지시킨 후 냉각제용 가스(통상 질소 또는 아르곤 가스)를 노에 불어 넣는다. 물론 피처리물의 온도가 요구하는 수준까지 낮아질 때까지 팬을 작동시켜 가스를 강제 순환시켜 냉각 효과를 높이기도 한다.

냉각시에는 요구하는 조직과 경도가 얻어지도록 냉각 속도를 조절하며 행한다. 냉각 속도는 피처리물을 통한 가스의 순환율, 팬 및 열교환기의 효율, 사용하는 가스의 질량과 부피에 따라 결정된다. 사용하는 가스의 밀도, 비율, 열전도도 등도 냉각률을 결정하는 중요한 결정인자가 된다. 작업시 위험성이 적고, 피처리물의 조직을 해치지 않는 순도 높은 질소 가스나 아르곤 가스가 냉각재로 주로 사용된다. 헬륨 가스도 높은 열전도성 때문에 자주 사용되나 경제성이 다소 떨어진다. 냉각 속도를 증가시킬 목적으로 특수 오일을 사용하여 액체 냉각을 시키기도 한다.

7-6-2 진공뜨임(vacuum tempering)

대부분의 금속은 경화 처리를 행한 후 인성을 부여하기 위하여 뜨임 처리를 계속하여 실시한다. 물론 진공중에서 경화 처리를 실시한 경우에도 뜨임 처리를 통상적으로 행한다.

진공로를 이용한 진공뜨임 처리는 고온도용 진공경화로를 이용하여 계속하여 행할 수도 있으나 비경제적이며 냉각 과정중 주입한 냉각제에 의하여 효과적인 열처리를 하기가 힘들다. 그러므로 대부분 별도의 노를 이용하여 뜨임 처리한다. 고속도강의 경우는 뜨임 처리 단계를 제2차 경화 처리라고도 부른다. 진공뜨임은 보통 500~560℃에서 2~3시간 정도 행하며, 특수한 경우의 강은 뜨임을 2~3회 정도 반복해서 행하기도 한다. 그러나 통상적인 뜨임 온도는 700℃ 이하의 낮은 온도에서 행하므로 피처리물의 표면에서의 각종 반응이 큰 문제가 되지 않고, 보통의 대기압에 노출되는 재래식 노를 이용하여 실시한다.

7-6-3 진공풀림(vacuum annealing)

진공풀림 열처리에는 일반적으로 내열식 저항가열로가 널리 사용되고 있다. 피처리물의 종류에 따라 다르나 진공경화 처리와 비슷한 10^{-3}~10^{-4} torr 정도의 진공도를 이용하여 요구하는 풀림 온도까지 가열한 후, 가스로 냉각시켜 풀림 처리한다. 강이나 고융점 금속의 진공풀림 처리 조건을 **표 7-6**과 같다.

진공풀림 열처리를 행하는 재료로서는, 제조 과정중의 잔류 응력, 불순물의 함유량 등이 크게 문제되어 고순도 재질이 요구되는 이용하는데, 이들을 대기압에 노출되는 재래시노에서 풀림 처리한 경우, 표면이 산화 혹은 잔류 윤활제의 얇은 막으로 덮히게 된다. 그러나 진공에서 처리함으로써 재료에 부착된 모든 불순물을 제거할 수가 있으므로, 아주 깨끗한 표면을 얻을 수가 있다. 또한 균일한 강도나 연산율이 요구되는 재료의 경우도 진공중에서 풀림 처리함으로써 얻을 수가 있다. 특수한

[표 7-6] 진공풀림 처리 온도 및 압력

금속	풀림 처리 온도(℃)	진공도(torr)
페라이트 스테인리스강	630~830	10^{-3}
마르텐사이트 스테인리스강	830~900	10^{-3}
오스테나이트 스테인리스강 – 안정화하지 않는 강 – 안정화처리한 강	 1,050~1,150 1,050~1,150	 10^{-2}~10^{-3} 10^{-4}~10^{-5}
A계열의 공구 및 다이강	730~870	10^{-3}
D계열의 공구 및 다이강	815~900	10^{-2}
H계열의 공구 및 다이강	815~900	10^{-2}
T계열의 공구 및 다이강	870~900	10^{-2}
Cu	250~500	2~5
Mo	1,000~1,100	10^{-3}~10^{-6}
W	1,400 이상	10^{-3}~10^{-4}
Ti	700~750	10^{-2}~10^{-4}
Zr	900~1000	10^{-2}~10^{-4}
Ta	1,000~1,100	10^{-3}~10^{-6}
Nb 또는 Nb 합금	1,300~1,400	10^{-5}~10^{-6}

경우이지만 재료의 표면에 균일한 깊이의 탈탄층을 얻고자 할 때도 진공풀림처리를 하여 구할 수가 있다.

7-6-4 진공소결(vacuum sintering)

진공소결은 금속의 분말을 압축 성형하여 대략적인 형상을 만들어 진공로에 장입한 후, 요구되는 진공도로 배기시키고 융점 이하의 온도로 가열하여 분말간에 확산 결합하도록 열처리를 행하는 것이다. 소결 작업 진공 중에서 행함으로써 불순물이 재료에 혼입되는 위험이 없으며, 상호의 용해도가 적기 때문에 보통의 융해법에서 혼합될 수 없는 금속도 분말 상태로 만들어 미리 혼합시킨 후 소결시킴으로써 이들 금속들을 결합시킬 수가 있다.

진공소결은 초경합금, 고체탈탄, 콘덴서 등의 생산에 이용되며, 그 밖에도 W, Mo, Ta, Nb 등의 고융점 금속 및 세라믹의 소결 등에 이용된다. 소결시에 다공도를 가감하여 가스나 액체가 재료내를 통과할 수 있는 특수재료를 만들 수가 있는데, 이러한 다공질 금속은 필터 등에 이용된다. 또한 다이아몬드 등의 비금속 분말을 금속과 결합시키는 등의 특수 작업도 가능하다.

진공소결로는 저항 가열식 또는 유도 가열식 가열원이 이용되나, 유도 가열 방식이

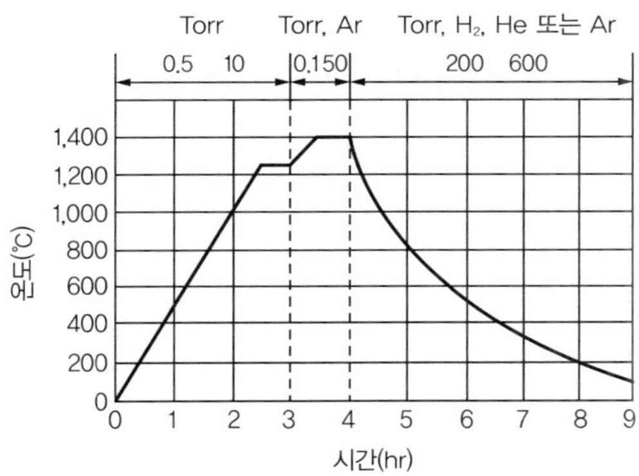

그림 7-14 진공소결 시의 작업 시간에 따른 온도와 압력의 변화

보다 더 경제적이어서 주로 사용된다. 소결 물질은 흑연판으로 된 선반 위에 있는 흑연 도가니에 장입시켜 처리한다. 소결시는 압축이 용이하도록 왁스를 첨가제로 해서 반드시 사용하는데, 전공로에 응결되거나 분해하여 탄소가 유입되는 것을 방지하기 위하여, 소결이 시작되기 전에 증발시켜 불활성 가스를 불어넣어서 배기시키거나 다른 방법으로 제거한다.

그림 7-14는 시멘트화한 탄화물의 진공소결 중 시간에 따른 온도와 압력의 변화를 보여준 것이다. 소결의 최종 단계에서 코발트 결합체의 증발을 방지하기 위하여 아르곤 가스를 불어넣으며, 냉각은 불활성 가스를 채워 넣으면서 행하는데, 냉각 속도를 빠르게 하기 위하여 냉각된 가스를 순환시키기도 한다.

7-6-5 진공 브레이징(vacuum brazing)

브레이징이란 부품이나 소재를 융점 이하의 온도에서 서로 결합시키고자 할 때, 두 금속 사이에 제3의 금속을 녹여서 결합시키는 것이다. 결합 과정 중 제3의 금속은 녹은 상태이기 때문에 부품과 녹은 금속 사이에 원자간 결합 및 우수한 금속학적 결합을 하게 된다. 브레이징은 결합시키고자 하는 재료가 초합금(super alloy)이나 고융점 금속인 경우에 널리 이용되고 있다.

납땜이나 브레이징은 근본적으로 같은 과정이나 국제협약성 427°C 이상에서 결합하는 경우는 브레이징, 그 이하의 경우는 납땜이라 한다. 진공중에서 브레이징을 할 경우, 이것은 진공 브레이징이라 부르는데, 진공의 장점 때문에 불순물의 포함이 적고 산화물이 생기지 않으며, 브레이징 부분에서 함유 가스를 전부 증발시켜 제거할 수가 있으므로 결합 부위가 깨끗하고 결합력이 큰 부식이 전혀 안된 상태를 얻을 수가 있다. 그러므로, 우주항공 분야에 자주 이용되고 있으며, 산업적으로는 알루미늄 합금의 결합에 이용된다.

진공 브레이징의 결과는 소재와 충전 재료 사이의 상호 용해도, 충전재의 점성, 브레이징 온도에 의해 결정된다. 브레이징 작업 후 연결 부위의 강도는 충전재의 두께에 의하여 달라지며, 모재와 충전재의 인장강도의 중간치를 통상 갖게 된다.

표 7-7은 진공 브레이징을 행하는 충전재와 작업 온도 및 요구되는 압력 범위를 나타낸 것이다.

진공 브레이징에 사용하는 노는, 저온 브레이징의 경우는 외열식 저항 가열로는 주로 사용하나, 높은 브레이징 온도나 엄격한 진공 조건이 요구되는 경우에는 내열식 저항가열로를 이용해야 한다.

[표 7-7] 진공 브레이징 조건

브레이징 재료	온도(℃)	압력 범위(torr)
알루미늄 합금	585~595	10^{-5}~10^{-6}
구리	1,100~1,120	10^{-2}~10^{-3}
구리-은 합금	820~850	10^{-2}~10^{-3}
Ni, Cr, B, Si 합금	1,020~1,180	10^{-2}~10^{-5}

7-6-6 이온질화(ion nitriding)

이온질화 처리는 금속의 표면처리 기술중의 새로운 한 분야로서, 진공 실내에서 청소를 이온화시켜 피처리물의 표면층으로 확산하여 침투해 들어가게 하는 것이다. 이때 확산된 질소이온은 표면층에 질화물층을 형성한다. 종래의 질화법과 비교하여 질화 속도가 빠르고 공해 문제가 없으며, 작업이 간단하고 질화 처리 원가를 낮출 수 있는 이점 등이 있다.

이온질화를 처리하는 과정은 질화 처리하고자 하는 피처리물을 진공로에 장입한 후 10^{-3} torr 정도로 진공배기시킨 후, 질소가스 또는 질소+수소 혼합 가스를 1~10 torr의 진공도로 유지할 때까지 불어넣는다. 피처리물에 음극을 진공로의 양극을 연결하고, 전력공급기를 이용하여 전압을 상승시킨다. 이때 두 극 사이에 방전이 일어나는데, 글로우 방전 영역에서 채워 넣은 가스가 이온화되어 활성화된 플라스마 상태가 되며, 이것이 피처리물 표면을 향하여 가속된다. 이온 플라스마가 피처리물 표면에 충돌할 때 피처리물 표면 온도를 상승시키며, 질화 처리 온도에 이르면 전류를 제어하여 일정한 온도가 유지되도록 한다. 이온질화 처리는 주로 강재료에 이용되는데, 질소이온이 강 표면에 충돌되면 표면층이 분리되어 탄소나 산소가 제거된 상태가 된다. 이때 활성화 질소이온은 표면의 철과 반응하여 질화물(Fe_2N, Fe_3N 및 Fe_4N 등)을 형성하며, 질소이온은 내부로 확산되어 일정한 두께의 질화층을 형성한다.

확산층 두께는 진공로내에 채워진 가스의 압력으로 조절이 가능하다. 즉 이온질화법은 보통의 질화법에 비하여 처리 온도가 낮으며, 글로방전이 균일하게 일어나므로 표면으로부터의 질화층 깊이가 균일하다. 또한 질화층의 두께나 깊이를 용이하게 조절할 수가 있으며, 표면조도가 낮고 고경도의 질화층이 형성된다. 그러므로 내마모성 및 내피로성이 종래의 질화법보다 크게 개선된다.

7-6-7 진공 코팅(vacuum coating)

진공 코팅은 진공중에서 금속 또는 비금속을 증기상으로 만들어 피처리물, 통상, 금속, 유리, 세라믹, 플라스틱 등의 표면에 증착시키는 새로운 박막 코팅(thin film coating) 기술이다. 형성된 박막은 증착물질에 따라 표면에 민감한 각종 재료의 성질들을 개선시킬 수가 있다. 실제로 산업에 응용되는 분야로는 광학기계(렌즈, 프리즘, 반사 방지막, 반사 증가막, 반사경 등), 반도체, 공구(초경박막 코팅), 전기기기(Se 정류기, MP 콘덴서, 광전관, 적외선 램프 등), 장식품(완구, 인조보석, 액세서리, 포장지 등), 건축재료(방열복, 방한복, 단열재, 건축재), 기타 내식 또는 내마모성이 요구되는 곳 등의 넓은 영역이며, 새로운 부분의 응용이 계속하여 연구, 개발되고 있는 상태이다.

증기상을 증발시키는 방법, 증발된 증기상을 증착시키는 방법에 따라 크게 다음 두 가지로 분류한다.

[1] 화학적 증착법(chemical vapor deposition, CVD)

이 방법은 진공실내에 채운 가스가 높은 온도로 가열된 피증착물의 표면 부근 또는 표면상에서 화학반응을 일으키고, 이 때 생성된 고상의 물질이 피처리물의 표면에 부착되도록 하는 것이다. 진공실내에서 일어나는 화학반응은 열적으로 활성화된 열분해 또는 환원반응이다.

예를 들면, 내마모성을 향상시킬 목적으로 공구강 표면에 초경의 TiC나 TiN 화합물을 증착시키는 경우는

$$TiCl_4 + CH_4(g) \rightarrow TiC(s) + 4HCl(g)$$
$$TiCl_4(g) + \frac{1}{2}N_2(g) + 2H_2(g) \rightarrow TiN(s) + 4HCl(g)$$

의 반응이 일어나도록 가스를 진공실내로 불어넣는다.

화학적 증착법은 정해진 피처리물의 형상에 대해서는 반응 물질, 화학 반응, 유입가스의 유동 특성 등이 중요한 결정 요소가 된다. 측히 요구되는 화학반응이 요구하는 방향으로 일어날 수 있는 조건 온도가 이미 결정되어 있다. 앞서 설명한 TiC나 TiN과 같은 초경박막 코팅을 하고자 할 때에는 강의 뜨임 온도(550°C)보다 훨씬 높은 온도인 900°C 이상으로 가열을 하여야만 위의 반응이 일어날 수가 있다. 그러므로 열처리가 완료된 공구강을 CVD에 의해 내마모성이 큰 초경박막을 코팅하고자 할 때에는 바라지 않는 부수적인 열처리 효과가 생기어 재질을 해치게 된다. 그러나 증기상 물질을 만드는 능력(throwing power)이 높아서 대량 생산 및 경제적인 조업이 다른 방법에 비해 좋기 때문에, 증착 도중에 발생하는 재질의 변화가 문제되지 않는 분야에서 널리 이용되고 있다.

[2] 물리적 증착법(Physical Vapor Deposition, PVD)

금속 또는 비금속을 고진공중에서 가열하면 증발 또는 승화하여 저온도 부분에 응결하게 된다. 이런 현상을 이용하여 진공실내에 놓인 피처리물의 표면에 각종 박막을 코팅시킬 수가 있다.

증발 물질을 증발시키는 방법으로는 저항가열, 유도가열, 전자빔, 마그네트론,

반응성 증발, 아크방전 등 여러 가지가 있으며, 일반적으로 증기상 증발(vapor evaporation), 이온 스퍼터링(ion sputtering), 이온도금(ion plating)의 세가지로 분류한다.

증발효과를 높이고, 증발된 원자가 서로 충돌함이 없이 피처리물에 도달할 수 있도록 10^{-4}~10^{-7} torr 범위의 고진공을 유지시킨다.

증발된 증발 물질은 낮은 온도로 가열된 피처리물에 응결하여 증착막을 형성한다. 이때 피증착물은 통상 저온도로 가열하는데, 이는 증착시에 박막조직을 선별하기 위해서이다. 증착시 피증착물을 회전시켜 박막의 두께가 균일하도록 하고, 코팅 도중 높은 가스 압력을 유지하여 균일한 코팅이 되도록 한다. 셔터에 의해 증발분자를 차단하여 박막 두께를 조절할 수도 있다.

PVD나 CVD와 비교하여 피복 가능 물질이 다양하고, 피처리물의 유지 온도가 낮으며, 피복률이 높고 고순도의 박막 형성이 가능하다. 그러나 PVD는 무엇보다도 CVD나 전기도금 방법보다 우수한 접착력을 가진 박막을 코팅할 수 있다는 것이다. 또한 요구하는 목적에 따라 박막의 두께, 박막조직, 박막의 결정성 장방향 등을 용이하게 조절할 수가 있다. 그러나 시설 투자비가 비싸고 처리 과정이 엄격하며, 증발물을 증발시키는 효율이 낮은 것이 단점이다.

7-6-8 이온도금(ion plating)

이온도금 방법은 PVD 중 최근 개발된 진공 코팅 기술로서 장차 그 응용이 크게 기대된다. 금속원소를 이온화시키는 방법에 따라 설계가 약간씩 다르나, 이온을 코팅하는 방법은 동일하다.

이온도금 과정은 다음과 같다. 먼저 진공실내에서 피처리물을 기판에 부착하고 고진공으로 배가시킨다. 적절한 온도로 피처리물을 가열시킨 후 아르곤 가스를 진공실내로 불어넣어 글로 방전을 시켜 아르곤 가스를 이온화시킨다. 이온화된 가스 이온을 피처리물 표면에 부딪치게 하여, 이온 충돌(ion bombardment) 현상을 일으켜 표면에 산화막을 제거시킨다. 이러한 과정을 이온 스퍼터링(ion sputtering)이라고 부른다. 한편으로, 전자 빔을 코팅시킬 금속에 충돌시켜 코팅물질을 이온화시킨다. 복합물, 예를 들면, 최근래에 가장 널리 연구 및 산업에 응용이 시도되고 있는 TiC 또는 TiN을 코팅시키고자 할 때는 Ti를 전자 빔으로 이온화시켜 플라스마를 형성시킨 후, 반응성 가스를 진공실내에 불어넣어 피처리물 표면에서 반응을 하게 한다. 즉,

$$Ti(g) + CH_4(g) \rightarrow TiC(s) + 2H_2(g)$$

$$2Ti(g) + N_2(g) \rightarrow 2TiN(s)$$

의 반응이 일어나도록 한다. 반응 시 생긴 증발상의 금속화합물이 피처리물 표면에 증착되어 결정 생성 및 성장을 하게 되어 초경박막이 형성된다.

이온도금 방법은 다른 PVD 방법에 비하여 증착물의 증발 효과가 높고 피복률이 크며, 고융점 금속을 전자빔에 의해 쉽게 증발시킬 수가 있고, 낮은 작업 온도를 가질 수 있다. 최근의 선진국에서는 마찰계수 및 마모의 감소가 요구되는 상대 운동이나, 접촉면의 피복 및 부식 또는 산화 저항이 요구되는 보호 피막 분야 등에 그 이용이 시도되고 있다.

7-6-9 이온주입(ion implantation)

이온주입은 선택된 원소를 고진공중에서 가스 또는 고체 상태로부터 이온화시키고, 이를 가속시켜 재료의 표면에 투사시켜 강제로 피처리물의 표면층에 주입시키는 새로운 진공 처리 기술이다. 이 방법은 다양한 화학적 조성과 조직을 가진 새로운 합금 표면층을 만들 수가 있다. 이렇게 표면 개질 처리된 재료는 표면에 민감한 각종 특성인 내마모성, 내부식성, 내산화성 또는 내피로성 등을 크게 개선시킬 수가 있다.

피처리물에 강제 주입시킨 이온은 피처리물의 원자와 계속적으로 충돌하여 에너지를 잃게 되는데, 결국에는 피처리물의 원자격자 사이에 남게 된다. 그러므로 재료 표면층에 균일한 격자 변형을 가져오게 된다. 또한 강제 주입으로 인하여 고용도의

형성 조건에 관계없이 광범위의 화학적 조성과 다양한 조직을 형성시킬 수가 있는 장점이 있다. 그러나 아직까지는 이온 가속 장치의 한계로서 이온의 침투 깊이는 수천 Å의 범위이며, 특수한 용도의 사용에 국한되고 있다. 그러나 고도의 반복 생산이 가능하여 반도체의 부품 생산에 널리 이용되고 있는 실정이다.

제8장

표면경화법

기계 부품이나 자동차 부품은 큰 하중이나 충격이 가해지는 수가 많다. 그 중에서도 gear, cam, shaft 등이 대표적인 것들이다. 이와 같은 제품은 내마모성과 인성이 특히 요구된다.

이의 만족을 위해서는 제품의 표면만을 경하게 하고, 내부는 연하면서도 인성을 지니게 하는 방법이 필요하게 된다. 이러한 방법을 표면경화(case hardening)라고 하며, 이 표면경화에 의해서 내마모성과 강도 등이 높아지고 충격에 대해서 내부가 안전하게 된다. 더구나 표면경화용 강재의 대부분은 저탄소강을 사용하므로, 부품을 가공할 때 절삭이 용이하여 양산에 적합하고 또 처리된 강재의 기계적 성질은 합금강에 비해 차이가 없으므로 경제적이다. 그러나 표면경화법은 목적에 따라 여러 가지로 다른 처리법이 있고, 제각기 다른 특성을 가지고 있으므로 가장 적절한 경화법을 선택하지 않으면 안된다.

공업적으로 흔히 사용되는 표면경화법에는 물리적 표면경화법(고주파 담금질, 화염경화, 방전경화 등), 화학적 표면경화법(침탄, 질화 등)과 금속침투법 등이 있다. 본 장에서는 이들에 대해 개략적으로 설명하기로 한다.

8-1 물리적 표면경화법

8-1-1 고주파 담금질(induction hardening)

[1] 고주파 전류와 표피효과

고주파 전류를 발생하게 하는 장치는 변전소에서 공장에 보내오는 50~60Hz/sec의 교류를 약 1,000Hz/sec 이상의 주파수로 변환하는 장치이다. 종래부터 공업적으로 널리 사용되고 있는 고주파 전류의 발생 장치는 전동발전기식(M-G식)과 진공관식(전자관식)의 2종류였었는데 최근 SCR을 이용한 thyristor·investor가 많이 사용되고 있다.

표 8-1에서 알 수 있듯이 M-G식은 비교적 저주파로서 대전력을 필요로 하는 가열에 적합하고, 또한 주파수가 낮아 전류가 깊게 흐르므로 용해나 단조용의 가열 또는 5 mm 이상의 깊은 표면경화에 적합하다. 진공관식은 200kW 정도까지가 많고 10kHz 이상의 높은 주파수를 쉽게 얻을 수 있으므로 소형 부품의 열처리에 편리하다. thyristor·investor를 반도체 진보에 의해 수은 inverter 대신 개발한 것으로, 이론적으로 1kHz~1MHz까지 발생할 수 있으나, 유도 가열처럼 대용량을 필요로 하는 것은 20kHZ 정도까지가 실용화되어, 그 용량도 2,000kW 정도의 대용량의 것이 실용화되어 있다.

이러한 고주파 전류를 이용하여 피가열물을 코일 속에 놓아 코일에 전류가 흐르면 전자유도의 법칙에 의하여 피가열물의 표면에는 코일전류와 반대 방향으로 전류가 유도된다. 이 전류는 주파수가 높을수록 와전류가 되어 ohm의 법칙에 따르는

[표 8-1] 고주파 전류 발생 장치의 종류와 특징

	주파수	출력	효율
1 전동발전기식(M-G식)	1~10kHZ	5~3,000kW	최대 약 80%
2 진공관식(전자관식)	10~5,000kHZ	1~300kW	최대 약 70%
3 thyristor·investor	0.5~50kHZ	10~1,000kW	최대 약 90%

전열효과에 의하여 Joule열을 발생시킨다.

또한 철과 같은 강자성 재료는 hysteresis loss라고 하여 교류 전류의 자장에 의하여 피가열물의 분자가 진동함으로써 일어나는 상호 마찰에 의하여 발생되는 열량도 있다. 이 Hysteresis에 의한 열과 와전류에 의한 열의 발생 비율은 주파수나 물질에 따라 다르지만 고주파 담금질에 있어서는 약 80~90%가 와전류로 말미암은 것이라 생각된다.

코일과 피가열물에 흐르는 전류는 주파수가 높아짐에 따라 각기의 표면에 집중되는 성질이 있으며, 이것을 표피 효과(skin effect)라고 하는데, 그 때문에 양자는 서로 접근하여 흐르게 된다. 이 두가지의 전류는 그 방향이 서로 반대 방향으로, 주파수가 높아지면 반대 방향의 전류가 점점 접근하여 흐르므로 전기저항이 적어진다. 이것을 근접 효과라 한다. 피가열물의 표면만이 발열되는 것은 이 때문이다.

전류가 흐르는 표면의 길이 d와 주파수 f 사이에는 깊이

$$d = 5.03 \times 10^3 \sqrt{\rho / (\mu \cdot f)} \tag{8-1}$$

여기서

d : 투과 깊이(cm) ρ : 고유저항($\mu\Omega \cdot$cm)

f : 주파수(Hz/sec) μ : 투자율

단, 피가열물의 형상이 원주상, 중공원주상, 평란상인 경우, 각각의 흡수 전력에 최대 특성이 있고 고유저항 ρ의 값은 온도의 상수가 되며, 투자율 μ는 재료의 성질로 정해지고 강자성체인 경우, 온도가 자기변태점 이상에 이르면 갑자기 자성을 잃어 $\mu = 1$이 된다.

따라서 실제로 처리를 하는 경우, 이들의 요소가 변동해도 상관없게, 피가열물의 흡수전력을 최대로 고려하여 계산치보다 2~5배 정도 높은 주파수를 채용하고 있다.

[2] 유도자(coil)와 주파수 선정

유도자(coil)란 표면경화하려는 철강 부품의 필요 부분에 고주파 전류를 유도시키기 위한 선륜이다. 가장 간단한 것은 6~12 mmϕ 정도의 구리 파이프나 평 또는 각으로 가공하여 사용한다. 접합부는 구리나 은으로 brazing하여 사용한다.

그림 8-1과 같이 가공될 코일을 work coil라고도 한다. 코일 속에 물건을 넣고 코일에 고주파 전류를 흘린다. 고주파 전류가 클 때에는 코일 자체가 발열하여 녹을 위험이 있다. 이것을 방지하기 위하여 파이프 끝에서 코일 속에 냉각수를 흘리면서 작업한다. 코일과 제품의 틈새는 좁을수록 능률이 좋게, 고주파 전류가 유도되는데 제품이 가열됨으로써 발생되는 팽창이나 변형 때문에 방전이나 접촉이 생겨 코일이나 피가열물이 모두 용손될 위험이 있다.

실제로는 1~5 mm 정도의 적당한 틈새가 필요하다. 또 냉각제의 통로가 되는 경우는 냉각 효과를 고려한 틈새의 치수도 필요하게 된다. 코일과 고주파 발생 장치와 연결하는 리드는 그 사이에 바람직하지 못한 inductance를 없애기 위하여, 될 수 있

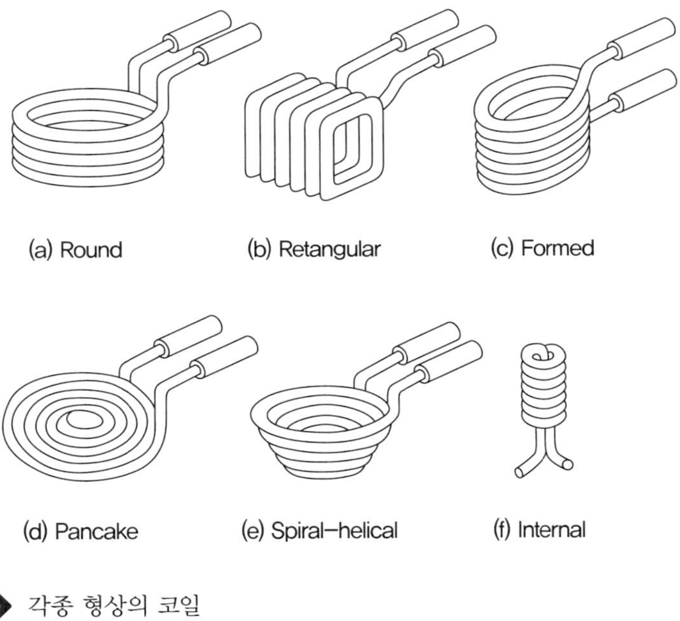

그림 8-1 각종 형상의 코일

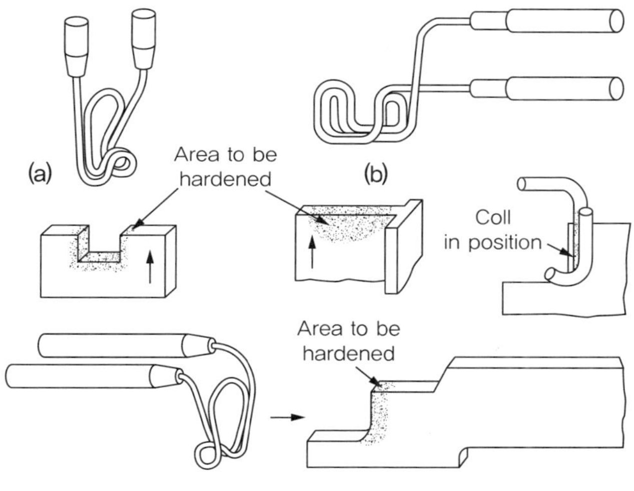

그림 8-2 특수한 부위용 코일

으면 그 간격을 좁게 하여야 한다. 또한 코일의 가열 속도는 피가열물에 대한 자속 밀도 분포를 보아도 알 수 있듯이, 외면 가열이 가장 크다. 평면 가열일 경우에는 외면 가열의 대략 75% 정도의 효율이 있다. 내면 가열은 가장 효율이 나쁘고 외면 가열의 25~50% 정도이다. 비철금속은 가열 효율이 철보다 떨어져 철의 약 50~70%가 된다. **그림 8-2**는 고주파 열처리로써 경화시키기 어려운 부위이다. 이 때는 그림과 같이 특수한 형태의 코일을 제작하는데 노력하여야 한다.

열처리품에 따른 주파수의 선정은, 제품이 소형일 경우는 높은 주파수를 택하고 제품이 대형일 경우에는 낮은 주파수를 선정한다. 또한 경화층이 얇은 경우에는 높은 주파수를, 경화층이 깊은 경우에는 낮은 주파수를 채용한다(**표 8-2** 참조).

[표 8-2] 주파수 선정의 예

주파수	제품의 직경	경화깊이
10kHz	100 mmϕ	5 mm
400kHz	50 mmϕ	1.5 mm
2,000kHz	2 mmϕ	표면 직하

8-1-2 화염경화(flame hardening)

산소-아세틸렌가스를 열원으로 강을 균일한 austenite로 가열하여, 흐르는 물 또는 분사수로 경화시키는 방법이다. 적용 재료는 탄소량이 0.35% 이상으로 0.4~0.7%C가 가장 적합하다. 이 방법은 다른 경화법과 달리 재료의 조성에 전혀 변화를 주지 않고 경화시킬 수 있다. 고탄소강의 경우는 경화능이 너무 좋으므로 균열이 생기지 않게 처리하는 숙련이 필요하다.

화염경화법에는 세 가지 방법이 사용되고 있다. 첫째 방법은, 제품을 받친 선반의 spindle을 약 2 mm/sec의 원주 속도로 회전시켜 소요 경화폭과 똑같은 화구를 사용하여 점진적으로 가열하고 후속 분수구에 의해서 수냉시키는 방법이다.

그림 8-3은 각종 모양의 제품에 대한 회전법의 예이다. 이 방법의 가장 중요한 결점은 첫 가장자리와 끝 가장자리의 사이에 몇 mm의 연화대가 생긴다는 것이다. 물론 처음 물체의 회전을 빠르게 해서 전체 표면을 가열한 다음, 급랭하는 방법을 택하면 이 연화대가 생기지 않지만, 이 방법으로는 산소 및 아세틸렌의 소비량이 상당히 많다.

둘째 방법은, 비교적 폭이 좁은 화구와 분수구를 사용해서, 나선적으로 전진해 가며 가열하는 경화법이다. 이 방법에 의한 결점은 화염경화에 의한 연화대가 나선상으로 된다는 것이다.

세 번째 방법은, 소요 경화면의 원주를 링 모양의 화구를 사용해서 가열해 가며, 고속도로 회전하고 있는 제품의 축방향으로 전진시키면서 경화시키는 방법이다. 분수구도 링모양으로 되어 있다. 이 링모양의 화구전진법을 사용하면 연화대도 생기지 않고 균일한 표면경도를 얻을 수 있으므로 세 가지 방법 중 가장 양호한 것이라고 할 수 있다.

표면경화층의 깊이는 5~1 mm가 적당하다. 경화 깊이를 얕게 하면 특히 표면이 과열되기 쉽다. 가열층이 얕아지면 얕아질수록 표면과 내부온도의 기울기가 급격해진다. 링 모양의 화구로 점진적 화염경화하는 경우에 산소 및 아세틸렌의 소비량은 다음 식에 의하여 계산된다.

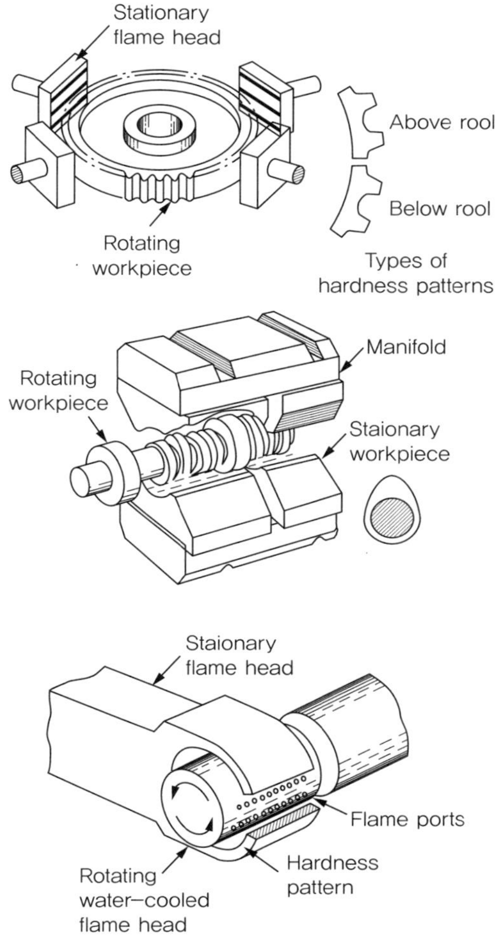

그림 8-3 회전법(spining method) 화염경화

$$산소량: W_o(l/cm^2) = 0.70\sqrt{\delta} \quad (8-2)$$

$$아세틸렌 양: W_a(l/cm^2) = 0.45\sqrt{\delta} \quad (8-3)$$

여기서 δ는 소요 경화층 깊이(mm)이다. 점진식이 아니고 전면 동시 가열 방법으로 하면 산소 및 아세틸렌 양은 점진식의 1.5배가 된다.

링 모양 화구의 점진 속도는 다음 식으로 계산할 수 있다.

$$v(cm/min) = \frac{72}{\delta^2} \tag{8-4}$$

정지 가열(전면 동시 가열)일 때에 가열 시간은

$$t\,(sec) = 7\delta^2 \tag{8-5}$$

각각의 부품에 대하여 화염경화를 실시하려면 표면의 소요 경도와 깊이뿐만 아니라 조직 등을 고려해서 적당한 작업 조건을 결정하지 않으면 안된다.

화염경화법은 작업이 간단할 뿐만 아니라 대형 부품의 국부경화에도 응용할 수 있으므로 대단히 편리하다. 대형 부품의 국부경화에도 그 모양에 의해서 보통 quenching 방법이나 고주파 담금질 방법으로도 어려운 경우가 있다. 따라서 화염경화법은 현재 기계조립공장에서 널리 사용되고 있다. 그러나 제품이 과열되기 쉽다는 결점도 있다. 작업을 소정의 조건으로 해도 실제로 다소의 과열은 피할 수 없다. 그리고 또 하나의 결점은 경화층 깊이를 조정하기가 어렵다는 점이다.

8-2 화학적 표면경화법

8-2-1 침탄(carburizing)

[1] 고체침탄(pack carburizing)

침탄제, 침탄촉진제 혹은 완화제로 침탄강을 사용하여 고온으로 가열하면, 고체인 강에 탄소가 침투해 들어간다. 진공중에서는 이 현상이 일어나지 않는다는 사실에서, 철과 탄소는 직접 반응하는 것은 아니고 철과 가스화한 탄소에 의한 반응이라고 생각되고 있다.

즉, 일산화탄소와 탄산가스의 작용이다.

$$C + O_2 \rightleftarrows CO_2$$
$$C + CO_2 \rightleftarrows 2CO$$
$$Fe + 2CO \rightleftarrows [Fe - C] + CO_2 \tag{8-6}$$

이 반응이 반복해서 연속적으로 행하여짐으로써 침탄이 진행된다.

침탄제로서는 목탄, 코크스, 골탄 등이 사용되며 침탄의 속도는 철강 표면에 용해되는 탄소와 윗식에서 표시된 바와 같이 일산화탄소의 양에 관계된다. CO의 양이 많을수록 표면에 용해되는 탄소량도 많고 침탄 속도도 빠르다. 따라서 촉진제로서 CO의 발생을 조장하는 것이라면 효과적이며, 일반적으로는 $BaCO_3$, Na_2CO_3, NaCN, NaCl 또는 유기물 등이 사용된다.

침탄제로서는 목탄 60~70%, $BaCO_3$ 20~30%, Na_2CO_3 10% 이하의 성분이 많이 사용되며 가열을 반복해도 침탄력의 감소가 적으므로, 사용하고 나서 소량의 목탄을 보충하면 오랫동안 사용할 수 있다. 그러나 Cr강이나 Cr−Mo강을 이와 같은 침탄제로 침탄하면 침탄층의 탄소 구배가 크고 표면에 탄화물의 집적층을 만들어, 침탄 후 열처리시 균열·변형·침탄층의 박리 등을 일으키므로, 이러한 침탄강에는 과잉 침탄이 되지 않도록 침탄 완화제를 섞어 사용한다.

완화제에는 규사, 페로실리콘, 규소와 같은 실리카계와 알루미나, 알루미늄, 페로알루미늄 등의 알루미나계, 그 밖에 인산염계의 것이 사용된다. 표면 탄소 농도는 0.85%를 넘지 않는 범위가 안전하다.

침탄 작업은 강을 900℃ 전후의 온도를 장시간 침탄시키므로, 중심부의 조직은 조대화되는 결점이 생긴다. 그러므로 담금질에 의해 이 중심부의 조직을 미세화하고 다시 침탄부의 표면층을 경화하기 위한 담금질을 따로 실시하지 않으면 안된다. 일반적으로 870~920℃에서 기름에 1차 담금질시키고 다시 750~800℃로 재가열하여 물 또는 기름에 2차 담금질시킨다. 조직에 큰 변화가 안 생기는 Cr강이나 Ni강에서는 특히 1차 담금질이 필요없다.

[2] 가스침탄(gas carburizing)

고체침탄법의 결정중 가장 큰 문제점은 표면 탄소 농도를 자유로이 조정할 수 없는 것, 작업 환경이 나쁜 것, 가열로의 구조상 내부 온도가 불균일한 분포가 된다는 것 등인데, 가스침탄법은 이와 같은 결점을 보충하는 특징을 가지고 있다. 주로 프로판 또는 부탄가스 등과 공기를 적당히 혼합하여 1,000~1,100℃로 유지된 Ni 촉매중에 통과시켜 carrier gas를 만든다. 다음에 carrier gas에 소량의 프로판 또는 부탄가스를 혼합시켜 침탄로에 도입하고 적당한 탄소포텐셜을 가진 침탄가스 분위기로 조절한다. 물론 이 때에는 제품을 장입시켜 소정의 온도에서 적당한 시간동안 유지시켜 침탄을 실시한다.

가스침탄은 고체침탄에 비해서 다음과 같은 장점이 있다. 침탄능(carbon potential)의 조절이 가능하여 균일한 침탄을 할 수 있으며, 침탄 후 확산처리가 가능하고 침탄 온도에서 직접 담금질시 가능하다. 또한 연속 작업이 용이하며 다량 생산에 적합하다. 그러나 고체침탄에 비해 설비비 및 조업비가 높은 점이 결점이다.

침탄경화의 대상이 되는 침탄강이라고 하며, 이에는 0.1~0.18%의 저탄소강이 적합하다. 사용목적에 따라서는 Ni, Cr, Mo 등을 첨가하는 경우도 있다. 첨가 원소중에서 침탄대에 직접 영향을 미치는 것으로, Cu, Mn, Ni, Cr 및 Mo 등은 경화층 깊이를 증가시키지만, Si, Al, Ti, N 등은 반대로 감소시키는 성질을 가지고 있다. 또 Cr, Mo, W, V, Ti 등, 탄소와 반응해서 따로 탄화물을 만들기 쉬운 성질의 원소는 표면 탄소 농도를 상승시켜 과잉 침탄을 일으키기 쉽다.

[3] 가스침탄 질화(carbonitriding)

가스침탄질화는 1935년경에 실용화된 새로운 열처리법으로, 최근 우리나라에서도 많이 사용되고 있다. 이 방법은 보통 행해지고 있는, 가스침탄의 분위기가스에 질소를 함유한 가스를 첨가시켜 탄소와 질소를 동시에 강의 표면에 침투시키는 방법이다.

일반적으로 NH_3가 10% 안팎일 때 좋은 결과를 얻는다고 한다. 가스침탄법 및 가스침탄질화법은 모두 설비나 유지비가 높은 경향이 있으나, 설비만 되어 있으면 대량 생산이나 연속 조업에 적합하다. 조업 방법은 침탄성 가스에 NH_3를 5~10% 가하여 650~850°C에서 15분~3시간 처리하고, 처리 후에는 기름에 급랭시킨다. 담금질 조건에 따라서 잔류 austenite가 발생되는 수도 있으나 그럴 경우에는 심랭처리를 실시하면 된다.

[4] 액체침탄

이 방법은 Na 또는 K의 청화염을 함유한 용융염에 제품을 침적시켜, 강 표면에 약 0.2 mm 정도의 경화층을 만들 수 있다. 그 침탄기구는 식 (8−6)에 표시된 바와 같이 용융점중의 CO가 주재로 다음과 같이 반응하고 있다.

$$2NaCN + 2O_2 \rightleftarrows Na_2CO_3 + CO + 2N \tag{8-7}$$

혹은

$$2NaCN + O_2 \rightleftarrows 2NaCNO \tag{8-8}$$

로 되어 식 (8−7)과 식 (8−8)은 다음과 같이 분해한다.

$$4NaCNO \rightleftarrows 2NaCN + Na_2CO_3 + CO + 2N \tag{8-9}$$

반응식 (8−7)과 식 (8−9)에 의해서 생성된 발생기 CO에 의해 침탄이 되고, 한편 N에 의해 질화가 처리되어진다.

그러나 강에 대한 C 및 N의 용해도는 온도에 따라 다르기 때문에 고온쪽에서는 침탄이 진행되는 반면, 저온쪽에서는 질화가 진행된다. 적당한 온도로 처리하면 침탄과 질화가 동시에 진행되는 이점도 있다. 한편 NaCN이 인체에 유독하기 때문에 특히 최근에는 공해 방지에 문제가 거론되고 있다.

8-2-2 질화(nitriding)

질화는 1923년 A. Fry에 의해 개발되었다. 가스침탄보다 새로운 방법이며 질화층은 상당히 경해 내마모성이 극히 우수하다는 점이 특징이다. 질화는 철강 속에 함유되어 있는 첨가원소의 영향을 받는데, Ni, Co를 함유하는 경우는 잘 경화되지 않는다. 이 원인은 질소와 이들 원소와의 결합에 기인하는 것으로, Al, Cr 등은 결합력이 대단히 강하다.

질화재로서 암모니아가스를 사용하는데 처리는 비교적 저온에서 행하여지므로 열변형은 적지만, 처리 시간이 길고 암모니아 가스의 소비량이 많다는 것이 단점이다. 질화처리 전의 예비 처리로서는 소요 치수에 가깝게 다듬질을 하고 조질 처리를 하여 sorbite 조직으로 만들고, 이것을 탈지한 다음 기밀한 질화로 안에 집어 넣는다. 탈수한 암모니아(NH_3)를 송입하여 약 550~600℃로 유지하면 $NH_3 \rightleftarrows N + 3H$로 분해되어 질소가 강 속으로 확산하여 Al, Cr, Fe 등과 질화층을 만든다.

이 결과 표면경도는 상당히 높은 $H_v = 1,000 \sim 1,200$이 얻어져, 내마모성이 뛰어나고 열적으로도 안정되어 500℃ 이상에서도 연화하지 않으며, 내식성도 우수하다. 그러나 처리 시간이 50시간 이상의 장시간이 필요한 것이 결점이다. 최근에는 처리시간이 많이 단축되고, 조작이 간단한 염욕질화에 의해서 인성이 풍부하고 내마모성이 좋은 표면을 형성하는 연질화법이 공업화되었다.

염욕질화법은 NaCNO, KCNO 등을 주성분으로 한 염욕의 안정화를 위해 첨가제를 가한다. 처리 온도는 515~560℃로, 2~4시간에 $H_v = 1,000 \sim 1,200$이 얻어진다. 이것은 염욕 속에 질소가 많이 발생하는 것과 염욕의 압력에 의해 촉진되기 때문인 것으로 생각된다. 염욕질화법은 질화강 뿐아니라 stainless강, 고속도강, dies강 등의 경화에도 응용되며 질화처리 비용은 가스질화의 약 1/2이다.

연질화법(tufftride)은 일종의 질화 처리이며 저탄소강, 합금강, stainless강, 내열강을 비롯하여 회주철, 합금주철, 가단주철, ductile 주철 및 pearlite 주철에도 응용된다. 연질화법은 연소가스 속 또는 전기로 속의 538~566℃의 온도 범위에서 1.5~2시간 가열하여 행한다.

연질화된 표면은 다른 질화법에 비해서 무르지 않고, 인성이 있으며 내마모성도 있다. 연질화기구를 살펴보면, 연질화용 염욕은 538~570°C에서 피처리재에 닿으면 분해하여 C와 N이 분해된다. 가령 ferrite를 기지 조직으로 한 탄소강에서 C와 N이 동일 조건으로 ferrite 속에 확산하는 경우, 양자 사이에는 용해도에 상당한 차이가 있다. C는 N보다도 ferrite에 대해서 훨씬 덜 용해된다.

따라서 표면에 Fe_3C의 철탄화물인자가 급속히 형성된다. 이 탄화물입자가 핵이 되고, N이 표면에 Fe_3N, Fe_4N과 같은 취성이 없는 양호한 질화철로 석출한다. 이 경화층 두께는 약 0.0003~0.0004in이다.

질화법에 대해서 최근 각국에서 여러 가지 방법이 발표되고 있다. 이들을 정리하면,

1) **염욕질화법**: 570°C 전후의 CN−CNO 용융염을 사용하고 있다.
2) **고주파 질화법**: 가열에는 고주파를 이용하여 질화온도의 조절이 힘이 든다
3) **티타나이트 질화법**: Ti을 전기도금 처리하여 청화욕 속에 저온 가열해서 강 표면에 두꺼운 합금질화층을 형성시킨다.
4) **고압질화법**: 가열로 안을 밀폐하여 고압의 암모니아를 통과시켜 가스의 흐름에 따른 소비를 없앤 방법이다.
5) **초음파 질화법**: 가스 또는 염욕 속의 질화강에 초음파를 보내어 질화를 촉진시킨다.

8-3 금속침투법(cementation)

철강을 다른 금속분말과 적당히 염류를 혼합한 것 중에 매몰하여 가열시켜, 그 표면에 다른 금속피막을 건식으로 침투시키는 방법을 금속침투법(cementation)이라고 한다. sheradizing, calorizing, chromizing 등은 모두 금속침투법의 일종이며, 각각 철 표면에 Zn, Al, Cr을 침투시키는 방법이다.

8-3-1 Sheradizing

철과 아연을 접촉시켜 가열하면 쌍방의 친화력으로 말미암아 전자 위치의 교환 및 확산이 일어나 합금화한다. sheradizing은 sand blast, 산세정 등의 전처리를 한, 처리 부품을 회전드럼 속에 공간이 많이 남는 정도로 넣어서 양자가 서로 스케치하고 접촉을 반복하도록 천천히 회전을 계속한다. 아연과 철강 부품의 접촉시 처리시간이 길고 형상이 복잡한 부품에는 아연의 침투가 적어서 고르지 못한 제품이 생기기 쉽다.

가열은 가스, 석유, 전기 등을 사용하고 아연분말은 #30 이하의 미세한 것으로 Zn 98%, Cu 0.01%, Pb 0.88%, Fe 0.14%, Cd 0.03%의 성분을 함유하고 있다. sheradizing의 결점인, 처리 시간이 길고 제품이 고르지 못한 점을 개선하기 위한 방법으로, 7~25% 아연분말과 75% 정도의 내화물 분말 속에 처리 부품을 매몰하고, 밀폐된 용기 속에서 500~700°C로 가열하는 증기 sheradizing이 개발되었다.

내화분말은 아연 농도의 조정과 용해한 아연의 응결을 막는 작용을 한다. 분말은 #150 정도로 될 수 있으면 불순물이 섞이지 않도록 주의한다. 처리 온도가 높으므로 3~12시간의 sheradizing이 필요한 데 반해서, 30분~1시간 정도로 침투 작용을 완료시킬 수 있다.

8-3-2 Calorizing

산화성이 요구되는 부품은 Fe−Al 합금층을 형성시키는 calorizing법으로 철강 표면을 처리한다. 철강 표면에 Al을 확산, 침투시키기 위해서는 표면 처리시 Al의 융점 이상이 되어야 하며, 그 속에서 철이 용융 확산해서 $FeAl_3$층이 생성되고, 그위에 $FeAl_2$, Fe_2Al_5층이 생성하는 등 복잡한 합금층이 형성된다.

확산재로서 Al과 알루미나 분말과 염화암모늄을 첨가한 것을 사용하고 800~1,000°C 정도로 철강 부품에 처리한다. 구리(Cu)나 황동인 경우에는 700~800°C로 행한다.

calorizing의 성능은 내열, 내산화성이 보통 제품보다도 4배 이상의 수명이 있으며, 이 밖에 방청, 내해수성, 내식성 등도 향상된다.

8-3-3 Chromizing

저탄소강의 표면에 Cr을 침투시키면 내부는 인성이 있고 표면은 고Cr강이 되어 stainless강의 성질을 갖추므로 stainless강의 장점을 지닌 값싼 부품을 만들 수가 있다. 이것을 chromizing이라고 한다.

1) **분말법**: 저탄소강 Cr분말 속에 묻고 환원성 또는 중성 분위기 속에서 가열하여 Cr을 확산 침투시킨다. 금속크롬 이외에 산화크롬, 알루미나, 크롬염화물, 염화암모늄 등을 첨가하고 있다. 온도는 약 1,000°C이상이라야 하고, 수소로를 필요로 하는 등 설비가 곤란하다.
2) **기체법**: 할로겐화 크롬증기를 사용해서 철강 표면에 크롬을 유리 침투시킨다.
3) **용융염법**: 저탄소강을 염화크롬을 함유한 용융염 속에 담구어서 도금하는 방법이며, 조작이 간단하다.

8-3-4 Siliconizing

규소 및 페로실리콘은 산에 강한 성질을 가지고 있으므로 철강의 표면에 규소를 침투시켜 내식성을 향상시키는 방법을 siliconizing이라고 한다. 그 방법은 다음과 같다.

1) **고체법**: 규소분말에 1~5%의 염화암모니아를 첨가하고, 탄화규소 또는 페로실리콘 분말을 사용한다. 처리는 900~1,000°C에서 행한다.
2) **기체법**: 사염화규소가스와 수소의 혼합기체를 사용하는 방법이며, 처리 시간이 짧고 온도가 낮아도 충분하지만, 규소가 침투하는 것이 아니라 철과 규소

의 치환 반응이 주체이므로 합금피막이 박리되는 일이 많아서 실용화하기 힘든 결점이 있다.

siliconizing은 13Cr-stainless 강에 필적하는 내식성을 지니며, 경도도 높아서 내마모성도 향상된다.

이 밖에 침투법에 의해 경화를 기대할 수 있는 것으로 Be, Mo, W, V, Ti 등의 금속이 있으며, 철강의 표면에 합금층을 형성시키는 방법이 이미 실용화되어 있다.

제 2 편

열처리 응용

제1장

가열 장치와 냉각 장치

1-1 가열장치

1-1-1 가열 장치와 작업법

열처리로는 피가열물을 목적하는 열처리(풀림, 담금질, 뜨임 등)를 하기 위하여 가열하는 설비로서, 열처리의 목적이나 피가열물의 재질, 형상, 중량 및 생산량 또한 사용하는 열원, 가열 방식, 운반 방식 등에 따라 여러 가지 종류로 나누어진다.

[1] 열원의 종류와 특징

열처리로의 열원으로는 각종 연료(주로 액체와 Gas)와 전기가 사용된다. 연료에 의한 가열은 전기에 비해 설비비도 적게 들고 energy cost도 적다. 또한 직접 가열 방식에서는 연소 생성 Gas의 대류 가열도 이루어지며, 특히 저온에서의 균일한 가열에 유리하다. 결점으로는 연소 소음이 발생되어 방음 대책이 필요할 때가 있으며, 배기 가스 중 여러 유해 화합물의 처리에 신중을 기해야 한다.

전기가열방식은 연소 가열에 비해 고온을 얻기 쉬우며 로내 분위기의 조절과 온도 조절이 용이하다. 또한 급속 가열이 가능하므로 진공 가열에 이용된다. 결점으로는 설비비가 비싼 것이다.

[2] 가열 방식

연소 가열이나 전기 가열은 모두 기본적으로 직접 가열 방식과 간접 가열 방식으로 나누어진다. 연소 가열의 경우, 직접 가열에서는 연소 가스가 직접 피가열물에 접촉되어 열을 전한다. 간접 가열에서는 연소 가스가 내열강으로 제조된 radiator tube, retort 등을 매개로 하여 열을 전하기 때문에 피가열물은 연소 가스에 노출되지 않기 때문에 분위기로의 가열에 이용된다. **그림 1-1**에 각종 radiator tube의 형식을 나타낸다.

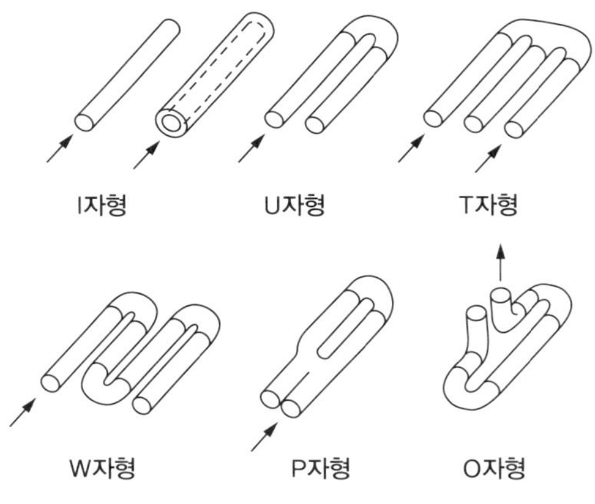

그림 1-1 각종 형식의 radiator tube(화살표는 버너 방향을 표시)

전기 가열의 경우, 직접 가열 방식은 피가열물에 직접 통전하여 가열하고 직접 가열은 발생된 열을 복사 및 대류에 의해 피가열물을 가열하며, 가열 방식으로는 저항 가열, arc 가열, 전자 beam 가열 등으로 구분된다.

열원 및 가열 방식에 의한 열처리로의 용도 분류를 **표 1-1**에 나타내었다.

[표 1-1] 열원과 가열 방식에 따른 용도 분류

<table>
<tr><th colspan="3" rowspan="2">열원</th><th colspan="2">가열로의 용도</th></tr>
<tr><th>직접 가열</th><th>간접 가열</th></tr>
<tr><td rowspan="6">연료</td><td rowspan="3">액체</td><td>중유</td><td rowspan="6">압연, 단조, 담금질, 뜨임,
불림, 풀림, 소성</td><td rowspan="6">(radiator tube, retort에 의해)
무산화 및 광휘열처리, 침탄,
침탄질화, 연질화, 염욕열처리,
땜, 소결</td></tr>
<tr><td>경유</td></tr>
<tr><td>등유</td></tr>
<tr><td rowspan="3">기체</td><td>천연가스</td></tr>
<tr><td>프로판</td></tr>
<tr><td>부탄</td></tr>
<tr><td rowspan="4">전기</td><td colspan="2">저항가열</td><td>(직접 통전에 의해)
압연, 단조, 파텐팅, 염욕열처리</td><td>(발열체에 의해)
상기 이외에 진공 열처리,
적외선 가열</td></tr>
<tr><td colspan="2">유도가열</td><td>표면담금질, 땜, 용해, 금속 가열, 단조</td><td></td></tr>
<tr><td colspan="2">Arc 가열</td><td>제강, Al 전해</td><td>비철금속 용해</td></tr>
<tr><td colspan="2">전자 beam 가열</td><td>고융점금속의 용해, 금속의 중착</td><td></td></tr>
</table>

[3] 작업 방식과 운반 방식

열처리로를 작업 방식에 따라 분류하면 연속식과 뱃치식으로 구분된다. 연속식은 피처리물이 로의 일단에서 연속적으로 장입되어 로내를 일정한 속도로 이동되면서 가열, 냉각되어 다른 쪽으로 나오게 되는 구조이다.

연속식에는 피처리물이 계속적으로 장입, 추출되는 순연속식과 일정한 시간 간격을 두고 장입, 추출되는 간헐 연속식이 있다.

일반적으로 연속식은 소품종 다량 생산에 알맞고, 뱃치식은 다품종 소량 생산에 알맞다. 연속식의 장점은 주야 연속 작업으로 다량 생산이 가능하고, 제품의 흐름이 일정하며 열효율이 좋고 우수한 품질 관리가 가능한 것이다. 그러나 작업 조건을 변경해야 할 경우, 로를 정지해야 하므로 열이나 동력이 낭비될 수 있다. 또한 고장이 발생할 경우, 다량의 불량품이 발생하게 되며 흐름이 중단되는 결점이 있다.

뱃치식은 각종 처리 부품을 선별 처리할 수 있으며 생산량의 조절도 연속식에

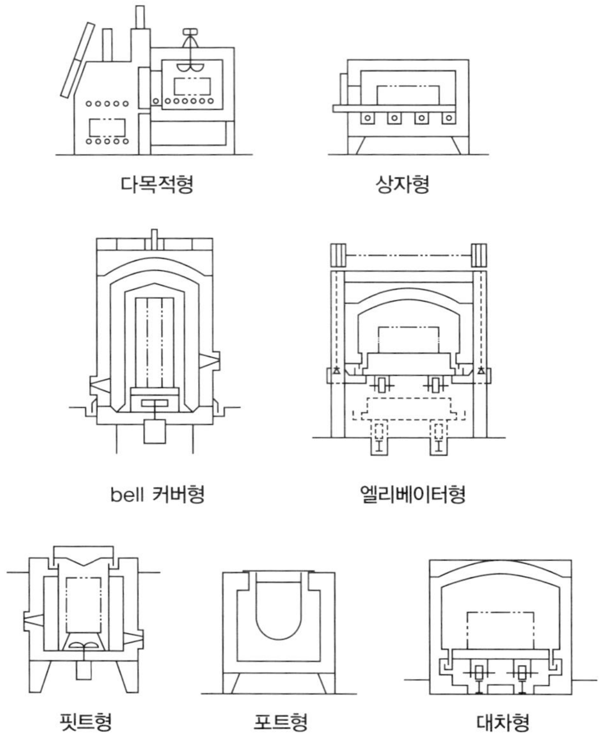

그림 1-2 각종 뱃치식 열처리로의 형식

비해 용이하다. 뱃치식은 연속식보다 설비비가 싸며 작업이 중단되어도 피해는 연속식보다 작다. **그림 1-2**에 뱃치식 열처리로의 형식의 예를 나타내었다.

운반 장치는 열처리로내의 고온에 견디기 위해서 상온에서 사용되는 재료와는 많은 차이가 있다. 금속은 일반적으로 고온에서는 연화 및 산화되므로 내열, 내산화, 내마모성이 우수한 합금을 사용하고, 로내의 분위기에 맞는 재질을 선택하여야 한다.

뱃치식 열처리로에서는 간단한 hoist, crane, handler 등이 사용되며, 연속로에서는 pusher형, conveyor형 등이 있다. 운반 방식은 열처리 방법, 생산량, 피처리물의 재질, 형상, 치수, 중량 등을 고려하여 결정하여야 한다.

1-1-2 각종 가열 장치

[1] 전기저항로

저항 발열체에는 금속과 비금속이 있다. 금속 발열체는 니크롬, 철크롬 및 Mo-Si 합금 등이 있으며, 사용 온도나 가공성 등에 의해 구분하여 사용된다. **표 1-2**에 많이 사용되는 Cr 합금계의 금속발열체의 종류와 조성을 나타낸다.

[표 1-2] 금속 발열체

종별	기호	최고 사용 온도(℃)	화학 성분(%)						
			C	Si	Mn	Ni	Cr	Al	Fe
니켈 크롬 전열선 및 대제 1종	NCH 1	1,100	0.15 이하	0.5 ~1.5	2.5 이하	75 ~79	18 ~20	–	1.5 이하
니켈 크롬 전열선 및 대제 2종	NCH 2	900	0.20 이하	0.5 ~1.5	3.0 이하	57 이하	15 ~18	–	잔량
철크롬 전열선 및 대제 1종	FCH 1	1,200	0.15 이하	–	1.0 이하	–	23 ~26	4~6	잔량
철크롬 전열선 및 대제 2종	FCH 2	1,100	0.15 이하	–	1.0 이하	–	17 ~21	2~4	잔량

비금속 발열체로는 흑연, 탄화규소(SiC) 등이 있으며 보통 금속 발열체보다 고온에서 사용된다. 대기중에서 가열할 경우에는 탄화규소를 사용하며 흑연은 불활성 분위기 또는 진공중에서 사용된다.

전기로의 간단한 구조를 **그림 1-3**에 나타내었다. 전기 저항로의 용도는 광범위하며 담금질, 뜨임, 풀림, 침탄, 침탄질화 등에 사용된다.

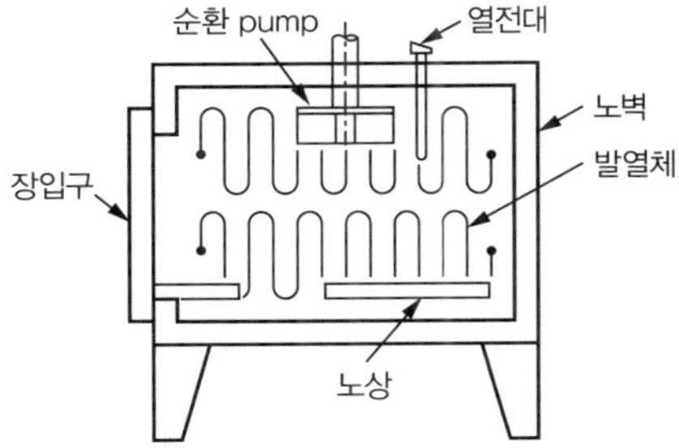

그림 1-3 간단한 전기저항로의 구조

[2] 연소로

가스연료나 액체연료를 열원으로 사용하며 가스연료로서는 천연가스, LPG(프로판·부탄 등 액화석유가스) 및 도시가스가, 또한 액체연료로는 등유·경유·중유 등이 사용된다.

액체연료를 사용하는 버너에는 고압공기 분무식, 저압공기 분무식, 유압 분무식, 회전 분무식이 있으며, 연소 용량이 화염의 크기, 제어 방법 등에 따라 구분 사용된다. 중유(B·C유)를 사용할 경우에는 점도를 표준치로 낮추기 위해서 오일 히터나 송유관에 보온을 할 필요가 있다.

연소로는 이들 연료를 버너로서 연소시켜 피처리물을 가열하는 로이다. 대표적인 연소로에는 다음과 같은 것이 있다.

1) **직접 가열로(oven로)**: 버너는 노벽에 설치되어 있으며, 연소 불꽃 및 노벽으로의 복사열에 의해 가열한다. 온도는 800~1,200℃ 정도이다.
2) **radiator tube형 회전로상로**: 이 로는 분위기 Gas를 사용해서 기계 부품의 무산화 담금질에 이용되며, 사용 온도는 900℃이다. tube는 내열강으로 만들며 tube 표면의 복사열로써 피처리물을 가열한다.
3) **직화식 대차로**: 대형 단조물을 가열할 때 이용되며 사용 온도는 1,100℃ 정도이다.
4) **Bell형(cover형)로**: 강대 코일의 풀림에 이용되며 사용 온도는 약 700℃이다. 코일은 내열강재의 cover에 의해 둘러싸여 있으며 연소가스와 접촉하지 않는 간접 가열 방식이다.

[3] 염욕로

염욕로는 설비비가 적게 들고 소량 생산에 적합하며, 가열 속도가 빠르고 피처리물의 표면 상태가 직화식 가열에 비해 산화 정도가 적으며 양호하다. 특히 고속도강의 열처리와 같은 고온 급속 가열에 적합하여 담금질, 침탄, 질화 등에 많이 이용된다.

염욕로의 형식에는 내부 가열형과 외부 가열형이 있다. 내부 가열은 전극이나 발열체를 직접 용융염중에 넣고 가열한다. 전극식은 최고 1,400℃까지 사용할 수 있으므로 용도는 광범위하다. 침적용 발열체를 사용하는 경우는 저온용으로 뜨임에 이용된다.

외부 가열형은 철제 포트에 넣어진 염을 외부에서 연소가스나 발열체로써 가열한다. 포트의 내열성 때문에 사용 가능한 온도는 950℃ 이하이며 내부 가열형에 비해서 온도의 정확도가 떨어지기 쉬워서 작은 물품의 처리에 사용되는 것이 편하다.

[4] 분위기로

분위기로라는 것은 비교적 타이트한 가열실에 열처리 목적에 적합한 가스를 넣어 무산화 처리, 광휘 처리, 침탄, 질화, 소결 등을 실시하는 로이다. 로의 형식에는 뱃치식과 연속식이 있으며, 가열은 전기나 기름 또는 가스를 tube에서 연소시켜 간접 가열 방식을 채택하고 있다.

[5] 진공로

진공로는 진공중에서 피처리물을 가열하는 로이며, 일반적인 열처리에 사용하는 경우에는 10^{-2}~10^{-4} mmHg 정도의 압력으로 작업한다. 진공로는 과거에는 특수한 용도에만 사용되었으나, 최근 강의 각종 열처리에도 많이 사용하고 있다. 진공중에서 가열하면 강재 표면의 산화·탈탄 등을 쉽게 방지할 수 있으며, 표면을 미려하게 하는 효과도 있으므로 후처리가 필요없게 된다. 로의 형식으로서는 외부 가열형과 내부 가열형이 있다. 외열형은 내열형에 비해 가열과 냉각에 오랜 시간이 필요하다. 냉각 장치를 갖춘 내부 가열형은 피처리물의 냉각을 불활성 가스중에서 실시하는 가스 냉각 방식과 담금질 기름을 이용하여 기름담금질을 하는 방식이 있다. 이들 진공로는 최고 온도가 약 1,400℃ 정도이며 담금질, 풀림, 소결 등에 이용된다.

[6] 고주파 처리 장치

고주파 열처리 장치는 유도 전류를 사용해서 피처리물의 필요한 표면 부분을 가열하는 것으로서, 고주파 발진기·가열코일, 처리물 장착기로 구성되어 있다. 사용하는 고주파는 1kHz~50kHz이며 피처리물의 형상, 냉각 여부에 따라 가열코일이 다르다. 유도 가열은 직접 가열이므로 열효율이 우수하고 단시간에 가열할 수 있는 특징이 있다.

1-2 냉각 장치

1-2-1 냉각 장치와 작업법

냉각 장치는 열처리의 목적, 열처리물의 재질, 치수, 형상 등에 따라 다르다. 공통사항으로는 ① 냉각제로 적당한 것을 사용하고, ② 가열된 열처리물이 가지고 있는 열량과 냉각제가 가지고 있는 열흡수 능력이 균형을 이룬 것, 즉 냉각제가 과열되지 않는 것, ③ 냉각제의 온도를 일정하게 유지할 수 있는 설비를 갖춘 것, ④ 안전도가 뛰어난 것 등이다.

1-2-2 냉각제의 종류와 특징

[1] 냉각제의 냉각 능력

냉각제의 특성으로서는 강재의 S 곡선중 nose 부분이 있는 500~600℃ 사이를 급속 냉각시키고 300℃ 이하의 마텐자이트 변태를 서서히 진행될 수 있도록 하는 두가지 사항이 필요하다.

지금 담금질 온도로 가열된 처리물을 냉각제중에 넣은 경우를 생각해 보자. 이때의 냉각 과정은 **그림 1-4**에 나타낸 것처럼 4단계로 구분된다.

제1단계(A, B사이)는 처리물 표면이 냉각제와 접촉하여 표면 부근의 냉각제가 비등점에 도착할 때까지로써 냉각 속도는 매우 크다. 제2단계(B, C사이)에서는 표면이 냉각제의 얇은 증기막에 둘러싸여, 증기막을 통하여 냉각되므로 냉각 속도는 적다.

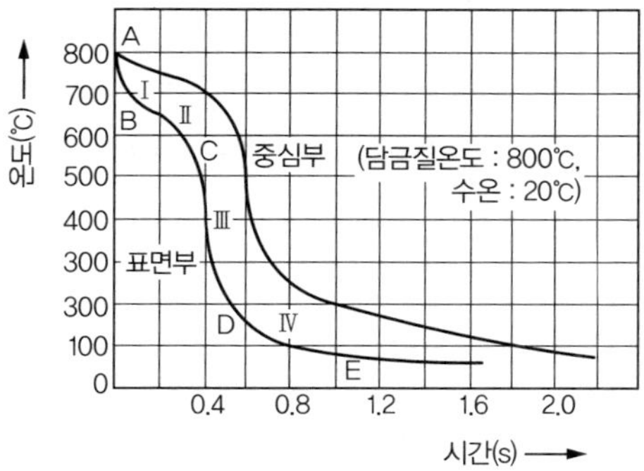

그림 1-4 증류수에 담금질된 10 mm 직경의 원주시편의 표면부와 중심부의 냉각곡선

제3단계(C, D사이)는 증기막이 없어져 냉각제가 심하게 비등한다. 냉각 속도가 매우 커지며 비등 단계로 된다. 제4단계(D, E 사이)에서는 처리물의 온도가 내려가며 대류에 의해 서서히 냉각된다. 이것을 대류 단계라고 한다.

여기서 C점을 특성 온도, D점을 대류 단계 개시 온도라고 하며, 냉각제의 냉각 능력을 지배하는 온도이다.

[2] 공기

냉각 능력이 가장 적은 냉각제이다. 냉각 과정은 대류 단계만 존재하며 냉각 능력을 크게 하기 위해서 fan을 이용한 강재 공랭 방법이 많이 이용된다.

[3] 물

냉각 능력이 매우 큰 냉각제이지만 수온이 30°C를 넘으면 냉각 능력은 저하한다. 따라서 수온 30°C 이하에서 사용하며 충분히 교반을 해 줄 필요가 있다. 냉각 능력이 크기 때문에 처리물에 균열이 발생하지 않도록 주의해야 한다. 또한 물의 냉각 속도를 크게 하기 위해서 물에 소금이나 가성소다를 첨가하기도 한다.

[4] 기름

담금질유에는 식물성유가 많이 사용되고 있으며, 담금질유는 일반적으로 인화점이나 점도가 높으면 특성 온도, 대류 단계 개시 온도가 높게 되어 냉각 능력은 저하된다. 담금질유중에 수분이 혼입된 경우에는 균열이 발생하기 쉬우므로 주의해야 한다. 담금질유의 냉각 능력은 온도에 따라 변화하며, 보통 60~80°C에서는 매우 크지만 물에 비해서 온도의 영향은 적다.

[5] 수용성 담금질제

고주파를 이용한 담금질의 경우에 많이 이용되며 보통의 침적 담금질에도 많이 이용된다. 물에 유기고분자제를 수%~수십% 혼입한 것으로, 액중의 유기고분자제의 농도를 낮추면 물에 냉각시키는 것과 같으며, 농도를 높이면 기름에 냉각시키는 것과 같은 효과를 얻는다. 또한 온도를 변화시킴으로써 냉각 속도를 조절할 수 있으며, 사용 온도는 50°C가 상한선이다.

[6] 염욕냉각제

austemper이나 martemper에 이용되며 초산염이나 아초산알칼리의 혼합염이다. 사용 온도는 160~400°C의 범위로서 융점이 낮은 염욕이 냉각 능력도 크다.

염욕은 비등점이 높기 때문에 냉각은 대개 대류 단계에서 실시된다. 그 외에 납이나 주석의 합금욕도 냉각용으로 사용된다.

1-2-3 물 및 기름의 온도 조절 방법

[1] 물냉각 탱크

수냉에 사용되는 탱크는 가열된 처리물이 가지고 있는 열량을 흡수하여도 수온의 상승이 크지 않도록 충분한 크기를 가지고 있어야 하며 탱크내에서 충분한 교반이 이루어져야 한다. 또한 처리물의 각 부분이 균일하게 냉각될 수 있는 것이 바람직하다. 물은 온도가 30°C 이상으로 되면 냉각 속도가 현저하게 감소되므로 수온을 30°C 이하로 관리할 수 있는 설비가 필요하다. 탱크로부터 넘쳐 나온 물은 냉각탑 등을 거쳐 냉각이 되면 다시 탱크로 들어가 항상 수온이 10~25°C로 되도록 관리한다.

[2] 기름 탱크

기름 탱크도 처리물의 양에 대하여 충분한 용량을 갖춤과 동시에 기름 온도의 상승을 방지하고, 항상 적당한 온도로 유지하기 위해서 가열 장치, 보온 장치, 냉각 장치를 갖추어야 한다.

1-2-4 냉각 성능의 강화 방법

[1] 물 탱크

물의 냉각 능력은 교반에 의해 증가하며 강력하게 교반을 해주면 정지된 물의 경우에 비해 약 4배의 냉각 능력이 증가한다. 수온을 25℃ 이하로 유지하기 위해서 프로펠러로 물을 교반하다. 또한 더욱 냉각 능력을 강화하려면 물에 식염(10%), 가성소다(5%)를 첨가한다.

냉각 능력을 강화한 경우에는 처리물의 변형에 주의해야 하며, 균일한 냉각이 될 수 있도록 교반을 해준다.

[2] 기름 탱크

기름도 냉각 능력을 증가시키는 방법으로써 물의 경우와 같이 교반을 해준다. 담금질 유도 강력하게 교반을 해주면 정지된 경우보다 2~3배 냉각 능력이 강화된다.

1-2-5 냉각제의 선택

냉각제는 처리하는 강의 종류에 따라 선택한다. 예를 들면, 담금질성이 나쁜 강종은 물이나 소금물을 이용하고, 이것으로도 부족하면 분사 담금질을 실시한다. 비교적 담금질성이 좋은 강종은 담금질유를 사용하며, 자경성 합금에는 공기를 이용한다. 이것 이외에 austemper, martemper 처리에는 염욕이나 martemper 기름을 사용한다. 냉각 속도를 변화시킬 수 있는 냉각제로서 수용성 담금질제가 있으며, 사용하는 경우에는 농도와 온도를 잘 조절해야 한다.

1-2-6 냉각제의 관리

물·기름에 대해서는 사용하기 적당한 온도로 유지시켜 주는 설비를 점검한다. 기름의 경우는 물의 혼입을 방지할 필요가 있으며 스케일 등을 정기적으로 제거한다. 기름의 냉각 능력은 노화에 따라 저하되므로 항상 사용에 적합한가를 점검해야 한다.

1-2-7 각종 냉각 장치

[1] 가스 냉각 장치, 공랭 장치

구조용 합금강의 불림이나 침탄 부품의 공랭, 자경성 합금의 담금질 등에 이용한다. **그림 1–5**는 가스 담금질 장치로서 담금질 온도로 가열된 처리물을 담금질실로 넣어 분위기 가스를 통과시켜 냉각한다. 공랭은 대기중에 방치하거나 강제 공랭이 간단하므로 많이 이용된다.

[2] 수냉 장치

그림 1–6에 오버플로(overflow)형 장치를 나타내었다. 물은 화살표 방향으로 흐르며

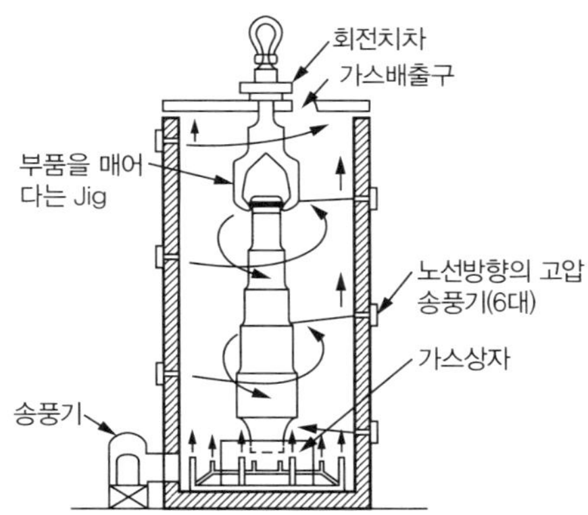

그림 1–5 가스 담금질 장치

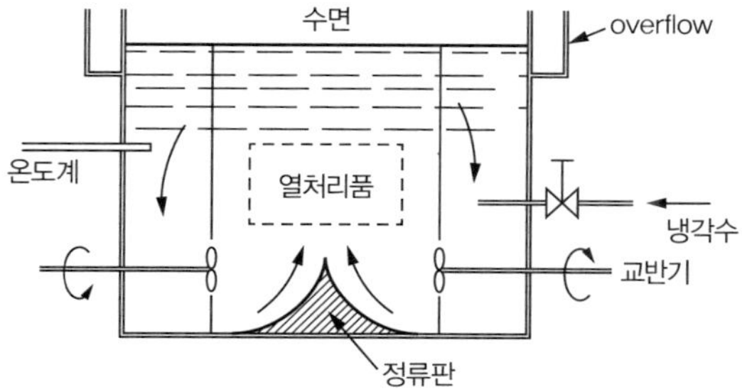

그림 1-6 오버플로형 수냉 장치

탱크에 온도계를 장치하여 수온을 측정하고 냉각 수량을 조절한다. overflow된 물은 냉각탑에서 냉각되어 다시 사용된다. 물의 교반은 프로펠러에 의해 실시되며 열처리물의 균일한 냉각을 위해 정류판을 설치한다.

[3] 유냉 장치

유냉 장치는 담금질에 가장 많이 사용되며, 열처리의 종류에 따라서 냉각유(50~80°C)와 열유(120~150°C)가 있다. 이런 것들은 가열 장치와 냉각 장치가 구비되어서 온도를 조절할 수 있게 되어 있으며, 교반은 프로펠러에 의한 것과 펌프에 의한 순환 방식이 있다. 일반적으로 기름의 필요량은 담금질하려는 처리물 중량의 10~15배 정도이다.

[4] 분사 냉각 장치

담금질품을 냉각실에 넣고 냉각제를 분사시켜 급랭시키는 장치이며, 처리물을 회전시킴으로써 표면의 수증기나 기포의 제거가 빨라 냉각 속도가 크다. 담금질성이 나쁜 강종에 이용한다.

[5] sub-zero 냉각 장치

sub-zero 처리는 담금질 처리를 하여 상온 부근까지 냉각시킨 담금질물을

−60 ~ −150℃까지 냉각시켜 마텐자이트 변태를 완결시키는 처리이다. 이런 것은 액체질소 속에 담금질물을 넣거나, 알코올 등의 유기용제와 드라이 아이스의 혼합액 속에 넣는 방법이 있다. 그 외에 가스압축냉동기를 사용하여 저온액이나 저온 공기를 만들어 저온 실내를 순환시켜 대량으로 처리하는 방법이 있다.

[6] 프레스 담금질 장치

담금질 처리를 할 때에 처리물을 금형으로 누르고 금형에 뚫린 구멍을 통하여 냉각제를 분출시켜 담금질하는 방법으로, 담금질 변형을 줄일 수 있는 장점이 있다. 자동차 자동기어의 담금질이나 클러치 블레이드 등 얇은 물품의 담금질에 이용된다.

제2장

전처리 및 후처리

2-1 전처리

처리물 표면에 녹이나 산화 스케일이 있을 때, 또는 기름이 부착된 상태에서는 담금질 처리를 하여도 담금질이 잘 되지 않는다. 그러므로 녹, 산화 스케일기름 등을 제거하는 전처리는 열처리 과정 중 가장 중요한 작업이다.

특히 광휘열처리(광휘풀림, 광휘담금질, 광휘뜨임 등), 진공열처리, 침탄, 질화와 같은 분위기 열처리에서는 전처리를 완벽하게 하는 것이 완전한 열처리를 할 수 있는 하나의 방법이다.

2-1-1 산세

주조 등의 고온 가공을 한 철강의 표면에는 **그림 2-1**과 같이 표면서부터 차례로 산화 제2철, 제3산화철, 산화 제1철의 산화물 층이 생성되어 있으며 이것을 스케일이라고 한다. 스케일은 공기중에서 가열하는 풀림, 불림, 담금질 등에서도 발생한다. 또한 재료나 물품에 녹(철 산화물이나 수산화물 등)이 발생하기도 한다.

이와 같은 스케일이나 녹을 제거하기 위해서 산세 처리를 한다. 오랫동안 산세 처리를 하는 것을 피클링이라고 하며 표면 처리를 하기 전에 얇은 산화물 층을 제거하기

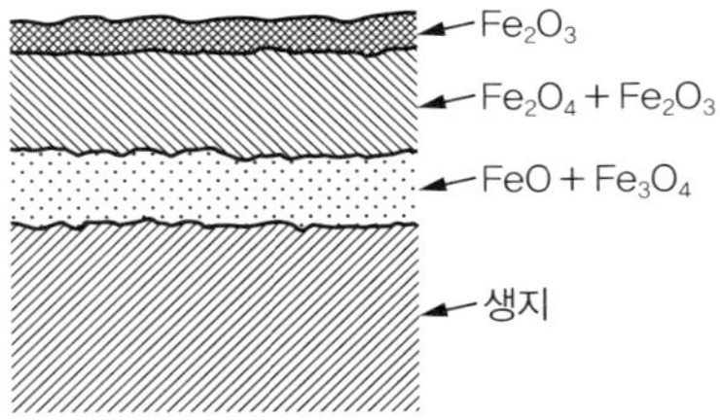

그림 2-1 철강의 스케일

위새서 단시간 산세 처리를 하는 것을 산 침적(acid dip)이라고 한다. 철강의 산세에는 보통,

① 5~10% 황산, 액온도: 50~70°C
② 5~15% 염산, 액온도: 상온~40°C 이하
③ 10~20% 인산

등이 사용된다. 염산은 작용이 맹렬하며, 인산은 반응이 맹렬하지 않지만 가격이 비싸서 거의 사용하지 않는다. **그림 2-2**는 염산과 황산을 사용했을 때 농도와 산세

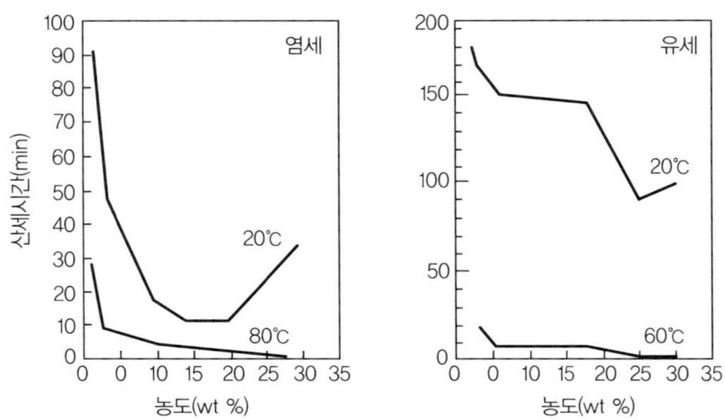

그림 2-2 산세에서의 산 농도와 산세 시간의 관계

시간과의 관계를 나타낸 것이다.

액의 온도보다는 산세 시간이 큰 영향을 끼치며 산세를 오랫동안 실시하면 산이 모재 표면 깊숙이까지 용해시켜 표면을 망치게 된다. 이것을 방지하기 위해서는 약간의 억제제를 첨가하는 것이 좋다. 산세 후에는 바로 수세, 중화 처리, 수세를 실시한다.

산세 처리를 할 때의 주의 사항으로는

① 강재료에 취성이 있거나 고탄소강의 같이 취성을 일으키기 쉬운 재료는 주의해야 한다.

② 배수에 대해서 공해 방지 시설을 갖추어야 한다.

2-1-2 탈지

광휘 열처리나 가스침탄과 같은 분위기로 열처리를 실시한 경우, 물품의 표면에 기름이 부착되어 있으면 분위기가 오염되어 광휘성이 저하되면 침탄이 잘 되지 않는다. 그러므로 탈지 처리가 필요하게 된다. 탈지는 유기용제탈지, 알칼리탈지, 유제탈지, 전해탈지가 있다.

[1] 유기용제탈지

최근에는 탈지 효과를 높이기 위해 유기용제탈지가 많이 사용되고 있다. 탈지법으로서는, 기상법(수증기중에서 탈지), 기상-액상법(증기나 스프레이 등 액에 의한 탈지), 다중액상법(탱크 2개 이상의 액에 의한 탈지) 등이 있다. 그 중에서 기상-액상법이 가장 탈지 효과가 좋다.

[2] 알칼리탈지

가성소다(NaOH), 소다회(Na_2CO_3), 오르소인산소다($Na_3PO_4 \cdot 12H_2O$) 등의 수용액은 기름의 분해력이 강력하고, pH>9의 강력한 알칼리성을 나타내어서 액체의 유화 작용이 큰 장점이 있다. 또한 계면활성제를 첨가하면 탈지 효과는 더욱 상승된다.

[3] 유제탈지

기름은 나프네 등에 용해되므로, 이것을 계면활성제를 첨가한 액중에 처리물을 침적시켜 탈지를 한다.

[4] 주의 사항

유기용제를 사용할 경우에는 증기가 탱크 밖으로 나오므로, 배기에 충분한 주의를 기울여 안전에 유의한다. 또한 유제탈지에서는 화재를 주의하여야 한다.

2-1-3 숏블라스트

스케일이나 녹을 제거하기 위해서 산세 처리를 하면 수소취성이나 배출액의 공해

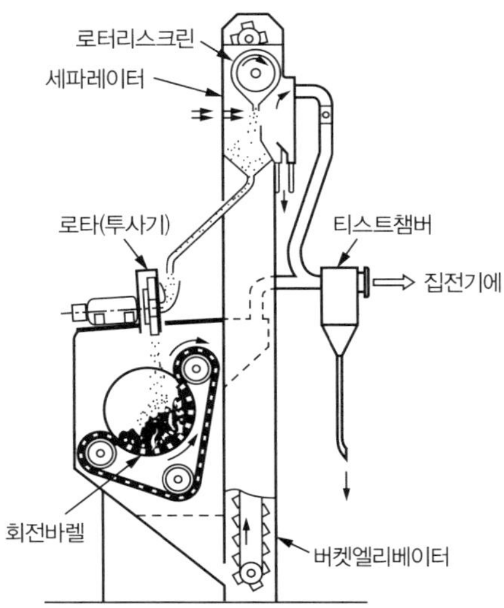

그림 2-3 숏블라스트 장치

문제가 있지만, 숏블라스트는 건조 처리이기 때문에 이와 같은 문제가 없어서 최근에는 열처리에서 숏블라스트 방법이 널리 이용된다. 숏블라스트는 물품의 숏을 불어넣고 그 기계적인 힘으로 스케일 등을 제거한다.

그림 2-3에 장치의 한 예를 나타내었다. 숏블라스트는 물품의 표면거칠기 정도가 좋으며 물품의 용도, 성능에 따라서 숏의 종류, 입도 및 블라스트의 작업 조건을 선정해야 한다.

2-2 후처리

열처리물의 방청 방법으로서는 방청제 도포, 화성 처리, 용융도금, 전기도금 등이 있다.

[1] 방청제 도포

열처리 후에 녹이 발생되지 않도록 방청유, 수용성 방청제 등에 침적시키거나 스프레이를 이용하여 이들 용액을 도포한다. 이 방법은 일시적인 처리법이다.

[2] 화성 처리

철강 표면에 인산염 피막을 만드는 방법으로써 가열된 Mn이나 Zn의 인산염용중에 물품을 침적시키거나 그 스프레이를 한다. 화성처리만 하면 방청 효과가 충분하지 못하므로 그 위에 방청유를 도포한다.

또한 철강품을 가열된 가성소다 용액중에 침적시켜 표면에 Fe_3O_4의 흑색막을 생성시키는 방법을 알칼리 착색법이라고 하며, 방청 처리의 일환으로 실시되고 있다.

[3] 용융도금

조절된 열처리품을 용융아연욕중에 침적시켜 도금한다. 대기중에서의 내식성은 뛰어나며, 그 이외에 Sn이나 Al 등이 용융도금에 이용된다.

[4] 전기도금

물품을 음극으로 전착시키는 금속을 양극으로 하여서 도금을 실시한다. 도금을 좋게 하려면 도금욕의 조성, 욕의 온도, 전류밀도 등을 적합한 조건에 맞추어야 한다. 도금의 종류에는 아연도금, 크롬도금, 전류밀도 등이 있다.

열처리된 물품을 전기도금하면 수소의 침투에 의한 수소취성이 방지될 수 있다. 방지하기 위해서는 도금 후 약 150~200°C로 가열한다.

제3장

금형 소재의 열처리

3-1 금형재료

요즈음 산업 분야에는 금형을 사용하는 분야가 상당히 많으며, 금형 재료의 양부가 생산성을 지배하는 중요한 요소가 된다. 금형 재료의 적합성 여부는 재료의 열처리성, 기계 가공성, 균질성 등을 검토하여 결정하게 되며, 좋은 재료를 선택하여 적합한 가공과 처리에 의해 양호한 금형이 만들어지게 된다.

금형재료로 이용되는 것은 **표 3-1**과 같으며, 여러 가지 금형 재료중에 적합한 것을 선택하여 금형으로 이용하게 된다.

3-1-1 금형용 형강의 품질 조건

금형재는 우선 충분한 경도와 내마멸성과 함께 충격에 견딜 수 있는 인성을 동시에 갖추어야 하며, 가공성도 우수해야 한다. 이러한 조건을 충족시키기 위해서 고급 금형용 형강에는 특수 원소가 첨가되며, 그 위헤 적당한 열처리를 통하여 충분한 효과가 발휘되도록 한다.

[표 3-1]

<table>
<tr><td rowspan="2">금형 재료</td><td>금형용 형강</td><td>• 냉간용 형강(탄소공구강, 특수 공구강, 다이스강, 고속도강)
• 열간용 형강(W계 및 Mo계 열간 다이스강, 단조용 형강, Cr계열간 다이스강, 합금 공구강</td></tr>
<tr><td>특수 형재</td><td>• 초경합금(WC+Co)
• 아툼로이(W, Mo 등에 의한 침투 경화)
• 스테라이트(Co+Cr+W)
• 세로마트릿크스(Bi+Pb+Sn+Sb)
• 고무
• 베릴륨강(Cu+Be+Co)</td></tr>
</table>

금형용 형강에 첨가되는 원소들은 형강을 A_3 변태점 이상으로 가열할 경우 Austenit 기지에 고용하여 경화능을 향상시키는 것과, 여러 가지 복탄화물을 만들어 내마멸성을 향상시키는 것, 질화물을 형성하여 결정 입도를 미세화하는 것, 반복응력에 견딜 수 있는 경도와 고온 강도를 증가시키는 것, 고온 내식성의 향상 등 여러 작용을 하며, 이러한 작용에 의해 금형용 품질은 점점 우수하게 된다.

이상과 같은 조건을 갖춘 금형용 형강은 목적에 따라 적합한 열처리를 실시하게 되며, 열처리에 의해 완전한 금형으로서 이용되어 진다.

3-1-2 냉간용 형강

프레스 가공용 금형은 주로 냉간에서 사용되며, 압력을 직접적으로 받는 부분은 연속 작업을 할 경우, 약간의 온도 상승이 일어난다. 따라서 냉간 가공용 형강은 피가공물의 종류, 형상, 크기, 경도 등 조건에 따라 차이는 있겠지만 대게 다음의 조건을 구비하여야 한다.

① 경도 및 인성이 클 것

② 마멸 저항이 클 것

③ 열처리에 의한 변화가 적을 것

④ 열처리가 용이한 것

⑤ 기계 가공성이 우수할 것

이상의 조건을 갖춘 냉간 가공용 형강으로는 다음과 같은 종류가 있다.

[1] 탄소 공구강[(KS) STC, (JIS) SK]

탄소 공구강은 금형 재료중에서 가장 값이 싸고 가공도 용이하므로 프레스형으로 많이 이용되고 있으며, HRC 54~63 정도로 하여 사용한다. 이 재료의 공업 규격은 KSD 3751로서 STC 1종부터 7종까지 되어 있다.

이 재료의 결점은 담금질 처리에 의한 변형 정도가 심하고 균열 발생이 용이하기 때문에 고급 정밀형이나 다량 생산에는 적합하지가 않다.

[2] 합금 공구강[(KS) STS, STD, (JIS) SKS, SKD]

냉간 가공용으로 사용하는 합금 공구강에는 고탄소, 저Cr과 여기에 W를 첨가하는 STS(SKS)와 다이스강으로서는 고탄소, 고Cr에 소량의 Mo, W 또는 V 등이 첨가된 STD(SKD)가 사용된다.

정밀 부품의 타발용에는 STS-3이 널리 이용되고 있다. 다이스강인 STD에는 미치지 못하나 내마멸성도 있고 담금질 처리에 의한 변형도도 적으며 경화 깊이도 깊어서 양호하며, 다이스강에 비해 가격도 저렴하며 중급 정도의 금형 재료에 적당하다.

다이스강, 즉 STD로서는 1종·2종·11종·12종이 많이 이용되며, 자경성, 담금 깊이, 담금 경도, 변형 정도 등에서 STS의 특수 공구강보다 우수해서 내마멸성과 내충격성이 크다. 또 경강이나 규소강판 등의 단단하고 마멸성이 높은 소재를 punching하는 경우에 많이 사용된다.

[3] 고속도강[(KS) SKH, (JIS) SKH]

고속도강은 18-4-1형이 표준이나 W 대신 Mo를 함유시킨 미국형의 6-5-4-2형도 널리 이용된다. 그러므로 W계 고속도강과 Mo계 고속도강으로 분류하며, Co

를 첨가하여 인성을 개량하고 있다. 고속도강은 적당한 열처리에 의해 쉽게 경화되어 내마멸성이 커지며, 기타 여러 가지 성질이 우수하게 된다. 그러나 가격이 고가이므로 작은 부품의 펀치, 다이스 부품에 널리 이용되고 있다. 고속도강은 고온에서의 경도와 내마멸성이 상온과 별 차이가 없으며, 고온 가공 형재로서도 이용된다.

3-1-3 열간 가공용 형강

열간 가공인 단조, 프레스, 압출, Die−cast 등에 사용되는 금형 재료는, 용도나 조건에 따라 약간의 차이는 있지만 대략 다음의 조건들을 구비하여야 한다.

① 작업 온도에서의 기계적 성질, 특히 경도와 인성이 커야 할 것
② 작업 온도에서의 내마멸성 및 내열성이 우수할 것
③ 가열에 대한 연화저항이 클 것
④ 경화능이 좋고 열처리가 용이할 것
⑤ 열처리에 의한 변형률이 적을 것
⑥ 내부식성이 우수할 것(특히 Die−cast용).

이상과 같은 조건을 갖추어야 하며, 특히 온도가 높기 때문에 산화, 장시간 가열에 의한 연화 저항성, 반복 가열 냉각에 의한 열피로, 고온 충격성 등이 우수해야 한다.

우리 나라의 표준 규격에 열간 가공용 공구강으로서는 10종이 규정되어 있으며, STD 4종 및 5종은 W계 열간 다이스강이며, STD 6종 및 61, 62는 5% Cr계 열간 다이스강이다. 또한 STF는 단조용 금형 재료이다. 기타 합금 공구강으로서는 STS 2종 및 4종도 일부 열간 가공용 형강으로 사용된다.

[1] 단조용 금형강

단조용 금형강으러서는 KS에서는 6종류가 STF 부호로서 규정되고 있다. STF−1

은 Mn을 첨가한 탄소강이며, STF-2는 Cr-Mn강, STF-3, 4, 6은 Ni-Cr-Mo강이고, STF-5는 Cr-Mo-V강이다. 단조용 금형은 중량이 크고, 고급 재료를 사용하려면 가격이 커지므로 비교적 염가인 Ni-Cr-Mo강이 이용된다.

단조용 금형강은 정련에 의하여 비금속 개재물, 불순물의 관리가 엄격하여야 하며, 특별히 소재의 재질 관리를 잘 하여야 한다. 즉 강괴의 외주 단련을 한 후 길이 1/3 이상으로 단련하여 적당한 용적으로 절단하고, 완전 단련 과정을 거쳐 수지상 조직을 완전히 파괴시켜 충격에 의한 파단이나 취약성이 없도록 해야 한다.

[2] Die-cast형강

die-cast에 있어서 금형의 재질은 die-cast 합금의 종류, 동일 금형 내에서의 위치, 또한 생산하려는 생산량에 따라 달라지게 된다.

일반적으로 die-cast용 금형을 고온 용융 합금에 사용하면 금속 표면이 부식되고, 열피로 현상에 의해 사용 불가능 상태로 되는 것이 보통이다. 즉, 가열과 냉각이 반복됨에 따라 표면에 hair crack이 발생하게 된다. 그러나 Pb, Sn, Zn 등과 같이 저융점 금속을 대상으로 할 경우에는 금형의 수명은 상당히 길어진다.

이러한 목적으로 사용되는 금형강에는 KS의 STD-4, 5, 6, 61이 널리 이용되고 있다.

[3] Plastic용 형강

취입 성형법 또는 진공 성형법에서는 석고, 목형, 주철, 황동, Zn 합금 등이 형재로서 사용된다. 압축성형, 이송성형, 사출성형용, 금형재료는 SM45C나 SM50C와 같은 기계 구조용 탄소강이나 탄소 공구강, Cr-Mo강 등이 널리 이용되고 있으며, 최근에는 Be동도 사용된다.

그러나 최근의 플라스틱 발전과 생산량의 대량화, 그리고 금형 가공법도 cold hobbing, 방전 가공법 등 새로운 기술이 응용됨에 따라 금형재료도 바뀌어가고 있는 실정이다. 예를 들면 cold hobbing에 의한 경우에는 가공성의 관점이나 0.1%C 전후의 저탄소합금강이 주로 사용되며, 방전 가공인 경우에는 열처리 후의 가공이

용이하므로, 고탄소강 또는 고탄소 합금강이 일반적으로 사용된다.

3-2 냉간 가공용 금형강의 열처리

냉간 가공용 금형강은 보통 냉간 공구강이라고 하며, 이중 중요한 대표적 강종의 열처리 조건을 **표 3-2**에, 그리고 공구 종류에 따른 강종의 선택 기준을 **표 3-3**에 나타내었다.

[표 3-2] 주요한 냉간용 형강의 열처리 조건과 경도

강종 기호	열처리 온도(℃)			경도	
	annealing	quenching	tempering	annealing	tempering
STC (SK) 3	750~780	760~820 수냉	150~200	212 이하	63 이상
STC (SK) 5	740~760	760~820 수냉	150~200	207 이하	59 이상
STS (SKS) 3	750~800	800~850 유냉	150~200	217 이하	60 이상
STD (SKD) 12	830~880	930~980 공랭	150~200	255 이하	61 이상
STD (SKD) 11	830~880	1,000~1,050 공랭	150~200	255 이하	61 이상
STD (SKD) 1	830~880	930~980 유냉	150~200	269 이하	61 이상
SKH 9	800~880	1,200~1,250 유냉	540~570	255 이하	62 이상
SKH 57	800~880	1,220~1,260 유냉	550~580	285 이하	64 이상

[표 3-3] 주요한 냉간용 형강의 선택 기준

용도	표준 사용 경도(HRC)	소량 생산용	일반용	다량 생산용
발형	58~62 60~65	STC3, 5STC3	STD11, STD1	SKH9
냉간 heading dies	55~62	STC3, 5	STD11	SKH9
shear blade 부판용 (6 mm 이하)	55~60	STC3	STD11	SKH9
shear blade 중판용 (6~12 mm)	53~58	STC5	STD11	

용도	표준 사용 경도(HRC)	소량 생산용	일반용	다량 생산용
shear blade 후판용 (12 mm 이상)	48~53	–		
trimming dies 부판용	55~60	STC5	STD11	SKH9
trimming dies 후판용	50~55	STC5		
굽힘, 조힘형	58~62	STC3, STS3	STD11, STD1	SKH9, SKH57
냉간추출형	58~63		STD11	SKH9
인발 dies	57~62		STD1, STH9	SKH57
coining dies	55~60		STD11	SKH9
냉간 holl	Hs > 80		STD11	SKH9

3-2-1 열처리 프로세스에 있어서의 예비 작업

사용하는 냉간용 금형의 종류에 따라 약간의 차이는 있으나 열처리 프로세스를 나타내면 다음의 그림과 같다. 열처리 프로세스의 문제점을 방지하기 위해서는 열처리 전의 공정을 충분히 검토하는 것이 중요하다.

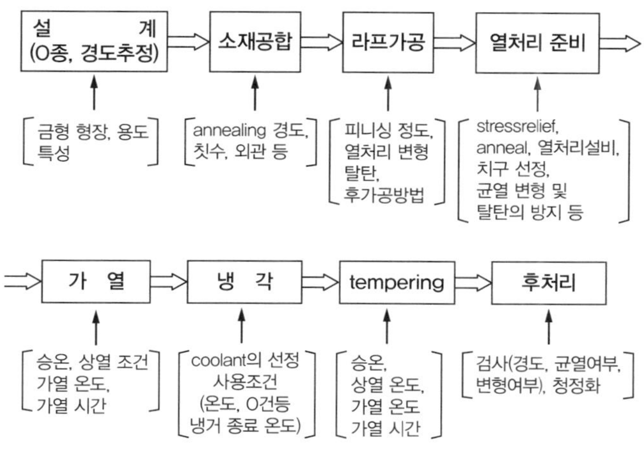

그림 3-1 열처리 process와 검토 요소

[1] 소재의 Annealing(풀림)

소재에 대한 annealing 처리는 보통 소재의 공급처에서 실시해 주며, 소재에 재단조, 절단, 용접 등을 시공을 하였을 경우에는 **그림 3-2**에 표시한 것과 같이 완전 풀림을 하여 주는 것이 바람직하다.

또한 cold hobbing 가공과 같은 특수 가공을 할 경우에는 될 수 있는데로 낮은 경도로 하여 주는 것이 좋다.

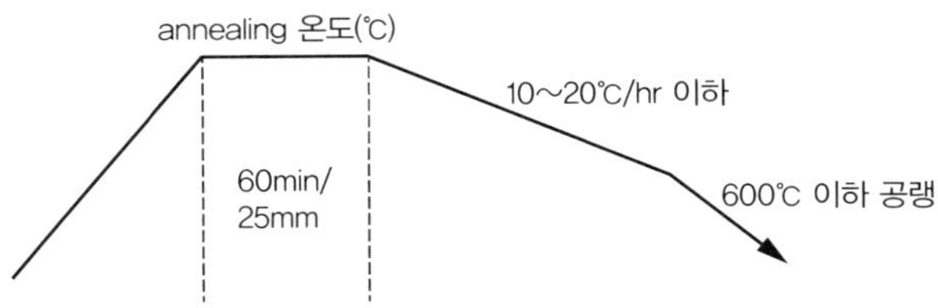

그림 3-2 냉간 가공용 금형강의 완전 풀림 cycle

[표 3-4]

강종	풀림 온도(℃)	강종	풀림 온도(℃)
STC3	750~780	STD1, 11, 12	800~850
STC5	740~760	SKH9	800~850
STC3	760~790	SKH5, 7	820~870

풀림 경도를 낮게 한다든가 또는 탄화물의 구상화를 특별히 고려할 경우에는 **그림 3-3**과 같이 특수한 annealing cycle을 채택하기도 하며, 불림은 STC나 STS와 같은 저합금강의 경우에는 탄화물의 망상 석출을 개선시키고 균일한 분포로 하는데 효과가 있으나, STD-11이나 SKH-9와 같이 합금원소의 양이 많아진 것은 1차 탄화물(austneite 상태에서 고용되지 않음)이 석출하고 있어서 그 효과가 적기 때문에 적용하지 않는 것이 보통이다.

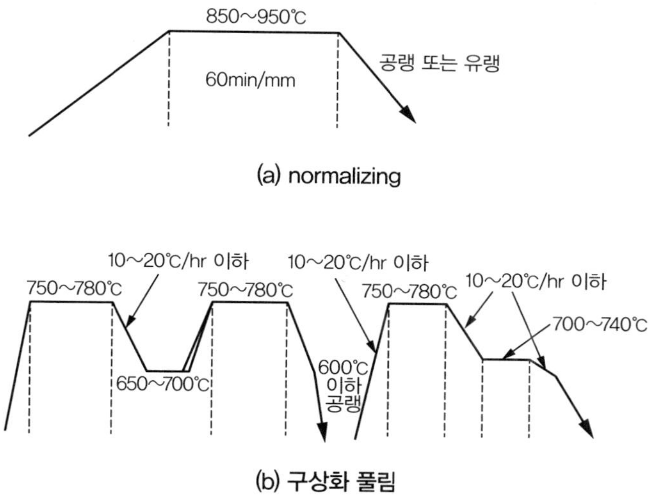

그림 3-3 STC3, 5 및 STS 3의 불림 및 구상화 풀림 cycle

[2] 재열 처리 전의 가공응력 제거 풀림 작업

소재를 기계 가공한 다음, 금형에 따라서는 가공의 종류, 치수의 정도 등을 생각하여 열처리 전의 가공응력 제거 풀림을 하는 경우가 있으며, 대개 **그림 3-4**과 같은 가열 cycle로서 저온 풀림을 하여 준다.

용접, 용단, 덧살 붙임에 따라 금형을 보수할 경우나 금형을 재열처리할 필요가 있을 경우에는 완전 풀림을 해 주어야 하지만, 실제 작업에서는 변형·산화·탈탄 등의 문제가 발생하기 쉬우므로 저온 풀림을 하는 경우가 많다.

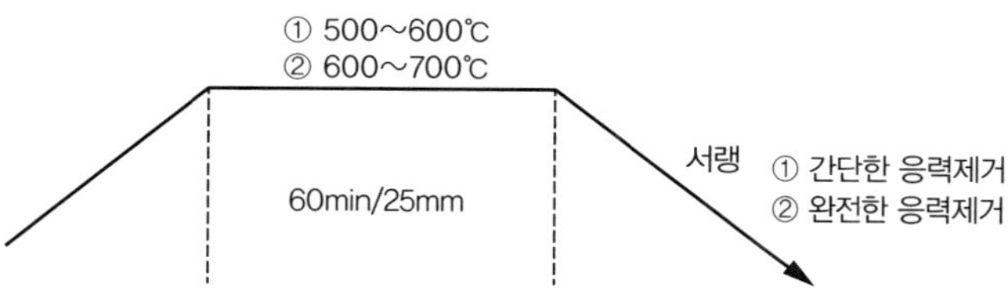

그림 3-4 저온 풀림 cycle

3-2-2 탄소 공구강의 열처리 요령

[표 3-5]

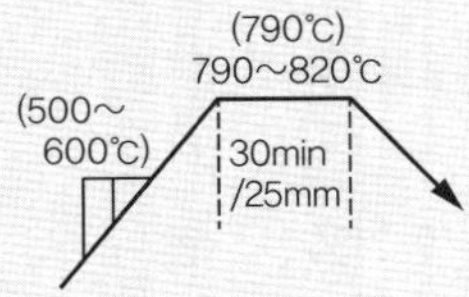	a) 수냉 b) 수 → 유 c) 유냉	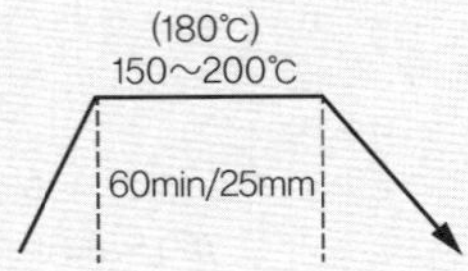
1. 형태 복잡, 질량이 큰 것은 예열(500~600℃) 또는 서열한다.	1. 수냉의 경우 200℃정도에서 꺼내어 공랭 또는 수 → 유가 일반적임	1. 담금질 후 50~100℃에서 뜨임로에 옮겨서 균열 방지
2. 염용 가열도 400~600℃로 예열한다.	2. 수→유의 경우: 수중 1 S/2~3mm. 유중에서는 150~200℃에서 꺼낸다.	2. 금형에 따라서는 뜨임 온도를 높이거나 250~300℃에서는 취화에 주의하여야 함
3. 균일 경도를 얻기 위해 가열전에 덮개를 하든가 바른다. 염용의 경우에는 냉각전에 부착염을 제거	3. 유냉의 경우: 200mm 이하 또는 유냉용 탄소 공구강 820~850℃로 약간 높게 잡는다.	3. 질량이 큰 것은 2회 반복하고, 뜨임하는 것이 바람직함
4. 균일 가열할 것. 30min/25mm가 적당	4. 수온을 30℃ 이하, 유온 40~60℃ agitate가 필요	

3-2-3 합금 공구강의 열처리 요령

냉간 가공용 금형강으로서 합금공구강의 종류는 여러 가지가 있으나 Cr−W계통 저합금강으로서 STS−3과 고C−고Cr계 dies강으로 알려져 있는 STD−11이 대표적이라 할 수 있으며, STS−3, SKD−11에 대한 열처리 요령을 표 3−6, 3−7에 표시하였다.

[표 3-6] STD-11의 열처리 요령

<table>
<tr>
<th>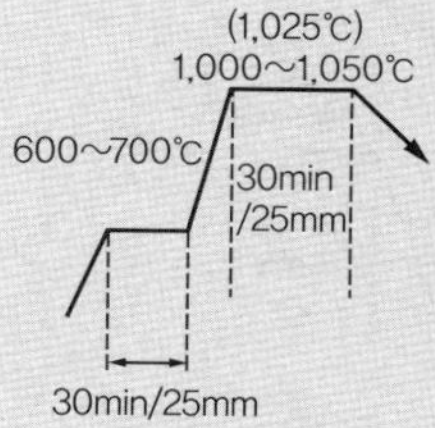
</th>
<th>a) 공랭(강제 공랭)
b) marquenching, 450~500℃, 10min/25mm
c) 유냉(40~60℃), 200~300℃에서 끌어 올림</th>
<th>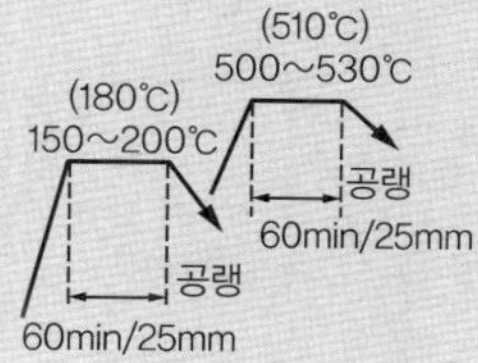
</th>
</tr>
<tr>
<td>1. 형상이 복잡. 질량이 큰 것은 1차(600℃) → 2차(800℃)의 2단계 예열이 바람직하다.</td>
<td>1. 공랭의 경우는 두께가 50mm 이하의 것에 적용함이 좋다. 50 mm℃까지 강제공랭한 다음에 방랭한다.</td>
<td>1. 적은 금형에는 보통 저온 뜨임을 채택한다.</td>
</tr>
<tr>
<td>2. 대기중에서 가열할 경우, 고온으로 인한 금형 표면의 변화, 탈탄이 필연적이므로, 가열 방법에 주의하고 finishing 가공 여유를 충분히 고려할 것. 산화</td>
<td>2. Marquench는 형상이 복잡한데 질량이 큰 것이 적용된다.</td>
<td>2. 고온 뜨임은 질량이 큰 것 또는 금형을 사용할 경우, 온도 승상이 일어날 수 있는 것에 적용한다.
특히 인성을 중요시 하는 경우에 적용</td>
</tr>
<tr>
<td>3. 저온 뜨임을 하려고 할 경우에는 담금질 온도를 1,000~1,020℃로,
고온 뜨임을 하려 할 경우에는 1,030~1,050℃로 가열한다.
온도가 너무 높으면 잔류 austenite가 많아져서 경도가 떨어지게 된다.</td>
<td>3. 유냉은 형상이 간단한 것에 적용한다. 좀 빠른 듯하게 oil에서 꺼내어 공랭한다.</td>
<td>3. 뜨임은 2회 반복하는 것이 바람직하다.
특히 고온 뜨임.

4. 담금질 후 저온 뜨임 할 경우에는 잔류 Aus 분해 때문에 실온으로 되어 3~4hr 후에 뜨임 조작을 하고, 고온 뜨임의 경우에는 50~100℃에서 뜨임으로 옮긴다.</td>
</tr>
</table>

[표 3-7] STS-3의 열처리 요령

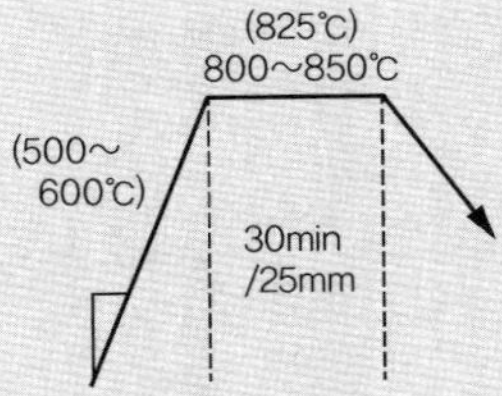	a) 온냉(유온 40~60℃). 150~200℃에서 끌어 올린다. b) marquench 유냉, (100~150℃), 10min/25mm c) marquench salt(100~200℃)	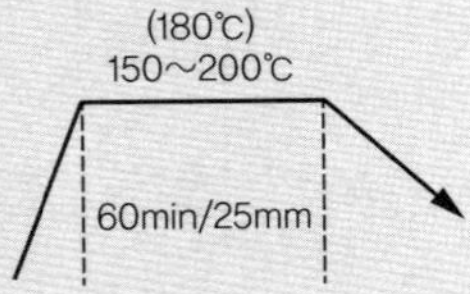
1. 형상이 복잡. 질량이 큰 금형은 예열(500~600℃) 또는 예열한다.	1. 각 quench법보다 질량이 큰 금형일수록 강하게 교반하여 준다. 300℃ 이하 적당히 늦추어 준다.	1. quench 후 500~600℃에서 뜨임로에 옮겨서 균열을 방지한다.
2. 감용 가열할 경우에는 400~600℃에서 예열한다.	2. marquench는 형상이 복잡한 것, 형상이 쉬운 것에 효과적이다.	2. 금형의 경도에 따라서는 뜨임 온도를 높이나 250~300℃에서의 청열 취성에 주의하여야 한다.
3. 가열시간은 30min/25mm을 기준으로 하고, 금형 표면이 균일하게 가열되면 즉시 담금질하는 때도 있다.	3. marquench의 경우에는 oil이나 salt 등의 온도가 높으므로 자화에 의한 냉각능의 저하에 주의하여야 한다.	3. 질량이 큰 금형은 2회 정도 반복 뜨임하여 주는 것이 바람직하다.

3-3 열간 가공용 금형강의 열처리

열간 가공용 금형강은 비교적 큰 치수의 금형재로서 사용될 경우가 많으므로, 열처리시에는 질량 효과의 영향을 고려하여야 한다. 또한 고온에서의 강도, 내충격성·내연화성 및 Al이나 Cu에 대한 내용손성 등이 높아야 한다.

대표적인 열간 가공용 금형강의 주요 화학 성분과 열처리 온도를 **표 3-8**에 나타내었다.

[표 3-8] 대표적 열간 가공용 금형강의 화학 성분 및 열처리 온도

KS	JIS AISI	화학성분(%)									열처리		
		C	Si	Mn	Ni	Cr	Mo	W	V	Co	풀림 (%)	담금질 (%)	뜨임 (%)
STD6	SKD6	0.37	1.00	<0.50	–	5.00	1.25	–	0.40	–	820~ 870 서냉	1,000~ 1,050 공랭	550 ~650 공랭
STD61	SKD61	0.37	1.00	<0.50	–	5.00	1.25	0.40	1.00	–	820~ 870 서냉	1,000~ 1,050 공랭	550~ 650 공랭
STD62	SKD62	0.37	1.00	<0.50	–	5.00	1.25	1.25	0.40	–	820~ 870 서냉	1,000~ 1,050 공랭	550~ 650 공랭
STD4	SKD4	0.30	<0.40	0.60<	–	2.50	–	5.50	0.40	–	800~ 850 서냉	1,050~ 1,100 공유냉	600~ 650 공랭
STD5	SKD5	0.30	<0.40	<0.60	–	2.50	–	9.50	0.40	–	800~ 850 서냉	1,050~ 1,100 공유냉	600~ 650 공랭
–	H10	0.37	<0.40	<0.50	–	3.25	3.25	–	0.40	–	820~ 870 서냉	1,000~ 1,050 공유냉	550~ 650 공랭
–	H19	0.40	<0.40	<0.50	–	4.25	0.40	4.25	2.00	4.25	850~ 900 서냉	1,100~ 1,180 공유냉	600~ 650 공랭
–	3NiMo	0.20	<0.30	<0.60	3.30	–	3.30	–	–	–	750~ 800 서냉	1,000~ 1,050 공랭	450~ 550 공랭
STF4	SKT4	0.55	<0.35	<0.80	1.70	0.85	0.35	–	(0.15)	–	760~ 810 서냉	820~ 880 유냉	소요 경도까지

3-3-1 풀림(annealing)

열간 가공용 금형 강재는 보통 풀림(annealing) 상태로 공급되나, 경우에 따라서는 재단조하여 사용하기도 한다. 단조 가공 후에는 필히 구상화 풀림을 완전히 해주는 것이 바람직하다. 풀림 온도에 도달한 후, 적어도 1시간 정도 유지한 뒤에

15°C/hr의 속도로 노냉시키며, 500°C 정도까지 된 후에는 공냉시킨다. STD6의 경우에 풀림 조직은 1Mn이하의 입상탄화물이 5% 정도 존재하며, 다량의 M_6C와 소량의 $M_{23}C_6$로 되어있다.

3-3-2 담금질(Quenching)

열간 가공용 금형 강뿐만 아니라 다른 공구강도 담금 처리를 할 경우에는, 승온시의 예열이나 소정 온도에서 균열, 냉각의 세가지 과정에 충분한 주의를 기울여야 한다.

[1] 승온과 예열

승온 온도는 220°C/hr정도가 이상적이나 예열을 해주면 약간 빠르게 할 수 있다. 예열은 승온중에 발생하는 변형 방지에 효과적이며, 특히 두께 차이가 심한 금형이나 대형 금형은 필수적이다. 예열은 thermal strain을 고려하여 550°C 부근과 변태에 의한 수축을 고려한 변태점 직하의 온도(STD계에서는 800°C 부근)의 2단계로 하는 것이 좋다.

예열의 목적은 금형재의 표면부와 중심부와의 온도를 균일하게 하는 것이므로, 예열 유지 시간은 20~30 min 정도면 된다.

[2] 담금질(Quenching) 온도와 유지 시간

담금질(quenching) 온도는 일반적으로는 경화 가능한 최저의 온도가 이상적이며, 온도가 높게 되면 결정립의 조대화로 인성이 저하되어 금형 균열의 직업적인 원인이 된다. SKD6의 경우, 1050°C를 넘으면 결정립이 조대화하고 충격치가 급격히 저하하므로 과열시키지 말아야 한다.

담금질시의 규열 유지 시간도 중요한 인지이다. 적정 담금질 온도에서 필요 이상으로 장시간 유지하면, 일반 열간 가공용 금형강은 탄화물이 미세화하여 그것의 고용이 빨라 담금질 온도를 높였을 때와 같은 상태가 된다.

탄화물의 종류 및 고용의 난이는 강종에 따라 다르므로 유지 시간을 다르게 해

[표 3-9] 열간 가공용 금형강의 담금질 온도에서의 유지 시간

강종	담금질 온도(℃)	유지시간(min)
STD6 STD61 STD62 H 10 3Ni3Mo	1,030	20~30
STD4 STD5	1,070	20~40
H 19	1,150	20~40
STF 4	850	10~15

야 하면, **표 3-9**에 대표적인 열간 가공용 금형강의 quenching 가열 시간을 표시하였다.

[3] 냉각

담금질(quenching)의 경우, 필요한 임계 냉각 속도는 연속냉각변태곡선으로부터 추정할 수가 있다. STD-4는 냉각 속도가 작아지면 bainite가 생기게 됨과 동시에 잔류 austenite도 많아져서 3상 혼합 조직으로 되어 경도저하가 발생된다. 따라서 이와 같은 강종은 소형 형재에 적합하므로, 대형 금형 재료로는 적합하지 않다.

[4] 산화 및 탈탄 방지

금형재를 quenching 가열하는 경우의 산화 및 탈탄의 방지에는 냉간용이나 열간용 모두 동일하며, 진공로·분위기로·염욕로 등이 최근에 많이 이용되고 있으므로, 이와 같은 설비가 없을 경우 상자 가열법을 이용한다.

3-3-3 뜨임(Tempering)

[1] 뜨임(Tempering) 온도와 유지 시간

열간 가공용 금형강에 있어서의 뜨임(tempering) 처리는 재료의 성능에 큰 영향을 끼친다. 대부분의 열간용 형강은 뜨임에 의한 2차 경화를 이용하게 되므로, 뜨임 온도와 유지 시간을 고려하여 요구하는 경도를 얻도록 엄밀한 관리가 필요하다. 예를 들면 어떤 뜨임 상태는 다음과 같은 온도와 시간을 포함하는 parameter에 의해 표시할 수가 있다.

$$P = T(C+\log t) \times 10^{-3}$$

여기서

P: tempering parameter
T: tempering temperature(°K)
t: 유지 시간(hr)
C: 탄소량에 관계되는 정수(열간용 금형강에서는 20)

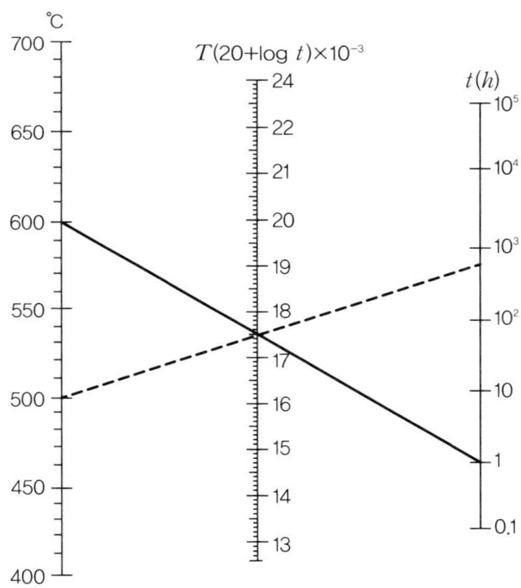

그림 3-5 열간용 형강의 tempering parameter용 monograph

표 3-4, **표 3-5**에 각종 열간용 금형강의 뜨임(tempering) 경도모곡선을 표시하였으며, **그림 3-5**에 tempering parameter용의 monograph를 표시하였다. 이것으로부터 뜨임 온도, 유지 시간, parameter값 사이의 상호 관계를 쉽게 알아낼 수 있다. 예를 들면 STD-6의 1,030°C 공랭제를 tempering에 의하여 경도를 HRC 50으로 하려고 하면, **그림 3-5**에서 parameter 값 17.5를 읽고, 600°C에서 뜨임을 하려고 하면 600°C와 17.5를 연결 연장하면 1hr을 얻는다.

제4장

Stainless강

스테인리스(Stainless)강은 대단히 높은 내식·내산화성을 갖는 철계합금의 일종으로 11~30%까지의 Cr를 함유하고 있으며, 경우에 따라 Ni 같은 원소들이 첨가되는데, 스테인리스 강종별로 안정 또는 준안정한 주된 상에 따라서 마르텐사이트계, 오스텐나이트계, 페라이트계 등 세 가지 범주로 나뉜다. 녹이 슬지 않는다는 의미인 stainless라는 형용사는 일반적 용어이면서 동시에 상대적 개념이라는 사실을 유념해야 하는데, 철에 Cr이 첨가됨에 따라 상대적인 부착력이 있고, 부동태인 산화막의 형성에 의해 일반적으로 철의 내식성과 내산화성이 증진된다.

Cr 함량이 높은 스테인리스가 일반적으로 내식성이 우수하다. 그러나 부식 환경에 따라서는 Cr 함량이 높은 것이 부적합한 경우가 있으므로, 부식 환경에 따른 스테인리스 강종 선택에 주의가 필요하다. 그러므로 이들 스테인리스강의 화학성분이 열처리와 내식성에 미치는 영향을 이해하는 것은 매우 중요한 일이다.

4-1 스테인리스강의 열처리

4-1-1 오스테나이트계 스테인리스강

[1] 오스테나이트계의 열처리 특성

오스테나이트 스테인리스강은 5가지 종류로 나눌 수 있으며, 대략 다음과 같다.

① 301, 302, 303, 304, 305, 308, 309, 310, 316, 317 같은 보편적인 것

② 안정화된 종류인 321, 347, 348

③ 탄소함량이 낮은 304L, 316L, 317L

④ 질소가 다량 함유된 201, 202, 304N, 316N

⑤ 고도가 합금된 317M, 317LX, JS700, JS777, 904L, AL-4X, 2RK65, Carpenter 20Cb-3, Sanicro28, AL-6X, 254CMO

오스테나이트계 스테인리스강을 노에 장입할 때는 이 강의 열팽창계수가 크다는 것을 고려해야 하는데, 연강보다 50% 이상 더 크므로 부품간의 간격을 이 팽창계수를 고려해서 적절히 유지해 주어야 한다. 필요에 따라 적층을 시킬 때는 승온 상태에서의 변형이 일어나지 않도록 주의해야 한다.

일반적으로 오스테나이트계 스테인리스강은 열처리에 의해 경화시킬 수 없으나 냉간가공에 의해서는 경화될 수 있다. 이들 강종은 풀림 또는 냉간 가공 상태로 구입한다. 후속되는 용접 또는 열적인 공정을 거친 후에는 최적의 내식성과 연성·전성을 회복시키기 위해 재풀림이 필요할 경우가 있는데, 풀림에 의해서 결정입계 부식 저항성을 심하게 해치는 크롬 탄화물이 용해된다.

탄화물 석출이 425°C 사이에서 일어날 수 있으므로, 이보다 충분히 높은 온도에서 풀림해야 하는데, 냉각이 시작되기 전에 모든 탄화물이 고용체로 용해되어야 한다. 또 크롬 탄화물은 용해 속도가 느려 온도가 높은 것이 실용상 좋으므로, 결정성장이 허용될 수 있는 한계인 1,095°C 부근을 풀림 온도라 한다. 풀림 온도로부터 냉각은 빨라야 하는데, 이것은 변형이라는 문제와 양립될 수 있어야 한다.

어느 경우나 변형이 허용된다면 용해된 탄화물이 고용체 속에 잔류하도록 수냉처리를 한다(310계는 탄화물 석출이 신속하므로 필히 수냉처리를 한다). 이와 같은 급냉 처리에서 변형이 고려되어야 할 경우는 강제 송풍 냉각을 한다. 아주 얇은 단면의 부품은 이 정도의 냉각에서도 과도한 변형으로 문제가 되는데, 이 경우는 정지된 공기중에서 냉각시킨다.

[2] 안정화 스테인리스

321, 347, 348 등이 있으며, 이들은 내식성에 악영향을 미치는 크롬 탄화물의 결정립계 석출에 대해 면역성을 부여하는 Ti, Nb 등을 함유하고 있다. 그러나 Ti, Nb 등을 함유함에도 불구하고 이들 스테인리스 역시 응력 제거, 연성과 전성의 증진 또는 추가적인 안정화의 목적으로 풀림을 필요로 할 수가 있으며, 비안정화 스테인리스와 달리 이들 강종은 풀림 온도로부터 술냉 또는 다른 방법의 가속 급냉이 필요치 않아 일반적으로 공냉 처리를 한다.

안정화 스테인리스가 최상의 내식성을 필요로 할 때는 안정화 풀림이라고 하는 열처리를 하게 되며, 이것은 845~900°C 사이에서 5시간 정도 가열 유지하는 것으로서 조질 또는 조질중에 적용할 수 있으며, 이에 후속하여 705°C 정도에서 응력 제거를 해주면 탄화물 석출을 방지할 수 있다.

Carpernte-20 Cb3 스테인리스강은 일반적으로 안정화 스테인리스(321, 347, 348)와 다르며, 합금의 원소량이 많고 내식성이 증진된 것이다. 이것은 정상적으로 안정화 풀림을 925~955°C 사이에서 실시하며, 특별한 경우에는 1,150°C까지 올려서 실시할 수도 있는데, 540°C 이상의 온도에서 가열 처리 또는 불림을 하지 않는 경우에만 허용된다. 이 강종의 열처리에는 노내의 분위기가 제한되며, 연소는 엄격히 조절되어 침탄 또는 과도한 산화를 방지해야 한다.

[3] 저탄소 오스테나이트계

이 강종은 안정화·비안정화 강종에 비해 탄화물 석출 경향이 중간 정도로 탄소 함량이 낮아서 (최대 0.03%) 결정립계 석출 경향이 적다. 예민화 경향이 적은 특성 때문에 용접, 화염 절단, 기타 열간 작업 등의 용도에 특별한 유용성이 있다.

이 강종은 역시 탄화물을 고용체에 유지시키기 위한 담금질이 필요하지 않다. 그러나 저탄소 스테인리스강은 예민화 온도인 540~760°C 범위에서의 장시간 사용에 적합지 않는데, 그 이유는 이 강종이 내식성을 저하시키는 탄화물 형성에 완벽하게 면역되어 있지 않기 때문이다. 저탄소 오스테나이트계 스테인리스의 일반적인 부식에 대한 예민화의 효과 및 감수성은 이들의 화학 성분에 의존한다. 왜냐하면 Mo를 함유하고 있는 316L, 317L 등은 650~870℃ 사이에 장시간 노출되면 6상이 형성되기 때문이다. 그러나 이들 강종을 안정화 처리함으로써 내식성을 증진시킬 수 있는데, 675℃에서 응력제거를 하기 전에 885℃에서 2시간 가열함으로써 가능하다.

[4] 고합금 오스테나이트계 스테인리스

이 강종들에는 염소의 부식에 대한 저항성을 좋게 하기 위하여 대량의 Mo가 함유되어 있다. 이들은 보통 예민화를 피하기 위해 탄소량이 낮으며, 산에 대한 저항성을 증가시키기 위해 Cu를 함유하는 경우가 있다. 이 강들은 압연 풀림 상태에서는 오스테나이트이나 특정한 조건에서의 열처리 또는 사용 조건하에서 σ상이나 δ페라이트를 형성할 수 있는데, 이들 상은 내식성이나 기계적 성질에 나쁜 영향을 줄 수가 있다.

풀림 온도는 저온에서의 σ상을 형성, 고온에서의 δ페라이트의 형성을 피하기 위해 매우 높은 온도 범위로 제한되어 있는데, 권장 풀림 온도는 1,050~1,250℃ 정도이다. 풀림 후 급냉함이 바람직하며, 특히 단면이 두꺼운 경우 필수적이다. 풀림 온도 이하에서 응력 제거 열처리를 하는 경우가 있는데, 이때에는 예민화와 σ상 형성의 문제를 피하기 위해 가능한 유지 시간을 짧게 해주어야 한다.

4-1-2 페라이트계 스테인리스

[1] 페라이트계의 열처리 특성

페라이트계의 스테인리스강은 일반적인 것과 저침입형의 두 가지로 나뉜다.

- 일반형: 409, 430, 434, 446
- 저침입형: 439, 444, EBRITE, SEA-CURE, AL 29-4C, AL 29-4-2

페라이트계의 스테인리스는 담금질에 의해서 경화되지 않으며, 오히려 담금질과 풀림에 비해 경도가 최소화되고, 전성·인성·내식성은 증가한다. 이 때문에 페라이

[표 4-1] Recommended annealing treatments for ferritic a stainless steels

UNS. No.	designation	treatment temperature ℃	℉
conventional ferritic grades			
S 40500	405	650 to 815	1,200 to 1,500
S 40900	409	870 to 900	1,600 to 1,650
S 43000	430	705 to 790	1,300 to 1,450
S 43020	430 F	705 to 790	1,300 to 1,450
S 43400	434	705 to 790	1,300 to 1,450
S 44600	446	760 to 830	1,400 to 1,525
low-interstitial ferritic grades			
S 43035	439	870 to 925	1,600 to 1,700
S 44400	444	955 to 1,010	1,750 to 1,850
S 44626	E-BRITE	760 to 955	1,400 to 1,750
S 44660	SEA-CURE, SC-1	1,010 to 1,065	1,850 to 1,950
	AL 29-4C	1,010 to 1,065	1,850 to 1,950
S 44800	Al 29-4-2	1,010 to 1,065	1,850 to 1,950
S 44635	MONIT	1,010 to 1,065	1,850 to 1,950

Poetweld beat treating of the low interatitial ferritic stainlees steels is generally unnecoenary and frequently undesirable. Any annealing of these grades should be followed by water quenching or very rapid cooling

트계 스테인리스에는 오직 풀림 열처리만 실시한다.

풀림은 용접, 냉간 가공중에 발생한 응력을 해소시킴과 동시에 용접에 의한 변태 생성물을 용해시켜 조직의 균질화를 꾀한다. 저침입형 페라이트계 스테인리스에는 용접 후 열처리가 필요하지 않다.

표 4-1은 페라이트 스테인리스에 적용되고 있는 풀림 열처리 cycle을 나타내고 있다.

[2] 오스테나이트-마르텐사이트 취성

430과 434급의 스테인리스가 925℃ 이상의 온도로부터 급냉이 되면 오스테나이트로부터 30% 정도의 마르텐사이트가 변태 생성되어 취약해질 수 있는데, 이는 650~790℃ 사이에서 tempering을 함으로써 연화시킬 수 있다.

[3] 475℃ 취성

페라이트계 스테인리스강을 375~540℃ 구간에서 장시간 유지하거나, 이 온도로부터 서냉하면 유해한 취성을 띄게 되는데, 특히 475℃에서 최악의 취성이 발생한다.

이 취성은 α'상의 석출에 기인하는데, Cr 함량에 따라 급격히 증가하므로, 열처리에 대해서는 이 취성을 피하기 위해 세밀하게 조절할 필요가 있다. 이 취성 상태는 **표 4-1**에 나타낸 것처럼, 취성 범위 이상의 온도로 가열한 후 급랭함으로써 제거할 수 있다.

[4] 금속간상의 취성

14% 이상의 Cr을 함유하고 있는 페라이트계 스테인리스강은 승온 상태에서 σ상과 같은 금속간상을 형성할 수 있는데 이러한 금속간상은 경도를 상승시키고 전성, 노치감성, 내식성 등을 저하시킨다. 이와 같은 금속간상은 600~1,000℃ 사이에서 형성되며, 이 문제를 해결하려면 1,000℃ 이상으로 승온시켜 이 상을 기지 속에 용해시켜야 한다.

4-1-3 마르텐사이트계 스테인리스강

[1] 마르텐사이트계의 열처리 특성

마르텐사이트계 스테인리스 열처리는 역시, 본질적으로 최대 경도가 탄소 함량에 의존하는 저합금 탄소강의 경우와 같다. 이 양자의 금속학적 차이점은 합금 농도가 높기 때문에 스테인리스강의 변태 속도가 느리고, 그에 따라 경화능이 대단히 크다는 점인데 대략 단면 두께 30.5 cm인 시편의 중심부까지 공랭에 의해서 최대 경도를 얻을 수 있다. 완전 풀림에서 완전 담금질까지의 여러 가지 열처리 조건하에서 유도된 표면 경도값을 **그림 4-1**에 표시하였다.

마르텐사이트계 스테인리스강은 열처리 조건 변화에 대해 저합금 탄소강보다 민감하기 때문에 열처리 불량률이 일반강보다 높다.

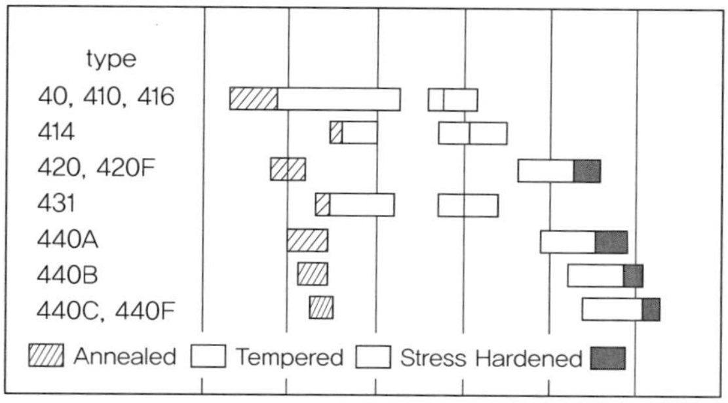

그림 4-1 마르텐사이트 스테인리스강의 경화처리 영향

[2] 전처리

열처리에 앞서 피열 처리품과 작업 jig를 깨끗이 한 후에 노를 투입하고 작업을 개시하여야 하며, 보호 분위기하에서 열처리를 할 경우에는 더욱 세정을 완벽하게 해야 한다. 구리스, 기름 심지어는 마킹용 납연필 자국이 침탄을 야기시킬 수 있으며, 지문에 의한 땀자국은 산화성 분위기에서 염소오염과 심한 산화를 일으킬 수 있다. 더욱이 보호 분위기는 금속표면과의 접촉에 장애물이 없어야만 유효하게 작용한다.

[3] 예열

마르텐사이트계 스테인리스강은 일반적으로 925~1,065℃ 사이에서 오스테나이트화한 후 공랭이나 유냉시켜 경화한다. 스테인리스강의 열전도는 일반적인 저합금 탄소강에 비해 낮기 때문에 급속한 가열중에는 열경사와 응력이 크게 되어, 부품에 따라서는 뒤틀림과 균열을 일으킬 수 있다. 이 문제를 해결하기 위해서 마르텐사이트계 스테인리스의 열처리시 예열이 필요하게 되며, 다음과 같은 부품의 경우는 담금질 경화시나 풀림시 예열은 필수적이다.

① 두께가 두꺼운 부품

② 두꺼운 단면과 얇은 단면이 공존하는 부품

③ 날카로운 모서리가 있는 부품

④ 심하게 연마된 부품

⑤ 깊게 절삭된 부분이 있는 부품

⑥ 냉간성형 또는 직선화 교정 부품

⑦ 이전에 열처리 된 것으로 재열처리 하는 것

예열은 일반적으로 760~790°C 사이에서 행하는데, 유지 시간은 모든 부분이 예열 온도로 균일하게 되는 시간이면 충분하다. 크고 두꺼운 물건은 790°C, 예열 전에 540°C에서 예열을 하며 탄소함량이 높은 414, 431, 420 계열은 403, 410, 416 계열보다 예열이 더욱 필요하다.

[4] 담금질 냉각

마르텐사이트계 스테인리스강은 담금질성이 크기 때문에 기름 또는 공기 중에 담금질이 가능하다. 이들 강종을 공랭하면 약간의 내식성과 전성이 감소할 수 있다.

이들 강종에 있어서 단면 두께가 두꺼운 곳은 870~540°C 사이가 서냉되면 결정립계에 탄화물을 석출시킬 수가 있다. 또 강종은 광휘 풀림시 너무 느리게 냉각시키면 내식성이 저해될 수 있다. 기름 냉각이 바람직하기는 하지만 물건이 크거나 복잡한 경우는 변형과 균열을 피하기 위해서 공랭이 필요한 경우가 있다. 이 강종은 경화능이 크기 때문에 martemper을 하기가 쉽다.

[5] 심랭 처리

담금질 직후 −75°C 정도로 심랭 처리함으로써 일부의 잔류 오스테나이트가 마르텐사이트로 변태할 수 있는데, 잔류 오스테나이트를 최대한 변태시키기 위해서는 2중의 뜨임가 필요할 수 있다.

뜨임의 중간에 일단 실온으로 냉각시킨 후 재뜨임해야 한다. 심랭 처리는 슬라이드 밸브의 슬라이드와 슬리브에 대한 경화처리로서, 그리고 최대의 치수 안정성을 얻고자 하는 베어링 등에 자주 적용된다.

[6] 풀림

process annealing·완전 풀림·항온 풀림 등이 있으며, 완전 풀림은 비용이 많이 들고, 시간이 소요되는 공법이므로, 이 공법은 후속공정이 심한 성형을 받는 경우만 사용한다.

414와 431은 적절한 가열 유지에도 불구하고 완전 풀림과 항온 풀림에 반응하지 않는다. 최대의 연화가 요망되고, 조절된 서냉에 부적당한 설비밖에 없을 때에는 항온 풀림이 권장된다.

항온 풀림, 완전 풀림 특히 반복된 중간 풀림은 오스테나이트화 온도에서 용해되는데, 시간이 걸리는 거친 탄화물의 형성을 촉진한다. 최대의 연화가 필요하지 않은 경우에는 항상 임계점하 풀림이 바람직하다.

4-1-4 석출경화계 스테인리스

[1] 석출경화계의 열처리 특성

석출경화계 스테인리스강의 열처리에서 생각해야 할 사항은 다음과 같다.

① 열처리 전의 청정

② 노내 분위기

③ 온도, 시간 cycle

④ cycle 변화에 따른 영향

⑤ 열처리 후의 녹 제거

[2] 열처리 순서

완전 풀림, 오스테나이트 조정, 변태 냉각과 시효 뜨임(석출 경화)에 대해 권장할 수 있는 열처리 방법이 **표 4-2**에 제시되어 있다. 17-4 PH(UNSS 17 400)강은 용체화 처리 상태로 입수되었을 대 조직은 필수적으로 마르텐사이트이며, 제한적인 성형성밖에 없다. 조립 후 480~620°C 범위하에서 경화한다. 이 재료의 용체화 처리

상태에서는 어떤 용도에도 사용해서는 안되는데, 연·전성이 없고 응력 부식 저항성이 낮기 때문이다.

표 4-2에 나타난 어느 수준의 경화를 하든지간에 경화는 인성과 응력 부식 저항을 증진시킨다.

[표 4-2] 석출 경화계 스테인리스 강의 열처리 요점

UNS S17400

Homogenization. 1,175 ± 15℃(2,150 ± 25°F), 2h + 30 min per 25 mm(1 in) (a)

Austenite conditioning(solution treatmen). 1,040 ± 15℃(1,900 ± 25°F), 30 min + 30 min per 25 mm(1 in) (a)

Transformation cooling. To below + 30℃(+90°F)

Precipitation hardening. To obtain minimun tensile strengths shown, use the following treatments for wrought alloys (b) :

MPa	ksi
1,310	190 ············ 480±5℃ (900±10°F) ············ 1h
1,170	170 ············ 495±5℃ (925±10°F) ············ 4h
1,070	155 ············ 550±5℃ (1,030±10°F) ············ 4h
1,030	150 ············ 565±5℃ (1,050±10°F) ············ 4h
1,000	145 ············ 580±5℃ (1,075±10°F) ············ 4h
930	135 ············ 620±5℃ (1,150±10°F) ············ 4h

Comparable treatments for cast materials (b) :

MPa	ksi
1,240	180 ············ 480±5℃ (900±10°F) ············ 4h
1,170	170 ············ 495±5℃ (925±10°F) ············ 4h
1,030	150 ············ 540±5℃ (1,000±10°F) ············ 4h
930	130 ············ 595±5℃ (1,100±10°F) ············ 4h

(continued)

(a) To prevent cracking and ensure uniform properties, cool as follows : 75 mm(3 in.) andless, oil quench or air cool; 75 to 150 mm(3 to 6 in). air cool; 150 mm(6 in) and over, air cool under cover. *All parts must be cooled to below* + 30℃(+90°F) prior to the precipitation hardening cycle. (b) If hardness exceeds maximun specified, reheat at a silghtly higher temperature for an minimum of 30 min. (c) Air cool to room temperature; *do not reheat before transformation cooling*. (d) Time at heat is dependent upon section size. Normally, a 1h hold at temperature is suggested.

UNS S17700

Full annealing. 1,065 ± 15℃(1,950 ± 25°F). 3 min + 1 min per 0.25 mm(0.01 in) ; min air cool

RH treatments

Austenite conditioning(solution treatmen). 955 ± 15℃(1,750 ± 25°F). 10 min + 1 min per 0.25 mm(0.01 in) ; air cool (c)

Transformation cooling. To below −70℃(−90°F). 8h

Precipitation hardening. To obtain minimun tensile strengths shown, the following treatments for arerecommended (b) :

MPa	ksi
1,240	180 ………… 480±5℃ (900±10°F) ………… 4h
1,170	170 ………… 495±5℃ (925±10°F) ………… 4h
1,030	150 ………… 540±5℃ (1,000±10°F) ………… 4h
930	130 ………… 595±5℃ (1,100±10°F) ………… 4h

TH treatments

Austenite conditioning. 760 ± 15℃(1,400 ± 25°F). 1 $\frac{1}{2}$h;cool 1 h to below 15℃(32°F). and hold at lesst $\frac{1}{2}$h before precipitation hardening.

Precipitation hardening. To obtain minimun tensile strengths shown, the following treatments are recommended (b) :

4-2 스테인리스 주강

4-2-1 스테인리스 주강의 열처리 특성

스테인리스 주강의 열처리는 대응되는 단련 재료(압연, 단조품 등등)의 열처리 목적과 그에 따른 열처리 공정을 긴밀하게 따르게 되는데, 구체적인 유의점의 차이를 여기에서 생각해 보겠다. 이들은 냉간 가공 또는 냉간 성형되었거나 하지 않기 때문에 구식의 보편적인 마르텐사이트계의 CA−15 및 CA−40(UNS J91150과 J91153)은 냉간 가공 영향 제거를 위한 임계점하 풀림을 필요로 하지 않는다. 그러나 가공 경화가 가능한 페라이트계의 스테인리스 강은 절삭 및 연마 응력을 260~540℃ 사이의 온도에서 제거를 한다.

위에 언급한 마르텐사이트계 스테인리스 주강의 경우, 후속되는 열처리를 행할 때에는 주조응력 제거를 위해 임계점하에서 풀림을 실시해 주어야 하는데, 이 때의 온도는 최종 뜨임 또는 시효 온도보다 낮은 온도가 되도록 해야 한다.

개량된 CA-6NM(UNS-J91540) 마르텐사이트계 주강은 CA-15에 비해 주조성·용접성 및 기계적 성질, 내식성·공식(caviation) 저항성 등이 증가하거나 우월하기 때문에 오늘날 CA-15를 대부분 대치해 버렸다. CA-15나 CA-6NM은 둘 다 955°C 불림 595°C에서 뜨임된 상태로 조달되는데, 필요한 경우 CA-6NM은 790~815°C에서 풀림되기도 한다. 이 합금은 노냉 또는 595°C까지 서냉한 후 공기 중 냉각을 해야 한다. 응력 제거가 요망될 때까지 CA-6NM의 경우, 최대 620°C까지 가열 후 마르텐사이트가 형성되지 않을 정도의 느린 속도로 냉각한다.

4-2-2 균일화

주물에서는 합금의 편석과 수지 상정이 발생할 수 있는데, 특히 두꺼운 부분에 심하게 일어난다. 그리고 주물은 압연공정에서의 제품이 받는 것과 같은 고온에서의 기계적 축소 및 균열 처리를 받지 않기 때문에 재질에 따라서는 현미경 조직과 합금 성분의 균일화를 위해 자주 1095°C 이상의 온도에서 균일화 처리가 필요하다. 마르텐사이트계 스테인리스 주강의 완전 풀림은 재결정과 최대 연화를 일으켜 주나, 편석 제거에는 효과가 거의 없다. 석출 경화 주강의 열처리에 있어서 균일화는 보편적인 처리 공정이다.

4-2-3 페라이트 및 오스테나이트계의 스테인리스 주강

페라이트, 오스테나이트 및 페라이트 + 오스테나이트 혼합계의 스테인리스는 열처리에 의해 경화되지 않으나, 내식성과 기계 가공성의 증가를 위해 열처리할 수 있다.

페라이트계인 CB-30과 CC-50(UNS J91 803과 JP2615)은 790°C 이상에서 **표 4-3**의 응력 제거와 경도를 감소시키기 위해 풀림한다. 오스테나이트계 스테인리스는 임계 부식 저항을 극대화하기 위해 용체화 처리라고 하는 **표 4-3**의 고온 가열을 한다. 완전히 오스테나이트인 주물 등이 425~870℃ 사이의 온도에 노출되며, Cr복탄화물이 결정립계에 선택적으로 석출될 수 있다.

이 현미경 조직은 결정립계 부식에 민감한데, 특히 산화성 용액에서 그러하다(부분적으로 페라이트가 있는 경우는 이 탄화물이 비연속적으로 탄화물 pool을 형성하여 입체 부식에 덜 민감하다).

용체화 처리의 목적은 탄화물을 완전히 기지에 용해시키고 이 고용체 속에 완벽하게 보유하고자 함이다. 모든 오스테나이트계 스테인리스의 용체화 처리 방법은 비슷하고, 이 용체화 처리는 대략 1,095℃ 정도의 온도에서 탄화물이 고용되기에 충분한 시간을 유지한 후 탄화물이 재석출하는 것을 방지하는데 매우 빠른 속도로 급랭하는데, 특히 870~540℃ 구간의 냉각 속도에 유의해야 한다.

주물 종류에 따라서는 이들의 합금원소에 관련하여 **표 4-3**의 담금질 전의 가열 온도가 달라진다. **표 4-3**이 나타낸 바와 같이, Nb를 함유한 CF-8C(UNS J92710) 합금의 경우, 2단 열처리 공정이 적용될 수 있다.

[표 4-3] Annealing of ferritic and austenitic stainless steel castings

	Minimum temperature		Typical ultimate tensile strength(b)		
Type	℃	℉	Quench(a)	Mpa	ksi
For full softness					
CB-30	790	1,450	FC+A(c)	660	95
CC-50	790	1,450	A	670	97
For maximun corrosion resistance					
CE-30	1,095	2,000	W, O, A	670	97
CF-3, CF-3M	1,040	1,900	W, O, A	530	77
CF-8, CF-8C(d)	1,040	1,900	W, O, A	530	77
CF-8M, CF-12M(e)	1,040		W, O, A	550	80
1,900			W, O, A	530	77
CF-16F, CF-20	1,040	1,900	W, O, A	610	88
CH-20	1,095	2,000	W, O, A	520	76
CK-20	1,095	2,000	W, O, A	480	69
CN-7M	1,120	2,050			

(a) FC, furnace cool; W, water; O, oil;A, air. (b) Approximate. (c) Furnace cool to 540℃(1,000℉), then air cool. (d) CF-8C may be reheated to 870 to 925℃(1,600 to 1,700℉), then air cooled, for precipitation of niobium carbides. (e) CF-12M should be quenched from a temperature above 1,095℃(2,000℉)

첫 번째 처리는 용체화 처리이고, 이에 후속하여 870~925℃ 사이에서 안정화 처리를 하는데, 이것은 Nb 탄화물을 석출함으로써 유해한 Cr 탄화물의 형성을 저지하여 최대의 임계 부식 저항성을 보장해 주게 된다.

CF-3과 CF-3M(UNS J92700과 J92800)은 탄소 함량이 낮기 때문에 주방 상태에서 임계 부식을 야기할 수 있는 Cr 탄화물을 그다지 많이 함유하지 않으므로, 부식 환경에 따라서는 주방 상태 그대로 사용할 수도 있다. 그럼에도 불구하고 역시 최대의 내식성을 얻기 위해서는 이 등급의 스테인리스는 용체화 처리가 필요하다.

4-2-4 마르텐사이트계 스테인리스 주강

CA-6NM 조성의 주강은 1,010℃~1,065℃ 사이에서 가열할 후 공랭에 의해 경화시켜야 한다. 이 강은 탄소 함량이 CA-15보다 낮기는 하지만, 첨가된 Mo와 Ni에 기인한 오스테나이트의 심한 잔류가 일어나지 않고 완벽한 경화가 가능하다.

냉매의 선택은 단면 두께에 의존하는데, 공랭에 의해 125 mm 이상까지도 경화시킬 수 있다. CA-6NM은 고온으로부터 냉각중에 균열 발생 경향이 없다. 이러한 이유로 두꺼운 단면과 얇은 단면이 공존하는 형상에서도 공랭 또는 유냉시 문제가 없다. 뜨임 온도의 선택에 의해 광범위한 기계적 성질의 선택이 가능하다.

CA-6NM 주물은 보통 불림 처리 후 595~620℃ 사이에서 뜨임된 상태로 구입된다. 620℃ 이상의 뜨임에서 다시 오스테나이트화 하는데, 온도 상승에 따라 오스테나이트 발생량이 증가하며, 이 변태량에 따라서는 뜨임 온도로부터의 냉각 시 뜨임되지 않는 마르텐사이트 변태를 야기시켜 전성과 인성에 악영향을 미칠 수 있다.

이 합금을 370℃~595℃ 사이에서 뜨임하면 충격강도가 감소하는데, 그럼에도 불구하고 이 최소한의 값이 CA-15보다는 상당히 높다. 그러므로 재료에 있어서 이러한 충격 강도의 향상은 Mo와 Ni의 합금 및 낮은 탄소 함량에 기인한다. 강도와 인성의 최적(조합은) 510℃ 이상에서 뜨임했을 때 발현된다.

제5장

비철재료의 열처리

비철재료의 열처리는 재질에 따라 약간의 차이가 있으나 근본적인 목적은 일반처리 방법과 유사하며, 비철재료 중 일반적으로 용도가 넓은 알루미늄 재료의 열처리가 보편화되어 있다. 그런 관계로 여기서는 알루미늄의 열처리에 대한 일반 사항을 기술하기로 한다.

5-1 알루미늄 열처리 공정 별 주의사항

5-1-1 연신용 합금의 열처리

[1] 풀림(annealing)

1) 재료의 전가공 상태에 따라 약간 차이가 있으나,
   ① 온도는 약 300℃ 이상에서 가열하고,
   ② 시간은 30분~1시간 유지에서 공냉.
2) 이미 열처리급 가공에 의해 경화된 것의 풀림 경우는
   ① 온도 → 보통 풀림 온도보다 고온 약 410℃
   ② 유지시간 → 2시간 이상

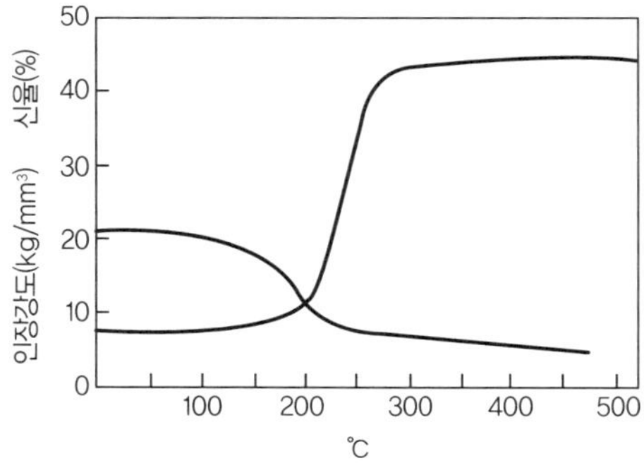

그림 5-1 A1100의 연화곡선

③ 냉각 속도 → 250℃까지는 15~30℃/h → 노냉 이후는 빨라도 됨

[2] 저온 풀림(law temp annealing)

1) 시간급 비용을 절감
2) 사용상 필요 정도의 연화 목적인 partially annealing 실시
3) 재료의 가공 상태 필요 성질에 따라 작업 조건이 다르므로, 시험에 의해 온도·유지 시간을 선택해야 함

[3] 순간 풀림(flash annealing)

1) 기물의 제조를 위해(deep drawing용) 실시하는 풀림 작업 결정립도의 성장에 의한 orange peel 생성을 억제하기 위한 작업
2) 가열 온도: 일반 풀림보다 고온 450~550℃
3) 유지 시간: 30초~3분
4) 노 : 컨베이어식로: 컨베이어 속도로 온도, 가열 시간 설정
5) 순간가열로 광택 유지하고, 산화가 적음

[4] 담금질

경화 요소인 첨가 성분 Cu, Mg, Si 등이 알루미늄 합금에 고용될 수 있는 최대

온도로 가열·급랭시켜, 상온에 의해 경화 요소가 고용된 상태로 만드는 작업

1) 가열 온도

① 첨가 성분 이외 불순 성분의 공정(결정립계 발생)이 국부용융이 일어나지 않을 정도의 고온

② 경화 요소인 Cu, Mg, Si 등이 최대로 고용될 수 있는 한도내의 저온. 약 목표 온도는 ±3°~±5° 이내

2) 가열 시간: 노의 온도에 도달하는데 필요한 시간에, 완전 고용시키는데 필요한 시간을 더한 시간(노가 필요 온도 도달 후)

[표 5-1] Al 재료 두께에 따른 최소 가열 시간

재료 두께 (m/m)	최소 유지 시간(min)		재료 두께 (m/m)	최소 유지 시간(min)	
	염욕	전기로		염욕	전기로
0.5이하	10	20	3.2~6.4	35	55
0.5~0.8	15	25	6.4~13	45	65
0.8~1.6	20	30	13~25	60	90
1.6~2.3	25	35	13 증가분에 대해	+20	+30
2.3~3.2	30	40			

3) solution treatment 온도가 높을 경우

① 결정립도 조대화

② 임계공정의 burning 현상 발생(micro casting 상태로 됨)

③ 풀림 발생 심함

④ 석출물 고용 공정점까지 증가 이상이 되면 burning 부위는 감소

• quenching tempering이 정상일 경우 → 경도는 OK, 충격치 인장은 극히 저하

4) solution treatment 온도가 낮을 경우

① 응집 불균일 공정 석출물 미고용

② 확산 hormonization 불확실

• 경도, 충격치, 인장 모두는 미흡함(quench temper 정상일 경우)

5) solution treatment 온도가 불균일할 경우: 제품 적재, 위치별, 기계적 성질 및 절삭성이 많이 차이남

6) 냉각 속도(quenching speed): 200°C/sec 이상 하여야 석출물이 석출 응집하지 않아 상온 고용체를 만들 수 있어 후속 aging때 기계적 성질 유지

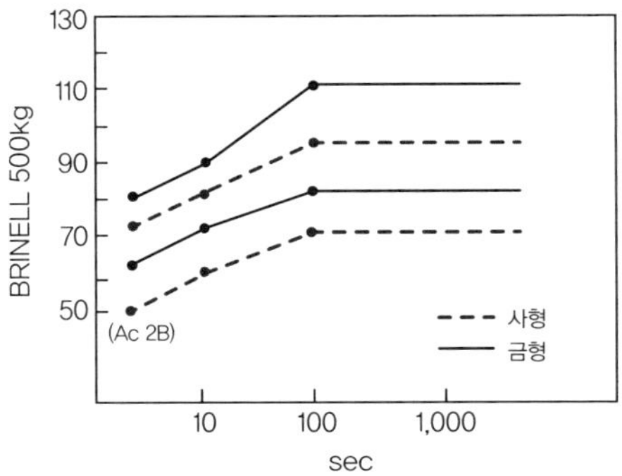

그림 5-2 400°C~287°C 사이의 냉각 속도

- 20°C 이하 물 교반(강제) 사용
- 특히 변형이 문제일 경우, 수증기 분사 냉각, soluble oil 등 사용

7) 유지 시간(delay time): 고온 용체화 온도에서 quenching까지의 소요 시간이 늦으면 경화 요소가 일부 석출 응집하여 조직이 불균일하며, 기계적 성질이 저하하며 특히 내식성이 떨어짐

- 실작업시 노 뚜껑 열기 시작부터 quench tank에 들어갈 때까지의 시간(용체화 온도에서 각 부위 실제품의 온도가 작업 온도 이내일 것)

[표 5-2] 재료 두께에 따른 유지시간

재료 두께(m/m)	delay time
0.4 이하	5
0.4~0.8	7
0.8~2.3	10
2.3 이상	15

• 과열(over heating): 규정 온도 이상 올리면 임계 공정 용융이 일어나 micro casting 상태가 되어 조직이 조대해지고 기계적 성질이 저하됨.

• 비평행 용융(none equilibrium melting): micro 조직 내 금속간 화합물(예 Al_2Cu 등)의 석출물이 급속 가열로 승온과 동시에 지금에 고용되지 않고, 공정 온도 이상이 되면 금속간 화합물(예 Al_2Cu 등)과 합금 사이에 micro 용융이 일어남.

• 유지 시간(soaking time): 제품의 적재 방법, 노 특성, 제품의 제조 공정, 크기에 따라 다르므로, 실제품에(최고 온도부, 최저 온도부 및 필요 각 위치) thermo couple을 심어 실제품의 승온 상태 over heating 유무, 실질적인 soaking time 등을 기계적 성질이나 실제품 온도, 조직 시험 등을 실시 파악해야 함.

• 고온 산화(high temperature oxidation): 제품에 발생된 Al_2O_3 산화물 및 H_2Gas, 표면습기 기름 속의 유황분 및 제품 내부의 과도 고용된 H_2Gas 등이 고온 가열로 되어 표면의 부풀음 현상 및 내부 결함으로 나타나 기계적 성질(충격치 등)을 해침.

• 초음파탐상 또는 현미경 조직 검사로 조사 가능

• 수분 및 산화물, 탈지 등을 철저히 실시

• 특히 주요 품목은 중성 분위기에서 작업

• 열간 가공 상태에서의 담금질(quench)−T5: 규입성이 좋은 합금의 경우, 고온에서 급랭하여 일부 또는 전부 고용시켜 시효 처리만하여 사용함(T6보다 기계적 성질이 낮음).

8) quenching 속도가 늦을 경우(다른 조건은 정상)

① 석출물이 quenching 때 석출 응집하여 조대해짐(적은 구형 또는 4각형 미세분포): solution이 정상일 때

② quenching 직후 경도가 정상 속도보다 약간 높음

③ aging 후(정상) 경도가 낮음

9) quenching rate가 지나치게 빠를 경우(다른 조건은 정상)

① 응력 부식이 커진다.

② 응력이 많이 생겨 변형 crack 등이 발생할 위험이 큼

③ quenching 직후 경도가 낮음

10) quenching rate가 적당할 경우(다른 조건은 정상)

① 적당한 크기(미세한)의 미고용 석출물이 약간 산재함.

② quenching 경도가 낮은 편임

③ aging 후 경도가 양호함

④ 응력 변형의 crack이 없음

• 특히 가공 후 변형(정밀도)되고 quenching시에도 변형이 된다. 그러므로 이 문제는 복잡하여 정밀한 제품 또는 stress crack이 될 경우, quenching 액은

– 열욕(water) 70~100°C

– 증기 분사

– soluble oil

– press quench 등이 있음

11) delay time(유지) 시간이 늦을 경우

① 석출물이 응집 조대해짐

② aging 후 경도가 낮음

③ quenching 직후 경도 약간 높음

[5] 시효 경화 및 tempering

• 과포화 고용체에서 제2상(G.P zone, 중간상 등)을 석출하여 안정 상태로 만드는 작업이나, 제2상은 응집되지 않으면 일반 1,000×금속 현미경으로 볼 수 없으므로 전자현미경으로 관찰(단 미고용 석출물 상태 및 응집 석출물의 상태로 유추 가능).

• 자연 시효: 상온에서 석출 경화하는 것.

• 인공 시효: 필요 온도, 응력, 기계 가공 등으로 인위적 석출을 경화시키는 것

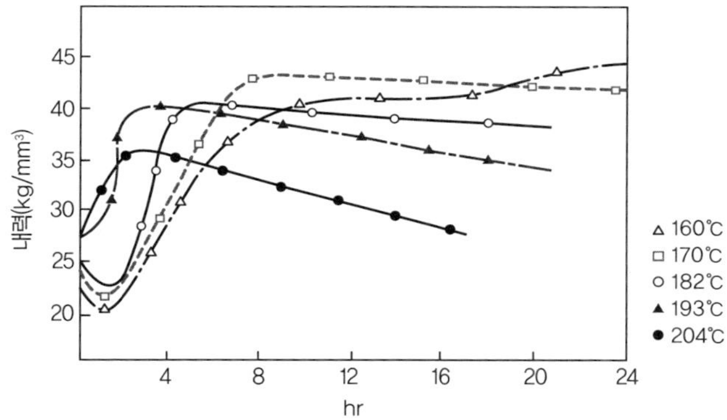

그림 5-3 2014의 여러 가지 온도에 있어서의 경화곡선

1) 인공 시효 경화 처리(precipitation heat treatment)는 최소한 8시간 이상 필요함
   - 온도 고온 → 짧은 시간 낮은 경화
   - 온도 저온 → 긴 시간 높은 경화
   - 유효성: quenching 후 0℃ 이하의 온도에 보관하며, 시효 경화가 대단히 늦게 진행 또는 전혀 진행하지 않은 현상. 이를 이용하여 용체화 후 성형 가공에 적용함.
2) tempering temp가 낮을 경우
   ① 충분한 석출이 일어나지 않아 제품의 가공 완료 후, 치수 변형이 발생
   ② stress relief가 미흡하게 됨
   ③ 경도 및 기계적 성질이 떨어짐(정상보다)
3) tempering 온도가 높을 경우
   ① 충분하게 석출물이 미세하게 석출되고(금속 현미경 관찰 불가) 온도가 과도하면 상의 석출물이 응집함
   ② 경도가 낮음(정상보다)

[6] 안정화 처리(stabilization treatment)

- 필요한 고온으로 가열 후속의 시효 변화를 완전히 없게 하여, 제품의 치수나

기계적 성질 등을 안정시키는 작업

① Al−Mg계의 시효 연화 현상(냉간 가공 후 상온 방치 시 연화되는 현상)의 방지를 위해 고온 가열 작업
② solution 및 aging 제품의 치수 및 기계적 성질의 안정을 위해 aging 시 고온 가열하는 작업

5-1-2 주물용 합금의 열처리

연신재와 동일하다. 유지 시간은 주물 조직 중 dendrite 등의 조직이 불균일하므로, 이를 확산해서 경화원소를 충분히 고용시키기 위해 장시간 필요.

[표 5-3] 주물용 합금의 열처리 방법

합	금	질별	담금질		뜨임	
JIS	A		Temp(℃)	hr	Temp(℃)	hr
AC1A	195	T6	515	6~12	160	6
AC2A		T6	500	6~12	160	6
AC3A		T6	500	6~12	160	6
AC4A		T6	515	6~12	170	10
AC4B		T6	500	6~12	160	6
AC4C	356	T6	−	−	225	8
		T6	520~	5~12	160	6
AC4D	355	T6	525	8~12	155	5
AC5A	142	T6	510	4~6	200	6
AC8A	A132	T6	520	4~8	170	16
AC8B	D132	T6	520	3~8	170	16

제6장

열처리 결함과 대책

6-1 조대한 결정립(coarse grain)

조대한 결정립은 열처리시에 종종 나타난다. 파단면이나 정확히는 금속현미경 조직 시험을 통하여 알 수 있다. 용도에 따라 다르나 모든 재료가 반드시 미세한 결정립이 바람직스러운 것은 아니다.

그러나 공구강이나 조질강에서는 반드시 미세한 결정립이 요구된다. 침탄강에서도 때로는 용도에 따라 조대한 결정립을 결함으로 취급하는 경우가 있다. 조대한 결정립의 원인은 다음과 같다.

6-1-1 과열(overheating)

침탄강이나 공구강, 조절강 공히 Ac_3 변태점 이상 가열하여 미세 결정립을 얻을 수 있다. 이 때 가열 시간이 너무 길거나 온도가 높을 때는 조대한 결정립이 생성된다. 이러한 현상을 과열(overheating)이라고 부른다. 결정립 조대화 경향은 재질에 따라 다르며 로트 번호(lot number)가 다를 때도 차이가 난다.

이러한 경향은 재질 속에 미고용물이나 고용이 어려운 화합물의 존재 정도에 따라 결정된다. 미고용물이나 고용이 어려운 화합물 구성 원소는 재강중에 고의적으로 첨가되거나 혹은 불순물로 들어간다. 탄소강이나 카바이드 분해를 촉진하는 원소(즉 망간)가 들어있는 합금강은 약간의 과열에 의해서도 결정립이 조대화해진다.

이러한 강으로 만들어진 큰 부품은 두 단계의 염욕을 이용하는 것이 좋다. 즉 변태점 이하의 욕에서 예열을 충분히 한 다음, 두 번째 담금질가열욕에서 가열 시간을 짧게 하는 것이 좋다. 이 때는 로의 온도가 많이 내려가므로 본가열 시간까지 시간이 많이 소요되게 된다. 따라서 결정립이 조대화해진다.

과열된 강은 Ac_3 변태점 이상으로 가열하여 공랭한 다음 재담금질을 실시하면 미세 조직을 얻을 수 있다(아공석강에 적용). 탄소강인 경우에는 700℃, 합금강인 경우에는 조성에 따라 적정 온도에서 장시간 가열한 다음, 공랭하여 재담금질 처리한다(과공석강인 경우에 적용). 과공석강인 경우에 과열 후에 서냉하면 결정립계에 망상 카바이드나 조대한 카바이드가 석출한다. 이 경우에는 다시 한번 가열하여 카바이드를 고용시킨 후 급랭한 다음, 앞에서와 같이 풀림 처리를 실시해야 한다. 고속도강이나 다이스 강은 과열 조직이 발생되면 다시 쓸 수가 없게 된다.

6-1-2 과공석강에서 담금질을 여러번 했을 때

과공석강에서는 담금질 온도로 가열하면 카바이드 일부가 고용되어 기지 조직을 강화시킨다. 그러나, 미고용된 카바이드 일부는 결정립 성장을 방해하여 결정립을 미세화시킨다. 담금질 가열을 여러번 실시하면 앞에서 전술한 바와 같이 미고용된 카바이드가 성장, 조대화해져 결정립 성장을 제대로 억제하지 못하게 된다. 때문에 과공석강 부품은 특정 이유 때문에 재담금질이 요구될 때는 변태점 이하의 온도에서 장시간 풀림 처리를 실시해야 한다. 이 풀림 처리에 의해 표준 조직 상태로 들어간다. 이러한 풀림 처리를 실시하지 않고는 재담금질시 균열(crack)의 위험성이 있다.

6-1-3 조질강이나 침탄강에서 언더하드닝(under hardening)시

아공석강인 경우, 특히 침탄강에서 담금질 온도가 낮을 때, 냉각 속도가 느리면 조대한 페라이트가 심부에서 석출된다. 이 심부 조직은 페라이트 외에 마르텐사이트나 트루스타이트 조직이 석출될 수 있다. 조대한 페라이트 조직이 생성되었을 때는 더 높은 온도로 재담금질하든지 냉각 속도를 빠르게 함으로써 막을 수 있다.

6-1-4 재결정(recrystalization)

재결정은 냉간 가공 후 약 400°C로 가열할 때 일어난다. 가공도가 큰 경우에는 매우 미세한 결정립이 생성되나 가공도가 작을 경우, 즉 임계 가공도 범위내에서는 조대한 결정립이 생성된다. 이 경우, 불림열처리로 조직을 미세화할 수 있다.

6-2 경도 불량

6-2-1 냉각 속도가 느릴 경우

냉각 속도가 강의 담금질성에 비해 충분하지 못할 경우에는 경도가 잘 나오지 않는다. 강은 마르텐사이트 조직을 얻을 수 있도록 담금질 온도에서 빠르게 냉각하여야 한다. 어떠한 냉각제를 사용하여야 할 것인가는 재질과 부품의 두께에 달려 있다. 냉각제를 원하는 경도를 얻을 수 있는 범위내에서 가장 원만한 냉각제를 사용해야 한다. 부품의 단면적이 큰 경우나 탈산이 불충분한 강, 결정립 미세화강에서는 보다 빠른 냉각 속도가 요구된다.

6-2-2 담금질 온도가 낮거나 유지 시간이 짧을 경우

조질강 열처리시에 변형을 감소하거나 뜨임을 생략 혹은 단축하기 위하여 담금질 온도를 낮추거나 냉각 속도를 느리게 하는 경우가 있다. 이러한 열처리는 비록 경도로는 목표치를 얻었다 하더라도 잘못된 열처리이다.

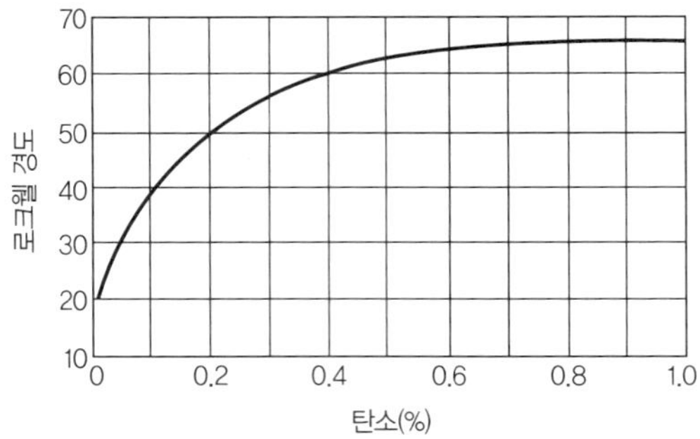

그림 6-1 탄소 함량에 따른 최고 경도

이 경우네는 완전 조질열처리된 강보다는 인장강도, 충격강도, 피로강도 값이 매우 낮다. 담금질 경도는 최고 경도(2 mm 두께의 시편을 소금물에 담금질하여 얻을 수 있는 경도)보다 Rockwell C로 10포인트 이상 낮아서는 안된다.

그림 6-1은 탄소 함량에 따라 얻을 수 있는 경도를 보여주고 있다. 공구강에서 특히 크롬공구강(SDK류)에서 담금질 온도가 낮거나 유지 시간이 짧을 때는 카바이드 용해가 충분치 않아 경도가 나오지 않는다. 이 경우에는 기름이나 소금물에 냉각시키면 경도가 나온다. 그러나 변형이나 균열의 위험성이 따른다. 이러한 변형된 열처리는 역시 불량으로 간주한다. 왜냐하면 합금원소를 충분히 이용하지 못하였기 때문이다.

6-2-3 담금질 온도가 너무 높을 경우

담금질 온도가 너무 높을 때는 특히 고합금강인 경우에서 경도 불량이 나온다. 원인은 잔류 오스테나이트(retained austenite)의 과다 때문이다.

이러한 부품은 심랭(sub-zero) 처리로 잔류 오스테나이트량을 줄일 수 있다. 재담금질도 하나의 해결 방안이나 이 때는 균열을 줄이기 위하여 풀림 처리 후 실시해야 한다.

6-3 표면경도 저하

6-3-1 탈탄

표면의 탈탄은 원자재 상태에서 존재하거나 혹은 열처리시에 발생된다. 열처리시의 탈탄은 탈탄을 방지하기 위한 분위기가 존재하지 않을 때, 즉 분위기 중의 CP가 낮던가 불활성가스를 사용할 경우, 가스량이 충분하지 못하던가에 따라 가스중에 H_2O가 함유되어 있을 때이다.

목탄을 사용하여 탈탄을 방지하고자 할 때도 완전히 탈탄을 방지하지는 못한다. 산화성 분위기하에서는 탈탄을 방지할 수 있다. 즉 이 분위기에서는 탈탄보다 산화가 먼저 일어나기 때문이다. 산화층을 제거하고 나면 탈탄층은 자연히 해결된다.

6-3-2 잔류 오스테나이트

크롬–니켈 침탄강이나 크롬–망간 침탄강에서 장시간 침탄 담금질 후 표면에 경도가

그림 6-2 오스테나이트 조직 사진

제대로 나오지 않는 경우가 있다. 원인은 잔류 오스테나이트 때문이다.

해결 방법은 600~650℃로 1시간 내지 2시간 정도 중간 풀림 처리한 다음 낮은 온도에서 재처리하는 것이다. 또한 심랭(sub-zero) 처리하여도 잔류 오스테나이트량을 줄일 수 있다.

잔류 오스테나이트는 마르텐사이트 생성 온도가 실온 근처나 아래에 있을 때 발생된다. 마르텐사이트 생성 온도는 기지 조직에 고용된 합금원소(특히, 탄소와 질소)에 의해 결정된다. 해결책은 다음의 두가지 방법이 있다.

① 심랭 처리(sub-zero)에 의해 잔류 오스테나이트를 마르텐사이트로 변태
② 기지 조직에 과포화된 탄소 함량(합금원소)를 줄이기 위하여 A_1 변태점 이하의 온도에서 1~2시간 가열 유지한 후 낮은 담금질 온도에서 재처리한다.

6-3-3 트루스타이트(troostite)

표면경도 저하는 트루스타이트 조직 때문에도 기인한다. 트루스타이트는 담금질 시에 냉각 속도가 느리기 때문에 생성된다.

미고용된 카바이드나 불순물 등은 트루스타이트 생성을 조장하는 핵(nucleation)으로 거동한다. 또한 미고용된 카바이드는 합금 원소인 크롬과 결합하여 크롬 카바이드를 형성하기 때문에 담금질성을 저하시킨다. 산소는 카바이드와 비슷하게 합금원소화 결합하여 산화물을 형성하기 때문에 트루스타이트 조직은 담금질 온도를 올리던지(합금 원소 고용 증대) 냉각 속도를 증가시킴으로써 없앨 수 있다.

6-3-4 표면부의 산화(특히 크롬강에서)

고크롬강(SKD류)는 염욕에서 담금질 열처리시 표면 산화가 발생하기 쉽다. 이러한 산화는 시안이 포함되어 있는 염욕이나 환원성 염에서도 나타난다. 따라서 표면 산화가 일어나지 않도록 염욕 관리에 특별한 신경을 써야 한다.

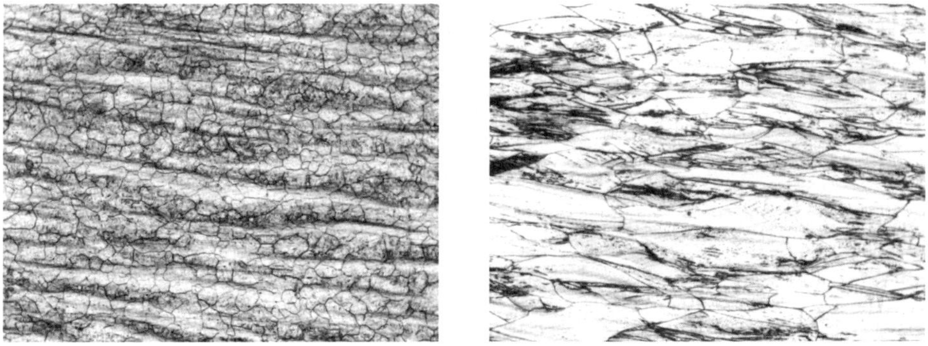

그림 6-3 고 크롬강의 표면산화 조직과 산화가 일어나지 않은 사진

6-3-5 연마표면

중연삭시나 냉각이 불충분할 경우에 연마면에서 뜨임 효과가 나타나 경도가 저하한다. 연마면에서 열이 심하게 발생할 경우에는 조직이 다시 한번 변태를 하게 되어 표면으로부터 잔류 오스테나이트-마르텐사이트-풀림 불림-뜨임 조직 순으로 나타나게 된다. 이 때는 체적의 변화가 수반되므로 균열이나 박리가 일어날 수 있다.

6-4 연점

6-4-1 탈탄층의 국부적인 제거 불량

열처리전 부품의 절삭 가공시에 탈탄층을 국부적으로 완전히 제거하지 않는 경우가 있다. 이 부분은 열처리 후 경도 시험시에 제경도가 나오지 않는다.

6-4-2 침탄강에서 국부적인 침탄 불량

침탄시 국부적으로 침탄을 방지하고자 할 때 가스침탄이나 고체침탄에서는 가능하다. 이 때 침탄방지제를 도포할 때 손으로 다른 부위를 잡으면 이 부위에서는 침탄이 잘 안된다.

액체침탄 시에도 어떤 이유에서 염욕 속에 구리가 녹아들어 갔다면(혹은 제품을 구리 도금된 선으로 묶었을 때) 국부적으로 침탄이 안 된 곳이 나타난다. 이런 이유 때문에 액체 침탄욕에는 침탄 방지를 위하여 구리 도금한 부품을 처리하는 것이 바람직하지 않다.

절연에 의해 생성된 침탄 불량은 불량 부위를 재열처리하여도 변하지 않는다. 반면에 냉각 불량에 의해 나타난 연점은 재처리하면 없어지게 된다.

6-4-3 강의 편석

편석에 의한 연점은 인(P)이나 황(S)이 많은 쾌삭강에서 발생하기 쉽다. 이 강에서는 침탄이 균일하게 되지 않는 경향이 있어 냉각시에 연점이 나타난다. 망간 함유량이 높은 쾌삭강에서는 이러한 문제가 발생되지 않는다.

6-4-4 물 담금질 시 증기 부착

공구강이나 침탄강, 조질강에서 종종 나타나는 연점의 원인은 물과 같이 증기화되는 냉각제를 사용한 때이다. 증기가 부착된 부분은 색이 검게 나타나며, 이 부분은 경도가 잘 나타나지 않는다.

증기가 부착된 부분은 냉각 속도가 늦기 때문에 마르텐사이트 조직 대신 트루스타이트가 생성된다. 기름 담금질시에 이러한 문제가 나타난다면 기름을 가열하여 습기를 제거 시킨 후 사용하면 된다. 물을 냉각제로 사용할 때는 소금을 약 10% 정도 첨가하면 이러한 현상을 방지할 수 있다. 또한 제품을 냉각시에 상하로 흔드는 것도 도움이 된다.

소금물을 사용할 경우에는 40°C 이상이 되어서는 안된다. 왜냐하면 소금물의 비등점이 매우 낮기 때문이다.

6-4-5 냉각제에 불순물 혼입

냉각제에 불순물이 섞여 들어가면 대류가 잘 일어나지 않아 연점이 발생하는 경우가 있다. 이 때는 이러한 불순물을 필터로 제거해 주어야 한다.

6-4-6 연마 결함

앞의 "표면 경도 저하"란에서 설명한 바와 같이 5~10%의 질산 용액으로 부식해 보면 알 수 있다. 경도가 잘 나오지 않는 부분은 검정색(트루스타이트)를 띈다. 재담금질으로 해결이 가능하다.

6-5 변형

6-5-1 한쪽면의 탈탄 혹은 침탄의 부분적인 담금질

담금질 조직인 마르텐사이트 조직은 오스테나이트 조직이나 소재 상태의 조직보다 부피가 큰 조직이다. 부피 팽창은 탄소 함량이 증가할수록 더 커진다. 따라서 한쪽면에 탈탄이 일어났을 경우에는 이면에서는 부피 팽창이 다른 면보다 더 적게 일어난다. 이러한 이유 때문에 탈탄이 발생된 면은 오목하게 변형이 발생된다.

한쪽면만 침탄된 부품이나 담금질된 부품도 이와 똑같은 이유 때문에 변형이 발생된다.

6-5-2 압연이나 단조응력

압연이나 단조 후에 열응력 제거와 표준 조직을 만들어 주기 위해 불림(normalizing) 열처리를 실시하지 않는 부품은 후공정 열처리시에 변형을 초래하게 된다. 단류선도 변형에 큰 영향을 미친다. 그러나 불림 작업이나 조질 작업 등으로 이러한 영향을 감소시킬 수 있다.

6-5-3 가공응력

냉간 가공이나 절삭 가공시에 불균일한 응력이 생성된다. 이러한 응력은 가열시에 변형을 초래하게 된다. 따라서 변형을 최소화하기 위하여 절삭 가공 및 담금질 열처리 전에 500~700℃ 사이로 응력 제거 풀림이 필요하다.

6-5-4 비대칭적인 단면적

키홈이 있는 긴 축류의 담금질 열처리시에 실제적으로 변형을 막을 수 없다. 변형의 정도는 재질과 담금질 온도에 따라 결정된다.

marquenching 열처리로 변형을 최소화할 수 있다. 또한 부품 자체의 설계 시에 가능한 한 냉각 속도가 균일하도록 설계하면 좋다.

6-5-5 불균일한 냉각 속도

변형에 크게 영향을 미치는 것은 냉각 속도이다. 일반적으로 냉각 속도는 변형과 균열을 방지하는 범위내에서 매우 커야 한다. 조질강에서는 부품에 걸리는 하중이 인장응력과 압축응력이므로 심부까지 담금질이 되어야 하기 때문이다.

담금질 방법에 따라서는 변형에 크게 영향을 미친다. 긴 부품인 경우에는 수직으로 세워서 예열 및 가열하여야 하며 냉각 때도 마찬가지이다.

6-5-6 자중에 의한 변형

담금질 온도에서 강(steel)의 강도는 매우 낮다. 따라서 자중에 의한 변형이 나타난다. 염욕에서 가열시에는 염의 비중에 의한 부력 때문에 자중에 의한 변형이 적다. 가열 및 냉각시에는 제품을 세워서 처리하는 것이 좋다.

6-5-7 변형 고정법

염욕으로 냉각한 직후에 조직은 오스테나이트 조직이기 때문에 교정이 용이하다. 조직이 마르텐사이트로 변태 직전에 교정은 끝나야 한다(자석으로 점검, 오스테나이트 조직은 비자성이므로 자석이 붙지 않는다. 강은 뜨임 전이 뜨임 후보다 교정이 용이하다). 복잡한 형상에서는 프레스 담금질이 바람직하다.

6-6 균열

6-6-1 강 및 단조결함

결함은 여러 종류가 있으나 대충 중요한 결함은 겹침, 불순문혼입, 기포, 수소취성, 망상 카바이드 등이 있다. 이러한 원인에서 발생된 결함은 대부분 압연 방향으로 생성된다.

열처리 후 완제품에서도 이러한 결함에 의해 생성된 균열을 종종 볼 수가 있다. 왜냐하면 열처리에 의한 노취(notch) 때문에 응력이 이러한 부분에 집중되기 때문이다. 단조시에 종종 나타나는 겹침은 균열에 매우 민감하다. 탈탄이나 산화 피막은 균열 생성을 용이하게 한다.

6-6-2 재료 혼입, 재료 선택, 설계 잘못

재료 혼입은 불꽃 시험으로 알 수 있다. 열처리시 재료 선택 잘못에서 기인되는 결함은 설계자나 열처리 담당자와의 상호 협의하에 재료를 선택함으로써 줄일 수 있다. 적정 재료를 선택하였다 하더라도 단면적의 급격한 변화나 예민한 노취부가 있을 때는 균열을 피할 수 없다. 특히 주의해야 할 점은 냉각 속도가 빠른 냉각제를 사용하여야 하고 담금질 깊이가 한정된 탄소공구강의 열처리 때이다. 표면 부위와 심부의 열처리되지 않는 부위에서 큰 응력이 발생되기 때문이다. 비합금강에서 특히 코너 부위의 구멍은 매우 위험하다. 이 때는 마르퀜칭이나 이 구멍을 볼트로 채우는 것이 좋다. 침탄욕중에서는 구멍을 점토로 막는 것은 불가하다. 침탄강에서는 소재의 탄소 함량이 너무 높아서는 안된다. 왜냐하면 담금질 때 심부에 큰 응력이 생성되어 균열이 발생할 우려가 있기 때문이다.

6-6-3 열처리 후 결함

연마 균열은 연마시 냉각이 불충분할 때 발생된다. 연마 균열의 예를(**그림 6-4**) 보여 주고 있다. 연마 균열은 연마 방향과 수직으로 발생된다. 침탄품에서는 연마 균열이 침탄층 깊이까지만 성장한다. 연마 균열의 여부는 질산액으로 부식해보면 검게 나타난다. 연마 균열은 깊지 않으며 표면에 일직선으로 나타난다.

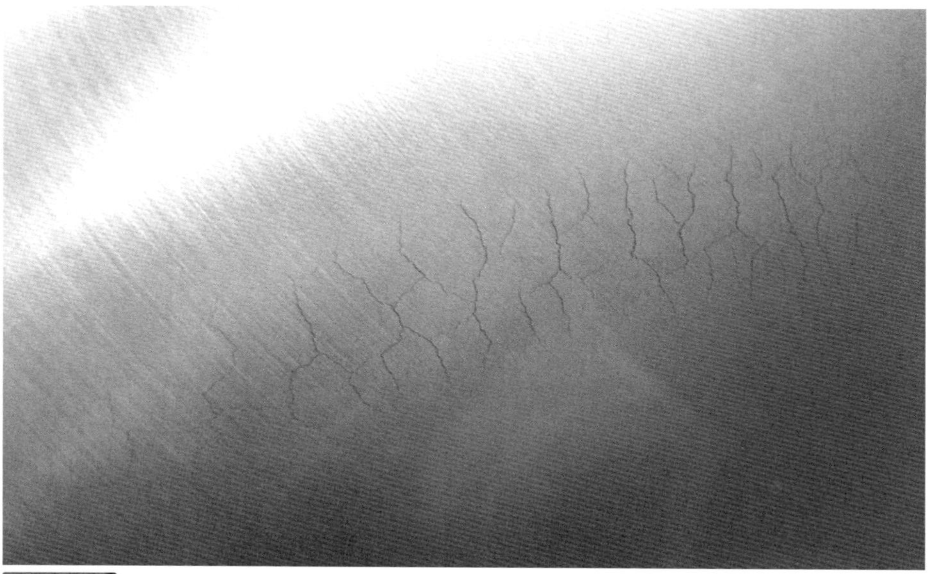

그림 6-4 탄소공구강의 연마 균열

조대한 결정립이나 망상 카바이드 및 다량의 잔류 오스테나이트는 연마 균열을 쉽게 발생시킨다. 공구강이나 조질강에서는 연마 균열이 길고 깊다. 따라서 취성 파괴의 경향이 크다.

연마 균열을 줄이기 위해서는 경도가 낮은 연마재나 냉각 방법의 개선이 요구된다. 160~220℃ 사이에서 뜨임 처리하면 연마 균열을 상당히 줄일 수 있다. 동일한 재질이라도 로트 번호가 다른 재질은 미세 결정립강이라도 연마 균열을 발생할 수 있다. 이 때는 연마액을 70~80℃로 가열하여 사용하는 것이 좋다. 또한 경도가 높으면 연마 균열이 발생하기 쉬우므로 HRC60이하로 뜨임 처리를 하면 균열을 피할 수 있다. 침탄품의 교정시에는 침탄층에 수직으로 균열이 발생한다.

6-6-4 열처리 결함

열처리시에 무엇보다도 과열과 불균일한 냉각이 균열을 초래한다. 고합금강에서는 열전도가 매우 느리기 때문에 승온시에 급열을 가하면 균열을 초래한다.

침탄강에서는 침탄 후 냉각 속도가 너무 느릴 때 균열이 발생할 수 있다. 급랭시에는 균열이 발생하지 않으나 공랭시에는 카바이드가 입계에 석출하여 결정립계가 응력에 대한 저항력이 약해져 균열이 발생할 수 있다(**그림 6-5** (a) (b) 참조).

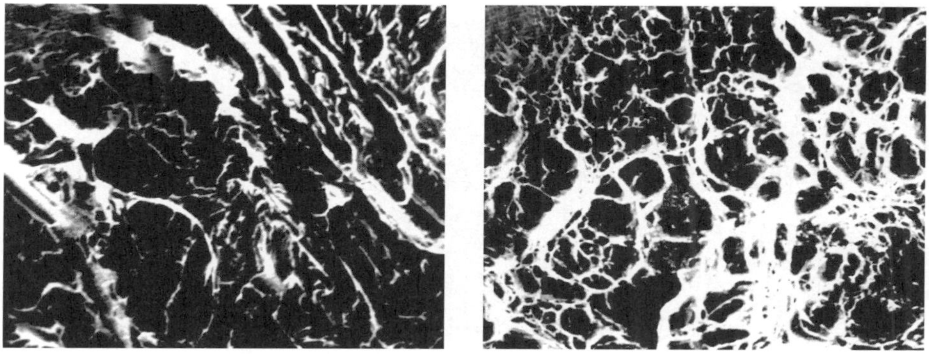

(a) (b)

그림 6-5 Cr-Mo의 파단면 미세 조직사진

6-6-5 열처리 전 가공 결함

완전 담금질강인 경우에는 표면의 공구 자국이 균열을 초래한다. 강도가 낮은 강에서 끝이 무딘 공구나 절삭 속도가 빠를 때는 가공면에 가벼운 균열이 발생되어 열처리시에 이 균열이 성장된다. 이 균열은 반드시 가공 방향의 직각 방향으로 일어난다. **그림 6-4**는 거칠은 제품 표면 부위의 균열을 보여 주고 있다.

6-7 취성 및 피로강도 저하

6-7-1 재료 결함

재료의 인성에 영향을 미치는 재료 결함은 균열과 어떤 의미에서는 같다. 편석이나 불순물(MnS)이 심한 강은 압연 방향이 횡방향보다 인성이 더 좋다.

6-7-2 조대한 결정립

조대한 결정립은 취성을 조장하고 피로강도를 저하시킨다.

6-7-3 망상 카바이드

망상 카바이드는 과공석강에서 가열 온도가 높고 서냉시에 나타난다. 침탄시에는 과침탄 및 서냉시에 나타난다.

침탄강에 망상 카바이드가 생성되었을 경우에는 침탄 온도 이상으로 재가열하였다가 급랭한다. 이 때 잔류 오스테나이트가 과다하게 발생되었을 경우에는 다시 저온 담금질을 실시한다. 이 때 카바이드는 미세하고 균일하게 분포한다. 카바이드가 이렇게 분포되어 있을 때는 인성을 해치지 않는다.

공구강에서도 A_1 변태점 부근에서 장시간 가열하면 구상화가 된다. 이 경우에는 카바이드 구상화가 결정립계에 집중되어 있으므로 인성이 좋지 않다(**그림 6-6** 참조).

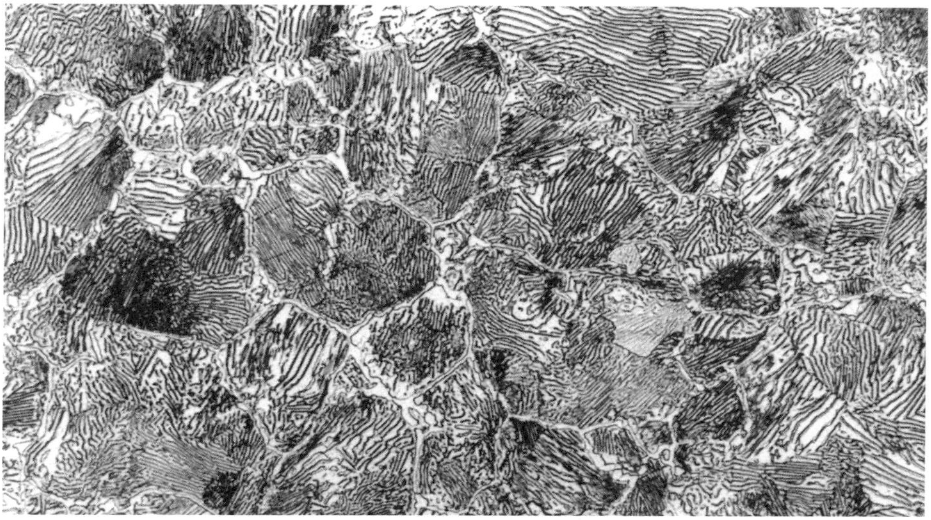

풀림 전

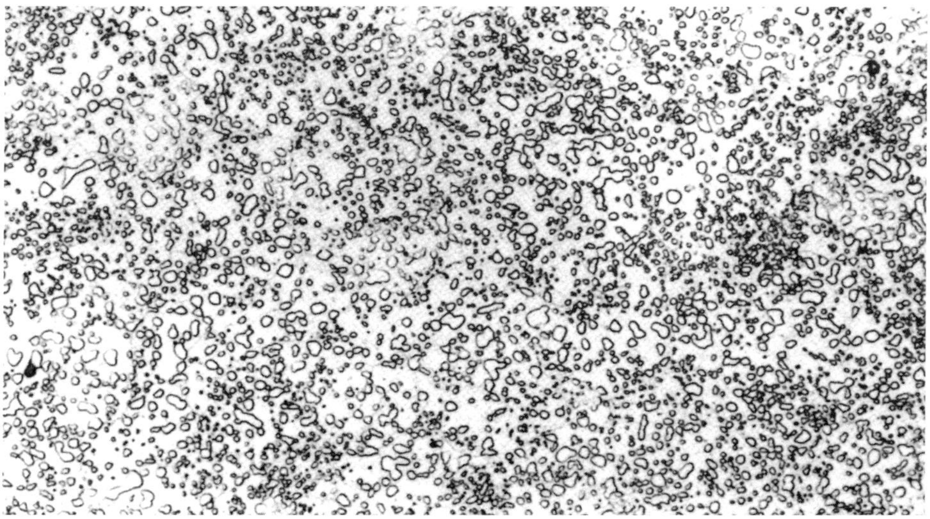

풀림 후

그림 6-6 망상 세멘타이트와 구상화 조직

6-7-4 과도한 침탄 깊이

침탄품은 침탄 처리하지 않는 부품보다 충격강도는 떨어진다. 충격강도의 감소는 침탄계수비(침탄 깊이/단면적 두께)에 비례한다(**그림 6-7** 참조). 침탄계수비는 최대 20%를 초과해서는 안된다.

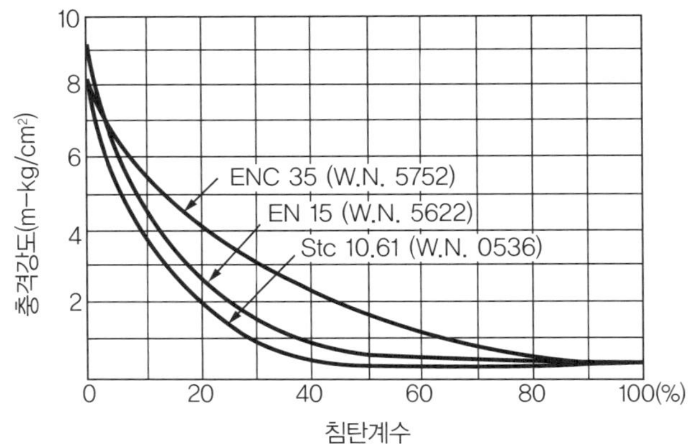

그림 6-7 침탄계수비에 따른 충격강도

6-7-5 두께가 얇은 제품에서 침탄 및 질화

약침 및 약질화 처리는 피로강도를 향상시킨다. 좋은 예가 스프링인 경우이다. 따라서 두께가 얇은 제품에서는 약침이 요구된다.

6-7-6 표면경도 저하

표면경도 저하는 피로강도를 감소시킨다. 굽힘응력하에서는 제품 표면이 가장 높은 응력을 받게 된다. 경도가 낮은 표면층이 존재한다면 이 부위에서는 탄성계수가 낮다. 따라서 고응력에서는 이 부위에서 소성 변형이 발생하여 재료에 피로를 가져와 균열을 발생시킨다.

이 균열은 노취 효과(notch effect) 때문에 결과적으로는 취성 파괴를 촉진한다. 산화가 일어났을 경우에도 결정립계 약화를 초래하여 파괴를 촉진한다.

6-7-7 인장 강도가 너무 높을 때

인장 강도가 높을 경우에는 압축, 인장응력이나 피로강도에는 좋다. 그러나 충격강도에는 약하다. 따라서 이 경우에는 뜨임으로 강도를 떨어뜨려야 한다.

6-7-8 언더하드닝(under hardening)

조질강이나 침탄강의 언더하드닝 시에는 균일한 단상 조직으로 되는 것이 아니라 마르텐사이트와 페라이트 다상 조직으로 된다. 페라이트의 탄성계수는 매우 낮으므로 표면경도 저하시와 같은 현상이 일어난다. 이러한 조직은 피로강도가 낮고 매우 취약하다. 재열처리를 통하여 해결이 가능하다.

6-7-9 템퍼 취성

몰리브덴첨가 조질강을 제외하고는 모든 강은 어느 정도 템퍼 취성을 나타낸다(특히, 크롬강에서). 템퍼 취성의 원인은 아직까지 분명하게 밝혀지지 않았다. 템퍼 취성에 대한 경향은 450~600℃ 온도에서 뜨임을 실시한 후 상온까지 서냉할 때 나타난다.

템퍼링 후 급랭을 실시하면 템퍼 취성을 방지할 수 있다. 템퍼 취성이 나타난 부품은 재뜨임 및 급랭으로 방지할 수 있다.

6-8 부식

6-8-1 재료 결함

원자재 보관시에 표면에 미세한 기공 형태의 부식이 발생한다. 이 기공은 선반이나 연마 작업에서 없어지는 것이 아니고 뭉개져 덮어버려 없어진 것처럼 보인다. 따라서 열처리 전에는 볼 수 없지만 열처리시에 다시 나타나게 된다. 이러한 결함은 겹침이나 비금속 개재물, 기포 등에서도 똑같은 현상으로 나타난다.

고크롬강은 염욕 열처리시에 고크롬농도 지역에서 약간의 부식이 일어난다. 비철 열처리시에는 종종 물집(blister)이 생성된다. 이 물집은 내부 가스에 의해 생성되는데 이 가스가 수소가스이다. 이러한 현상을 줄이기 위해서는 200~300℃에서 30분 내지 1시간 정도 예열해 주면 수소가스가 천천히 밖으로 확산하여 빠져나가게 되어 열처리시 물집이 생성되지 않는다.

Ag을 시안이 함유된 염욕에서 풀림 처리하여도 이와 같은 현상이 일어난다. 이때 탄소가 Ag표면으로 확산해 들어가 비금속 개재물인 산화동을 환원시켜 Co가스가 발생되므로 물집이 형성되게 된다.

6-8-2 열처리 전 가공

끝이 무딘 공구로 절삭 가공할 때나 절삭 속도가 낮을 때는 절삭이 아니라 파먹는 것과 같은 현상으로 나타나게 된다. 이렇게 파먹힌 부분은 육안으로 보이지 않으나 열처리 후에 크게 나타나게 된다.

6-8-3 예열시 결함

예열시에 산화가 발생된 부품을 시안이 함유된 염욕에서 열처리를 하면 산화 스케일의 일부가 환원되어 표면이 거칠어지게 된다. 따라서 예열 온도는 산화 스케일이 생성될 정도로 높아서는 안된다.

6-8-4 염욕 가열시 결함

부식은 염욕에 시안이 너무 적게 함유되어 있을 때 발생한다. 또한 포트 바닥에 침전되어 있는 슬러지와 제품과의 접촉시에 발생된다. 침탄성 염욕에 제품의 일부분만을 가열할 때도 경계면에서 부식이 일어난다.

이러한 부식을 방지하기 위해서 제품 전체를 침탄 처리한 후 필요 부분만 냉각시키면 된다.

6-8-5 뜨임 시 부식

고온의 초산염욕에서 뜨임에는 산화에 의한 부식이 발생한다. 특히, 오랫동안 사용한 노화된 초산염에서는 500°C 이상에서 산화가 일어난다.

광택이 나는 부품인 경우도 부적합한 오일에서 뜨임을 실시할 경우, 부식이 발생할 수 있다. 염욕에서 열처리한 부품인 경우에도 염을 완전히 세척하지 않으면 부식이 발생한다.

6-9 용융

6-9-1 과열

과열은 온도계의 기능이 잘못되었을 때 나타난다. 따라서 표준 열전대를 사용하여 주기적으로 검정하여 주는 것이 필요하다.

고체침탄에서는 상자가 기밀성이 없을 때 고온에서 탄소가 산화하여 이산화열 때문에 부품의 표면이 용융되는 경우가 있다.

6-9-2 고합금 공구강의 침탄

고속도강은 예열중에 침탄이 되었을 때 본열에서 녹는 현상이 나타난다. 침탄층은 고속도강의 용융점을 저하시킨다. 침탄성 분위기에서 풀림 처리한 고속도강은 이와 같은 이유에서 담금질, 열처리시에 표면이 녹는 현상이 생긴다.

6-9-3 전극과의 접촉

전극식 염욕로에서는 제품이 전극에 접촉되어서는 안된다. 큰 제품인 경우에는 장입 및 unloading 시에 전기를 끄고 하는 것이 좋다. 용융은 전극과 접촉하지 않고서도 염욕내에서 제품이 접촉할 때도 일어난다.

부록

부록 I. 각종 공구강의 진공 열처리 조건

AISI 명칭	조성(W_t %)					
	C	W	Mo	Cr	V	기타
A 2	1.0		1.0	5.0		
A 4	1.0		1.0	1.0		2.0 Mn
A 5	1.0		1.0	1.0		3.0 Mn
A 6	0.7		1.0	1.0		2.0 Mn
A 7	2.25		1.0	5.25	4.75	
A 8	0.5	1.25	1.25	5.0		1.8 Mn
A 10	1.35		1.5			1.8 Ni
D 1	1.0		1.0	12.0		
D 2	1.5		1.0	12.0		
D 3	2.25			12.0		
D 4	2.25		1.0	12.0		
D 5	1.5		1.0	12.0		3.0 Co
D 7	2.35		1.0	12.0	4.0	
H 10	0.4		2.5	3.25	0.4	
H 11	0.35		1.5	5.0	0.4	
H 12	0.35	1.5	1.5	5.0	0.4	
H 13	0.35		1.5	5.0	1.0	
H 14	0.4	5.0		5.0		
H 16	0.55	7.0		7.0		
H 19	0.4	4.25		4.25	2.0	4.25 Co
H 20	0.35	9.0		2.0		
H 21	0.35	9.0		3.5		
H 22	0.35	11.0		2.9		
H 23	0.3	12.0		12.0		
H 24	0.45	15.0		3.0		
H 25	0.25	15.0		4.0		
H 26	0.5	18.0		4.0	1.0	
H 41	0.65	1.50	8.0	4.0	1.0	
H 42	0.6	6.0	8.0	4.0	2.0	
H 43	0.5		8.0	4.0	2.0	

예열온도(℃)	경화처리온도(℃)	진공도 범위(torr)	냉각방법
750~800	940~980	10^{-1}~10^{-2}	불활성 가스
670	820~870	10^{-1}~10^{-3}	불활성 가스
600	790~840	10^{-1}~10^{-3}	불활성 가스
650	830~870	10^{-1}~10^{-3}	불활성 가스
800~830	950~980	10^{-1}~10^{-2}	불활성 가스
800	980~1,010	10^{-1}~10^{-3}	불활성 가스
650	790~820	10^{-1}~10^{-3}	불활성 가스
815	970~1,010	10^{-1}~10^{-3}	불활성 가스
815	980~1,020	10^{-1}~10^{-2}	불활성 가스
815	930~980	10^{-1}~10^{-2}	불활성 가스
815	930~980	10^{-1}~10^{-2}	불활성 가스
815	980~1,020	10^{-1}~10^{-2}	불활성 가스
815	1,000~1,060	10^{-1}~10^{-2}	불활성 가스
820	1,000~1,040	10^{-1}~10^{-2}	불활성 가스
820	990~1,030	10^{-1}~10^{-2}	불활성 가스
820	990~1,050	10^{-1}~10^{-2}	불활성 가스
820	990~1,050	10^{-1}~10^{-2}	불활성 가스
820	1,010~1,060	10^{-1}~10^{-2}	불활성 가스
820	1,120~1,180	2×10^{-1}~1×10^{-1}	불활성 가스/오일
820	1,090~1,200	2×10^{-1}~1×10^{-1}	불활성 가스/오일
820	1,100~1,200	2×10^{-1}~10^{-1}	불활성 가스/오일
820	1,100~1,200	2×10^{-1}~10^{-1}	불활성 가스/오일
820	1,100~1,200	2×10^{-1}~10^{-1}	불활성 가스/오일
820	1,200~1,260	2×10^{-1}~10^{-1}	오 일
820	1,100~1,230	2×10^{-1}~10^{-1}	불활성 가스/오일
820	1,150~1,260	2×10^{-1}~10^{-1}	불활성 가스/오일
820	1,180~1,260	2×10^{-1}~10^{-1}	불활성 가스/오일
820	1,090~1,190	2×10^{-1}~10^{-1}	불활성 가스/오일
820	1,120~1,220	2×10^{-1}~10^{-1}	불활성 가스/오일
820	1,090~1,190	2×10^{-1}~10^{-1}	불활성 가스/오일

부록 Ⅱ.

AISI 명칭	조성(W_t %)					
	C	W	Mo	Cr	V	기타
M 1	0.8	1.5	8.0	4.0	1.0	
M 2	0.85	6.0	5.0	4.0	2.0	
M 3	0.05	6.0	5.0	4.0	2.40	
M 4	1.3	5.5	4.5	4.0	4.0	
M 6	0.8	4.0	5.0	4.0	1.5	12.0 Co
M 7	1.0	1.7	8.75	4.0	2.0	
M 10	0.9		8.0	4.0	2.0	
M 15	1.5	6.5	8.5	4.0	5.0	5.0 Co
M 30	0.80	2.0	8.0	4.0	1.25	5.0 Co
M 33	0.9	1.5	9.5	4.0	1.15	8.0 Co
M 34	0.9	2.0	8.0	4.0	2.0	8.0 Co
M 35	0.8	6.0	5.0	4.0	2.0	5.0 Co
M 36	0.8	6.0	5.0	4.0	2.0	8.0 Co
M 41	1.10	6.75	3.75	4.25	2.0	5.0 Co
M 42	1.1	1.5	9.5	3.75	1.15	8.0 Co
M 43	1.25	1.75	8.75	3.75	2.00	8.25 Co
M 44	1.15	5.25	6.25	4.25	2.25	12.0 Co
M 50	0.8		4.25	4.0	1.0	
Ti	0.7	18.0		4.0	1.0	
T 2	0.8	18.0		4.0	2.0	
T 4	0.75	18.0		4.0	1.0	5.0 Co
T 5	0.8	18.0		4.0	2.0	8.0 Co
T 6	0.8	20.0		4.0	1.5	12.0 Co
T 7	0.80	14.0		4.0	2.0	
T 8	0.75	14.0		4.0	2.0	5.0 Co
T 8	1.20	18.0		4.0	4.0	
T 15	1.5	12.0		4.0	5.0	5.0 Co

예열온도(℃)	경화처리온도(℃)	진공도 범위(torr_	냉각방법
800~850	1,180~1,210	2×10^{-1}~1×10^{-1}	불활성 가스/오일
820~850	1,190~1,230	2×10^{-1}~1×10^{-1}	불활성 가스/오일
820~850	1,200~1,230	2×10^{-1}~1×10^{-1}	불활성 가스/오일
820~850	1,200~1,230	2×10^{-1}~1×10^{-1}	불활성 가스/오일
820~850	1,180~1,230	2×10^{-1}~1×10^{-1}	불활성 가스/오일
820~850	1,180~1,230	2×10^{-1}~1×10^{-1}	불활성 가스/오일
820~850	1,180~1,230	2×10^{-1}~1×10^{-1}	불활성 가스/오일
820~850	1,190~1,230	2×10^{-1}~1×10^{-1}	불활성 가스/오일
820~850	1,200~1,230	2×10^{-1}~1×10^{-1}	불활성 가스/오일
820~850	1,200~1,230	2×10^{-1}~1×10^{-1}	불활성 가스/오일
820~850	1,200~1,230	2×10^{-1}~1×10^{-1}	불활성 가스/오일
820~850	1,220~1,250	2×10^{-1}~1×10^{-1}	불활성 가스/오일
820~850	1,220~1,250	2×10^{-1}~1×10^{-1}	불활성 가스/오일
820~850	1,200~1,230	2×10^{-1}~1×10^{-1}	불활성 가스/오일
820~850	1,200~1,230	2×10^{-1}~1×10^{-1}	불활성 가스/오일
820~850	1,200~1,230	2×10^{-1}~1×10^{-1}	불활성 가스/오일
820~850	1,200~1,230	2×10^{-1}~1×10^{-1}	불활성 가스/오일
820~850	1,180~1,220	2×10^{-1}~1×10^{-1}	불활성 가스/오일
850	1,260~1,300	2×10^{-1}~1×10^{-1}	불활성 가스/오일
850	1,260~1,300	2×10^{-1}~1×10^{-1}	불활성 가스/오일
850	1,260~1,300	2×10^{-1}~1×10^{-1}	불활성 가스/오일
850	1,260~1,300	2×10^{-1}~1×10^{-1}	불활성 가스/오일
850	1,260~1,290	2×10^{-1}~1×10^{-1}	불활성 가스/오일
850	1,260~1,300	2×10^{-1}~1×10^{-1}	불활성 가스/오일
850	1,250~1,280	2×10^{-1}~1×10^{-1}	불활성 가스/오일
850	1,250~1,280	2×10^{-1}~1×10^{-1}	불활성 가스/오일
850	1,000~1,200	2×10^{-1}~1×10^{-1}	불활성 가스/오일

부록 Ⅲ. 주요 원소의 증기압

(단위: ℃)

원소	10^{-4} mmHg	10^{-3} mmHg	10^{-2} mmHg	10^{-1} mmHg	760 mmHg
Al	808	890	997	1,124	2,058
B	1,141	1,240	1,356	1,490	–
Ca	463	528	605	701	1,488
C	2,290	2,473	2,683	2,928	4,831
Co	1,363	1,495	1,650	1,834	–
Cu	1,036	1,142	1,274	1,433	2,764
Au	1,191	1,317	1,466	1,647	2,999
Fe	1,196	1,311	1,448	1,604	2,737
Pb	548	620	718	821	1,743
Li	378	439	514	608	1,373
Mg	331	380	443	515	1,108
Mn	792	878	981	1,021	2,153
Mo	2,097	2,297	2,535	3,011	5,573
Ni	1,258	1,372	1,511	1,680	2,734
Nb	2,357	2,541	–	–	–
Pt	1,745	1,905	2,092	2,295	1,411
K	123	161	207	265	643
Si	1,117	1,224	1,344	1,486	2,289
Ag	848	921	1,048	1,161	2,214
Na	195	238	291	356	893
Ta	2,601	2,822	–	–	–
Sn	923	1,011	1,190	1,271	2,272
Ti	1,250	1,385	1,547	1,725	–
W	2,769	3,019	3,312	–	5,932
U	1,586	1,731	1,899	2,099	–
V	1,587	1,726	1,899	2,081	–
Zn	248	290	343	405	908
Zr	1,661	1,818	2,003	2,214	–

부록 Ⅳ. 철강 열처리 용어

□열처리 일반

열처리(heat treatment): 철강에 소요의 성질을 부여할 목적으로 행하는 가열과 냉각의 여러 가지 조합

광휘처리(bright heat treatment): 철강을 보호분위기 또는 진공 중에서 열처리함으로써 표면의 고온산화 및 탈탄을 방지하고, 표면광휘상태를 유지하는 열처리. 광휘풀림(bright normalizing), 광휘불림(bright normalizing), 광휘담금질(bright quenching), 광휘뜨임(bright tempering) 등이 있다.

분위기조절열처리(controlled atmosphere heat treatment): 노내의 분위기가스를 목적에 따라서 각각 조절하여 하는 열처리. 분위기가스에는 산화성, 환원성, 부활성, 침탄성, 실화성 등의 종류가 있다.

가공열처리(thermomechanical treatment): 소성가공과 열처리를 유기적으로 조합함으로써 강의 기계적 성질 등을 향상시키는 조작. 준 안정오스테아니트의 온도범위에서 소성가공한 후 마르텐사이트변태를 하게 하는 오스포옴이 그 대표적인 것이고, 온간가공(warm working) 등도 포함한다.

안정화처리(stabilizing treatment): 조직을 안정화하고 또는 부품의 형상·치수의 경년변화를 막기 위하여 하는 열처리. 티탄 또는 니오브를 포함한 오스테나이트계, 스텐레스강은 850~900℃의 온도범위로 적당한 시간동안 가열하여 티탄 또는 니오브의 탄화물을 석출시켜 안정된 조직으로 하는 열처리. 이것으로 임계부식은 일어나기 어렵게 된다.

소우킹(soaking): 재료의 내외온도차를 이어지게 할 목적으로 적당한 시간 일정한 온도로 유지하는 것, 균열이라고도 한다.

오스테나이트화(austenitizing): 철강을 변태역이상의 온도로 가열하여 오스테나이트로 하는 조작을 완전오스테나이트화(complete austenitizing), 또는 변태온도역내의 온도로 가열하는 것을 부분오스케나이트화(partial austenitizing)라 한다.

경화(hardening): 적당한 가온 냉각처리로 경고를 더하는 조작. 시효경화, 석출경화, 급냉경화, 표면경화 등의 종류가 있다.

시이즈닝(seasoning): 주물의 주조내부응력을 제거하기 위해 오랜 시일 방치하는 조작.

확산(diffusion): 물체 내부에서 장소에 따라 농도차가 있을 때 농도가 큰 부분에서 작은 부분으로 원자가 이동하는 현상.

과열(overheat): 재료의 여러 성질이 손상되는 만큼의 고온도까지 금속 또는 합금이 가열되는 것. 뒤의 열처리나 기계가공 또는 가공과 열처리의 조합작업인데, 원래 갖고 있던 여러 성질을 회복할 수 없는 경우에는 그 과열은 버어닝(burning)이라 한다.

재결정(recrystallization): 냉각가공 등으로 소성왜곡을 받은 결정이 가열될 때 내부응력이 감소하는 과정에 이어서, 왜곡이 남아 있는 원결정립에서 내부왜곡이 없는 새로운 결정의 핵이 발생하여 그 수가 더해지는 동시에 각각의 핵은 점차 성장하여 원결정립과 바뀌어 가는 현상. 재결정을 일으키는 온도를 재결정온도라 한다. 이 온도는 금속 및 합금의 순도 또는 조성, 결정내의 소성왜곡의 정도, 가열시간에 따라 현저한 영향을 받는다.

결정립조대화(grain growth coarsening): 다결정재를 고온으로 가열함으로 결정립이 커지는 현상

엔릿치가스(enriched gas): 침탄성 분위기의 카아본포텐샬을 증가하기 위해 첨가하는 탄화수소등의 가스

카아본포텐샬(carbon potential): 강을 가열하는 분위기의 침탄능력의 표시어로 그 온도로 강의 탄소량과 평행시킬 때의 강표면의 탄소농도를 표시한다.

노점(dew pioint): 분위기 중의 수분이 응축하기 시작하는 온도, 가스침탄의 경우는 노점으로 카아본포텐샬을 조절할 수 있다.

탈탄(decarbonization): 탄소와 반응하는 분위기 속에서 철강을 가열할 때 표면에서 탄소가 상실되는 현상, 탈탄하고 있는 층을 탈탄층이라고 하며, 이것에는 전탈탄층심도, 페라이트탈탄층심도, 특정잔탄률탈탄층심도, 실용탈탄층심도 등이 있다.

백점(flake): 강재피면에 나타나는 백색광택을 갖는 변점. 저합금의 대형단강품 등에 자주 인정된다. 열간가공준의 냉각과정에서 생기는 변태응력, 수소석출에 따른 내부왜곡 등으로 유발되는 내부균열이라 생각된다.

수소취성(hydrogen embrittlement): 수소흡수로 금속 및 합금의 취성이 저하되는 현상. 이 현상은 산세(酸洗), 전기도금 등의 경우에 생긴다.

색열취성(red shortness): 열간가공의 온도범위에서 일어나는 취화현상

청열취성(blue shortness): 강이 200~300℃부근에서 상온에서 보다 연장강도가 경도가 커지고, 연신교축이 낮고, 여리게 되는 현상. 청열취성이라 부르는 것은, 이 온도범위에서 푸른 산화피막이 표면에 형성되기 때문이다.

취화(embrittlement): 상의 석출분이에 의해 생기는 취화현상. 상이란 20%이상 크롬을 함유하는 고크롬강이나 고크롬니켈강 등에 나타나는 중간상, 오방정으로 단입취에 30원자를 함유, 비자성으로 너무 굳어서 무르게 한다.

경년변형(secular distortion): 실온에서 긴 시일동안에 재료의 치수, 형상이 변화하는 것.

주철의 성장(growth of cast iron): 주철을 A_1점의 상하의 온도로 가열냉각을 반복했을 때 생기는 불가역적인 이상팽창현상.

변태점(transformation temperation): 온도를 상승 또는 하강시켰을 경우 등에 어떤 상이 다른 상으로 변화하는 현상을 변태라 하며 변태가 생기는 온도를 변태점이라 한다. 철강에는 다음과 같은 기호를 사용한다.

- Accm점: 과공석강에 있어서, 가열시 시멘타이트가 오스테나이트로 용입이 완료하는 온도.
- Ac_1점: 가열시, 페라이트+시멘타이트에서 오스테나이트에의 변태가 시작하는 온도.
- Ac_3점: 아공석강에 있어서, 가열시 α철에서 γ철로, 또는 페라이트에서 오스테나이트에의 변태가 완료하는 온도.
- Ac_4점: 가열시 γ철에서 σ철로, 또는 오스테나이트에서 δ페아리트로 변태하는 온도.
- Arcm점: 과공석강에 있어 냉각 시 시멘다이트가 오스테나이트에서 석출하기 시작하는 온도.
- Ar'점: 냉각 시, Ar_1점에서 어느 정도 낮은 온도까지 과냉된 오스테나이트에서 페라이트 또는 페라이트+시멘타이트에의 변태가 개시하는 온도.
- Ar_1점: 냉각 시, 오스테나이트에서 페라이트+시멘타이트로의 변태가 개시하는 온도
- Ar_3점: 냉각시 γ철에서 α철로, 또는 오스테나이트에서 페라이트로 변태를 시작하는 온도.
- Ar_4점: 냉각시 δ철에서 γ철로, 또는 δ페라이트에서 오스테나이트로 변태하는 온도.
- Aocm점, Ao_1점, Ao_3점, Ao_4점: 평형상태에서 상기 각 변태온도.
- Ms점: 오스테아니트에서 마르텐사이트가 생기기 시작하는 온도, 냉각속도에 거의 무관계한데, 오스테나이트의 화학조성으로 결정되는 일정온도에 있다. Ar'점이라고도 한다.

• M_f점: 오스테나이트에서, 마르텐사이트에의 변태가 완료되는 온도.

• M_f점에서는 반드시 오스테아니트가 전혀 소실한다고는 할 수 없다.

자기변태(magnetic transformation): 강자성체에서 상자성체로 또는 상자성체에서 강자성체로의 변화, 결정구조의 변화는 따르지 않는다.

α철(iron): 911°C이하의 온도에서 안정한 체심입방정순철

δ철(iron): 1,392°C에서 용융점까지의 온도범위에서 안정한 체심입방정순철

페라이트(ferrite): α철 고용체 및 δ철 고용체에 붙인 조직상의 명칭 δ철의 고용체를 δ페라이트라고 한다.

초석페라이트(pro−eutectoid ferrite): 아공석강을 고온에서 냉각할 때, 공석변태에 앞서 오스테나이트에서 석출하는 페라이트.

실리코·페라이트(silico ferrite): 주철 및 하단주철과 같이 다량의 규소를 함유하는 페라이트.

γ철(γ iron): 911°C부터 1,392°C의 온도범위에서 안정한 면심입방정의 순철.

오스테나이트(autenite): 철의 고용체에 붙인 조직상의 명칭

고용체(solid solution): 한 고체에 다른 원소가 균일히 용입되어 생긴 단일고체

공정(eutectic): 냉각과정에서 한 용액에서 두 개 이상의 고상이 고루 혼합한 조직에의 변화 또는 그 반응으로 생긴 조직.

공석(eutectoid): 냉각과정에서 한 용액에 두 개 이상의 고상이 고루 혼합한 조직에의 변화 또는 그 반응으로 생긴 조직. 평행상태에서 공석성분보다 합금원소농도가 적을 때에는 아공석, 많을 때에는 과공석이라 한다.

석출(precipitation): 고용체에서 이상의 결정이 분리성장하는 현상.

편석(segregation): 합금원소나 불순물의 불균일분포.

띠장조직(banded structure): 압연 또는 단신방향으로, 평행으로 늘어선 편석조직.

탄화물(carbide): 탄소와 하나 또는 그 이상의 금속원소와 화합물. 특히 둘 이상의 금속원소를 필요성분으로 하는 것을 복탄화물(double carbide)이라 한다.

시멘타이트(cementite): 철과 탄소의 화합물인데, 화학식은 근사적으로 Fe_3C로 표시한다.

초석 시멘타이트(pro−eutectoid cementite): 과공석강을 고온에서 냉각할 때, 공석변태에 앞

서 오스테나이트에서 석출하는 시멘타이트.

퍼얼라이트(pearlite): 오스테나이트의 냉각 시, Ar_1변태에서 생긴 페라이트와 시멘타이트의 층상조직, 냉각속도의 대소에 따라 층상조직에는 소밀(疏密)이 생긴다. 광학현미경으로 식별이 곤란할 만큼 빈틈이 없을 경우는 미세 퍼얼라이트(fine pearlite)라 한다.

결정입도(grain size number): 다결정체의 단위면적 또는 단위 체적 당 입수로 표시한 결정립의 크기 단위.

오스테나이트결정입도(austenite grain size): 오스테나이트상태에서의 결정립의 크기를 말하며 보통 입도번호로 표시한다.

페라이트결정입도(ferrite grain size): 페라이트조직의 결정립의 크기를 말하며 보통 입도번호로 표시한다.

위드맨스타텐조직(Widmanstätten structure): 원래의 γ고용내부 특성이 결정에 따른 기하학적 모양을 나타내는 냉각변태조직.

쌍정(twin): 한 결정립 속에서 결정격자의 구조는 같으나, 어느 일정면(쌍정면이라 함)을 경계로 원래의 결정격자에 대해 경면대칭이 되어 있는 결정, 일반적인 금속에 볼 수 있는 쌍정의 종류로서는 변형쌍정(deformation twin), 변태쌍정(transformation) 및 풀림쌍정(annealing twin)이 있다.

풀림쌍정(annealing twin): 오스테나이트강을 풀림하여 재결정시킬 때 자주 나타나는 쌍정.

공정흑연(eutectic graphite): 기단주철이 풀림이전에 이미 백주철(백철) 속에 존재하는 흑연(모틀)

편상흑연(graphite flake): 쥐색주철 가운데에 생기는 편장의 흑연으로 장미상 흑연(graphite rosette), 공정흑연(eutectic graphite)도 이것에 합한다.

구상흑연(spheroidal graphite): 마그네슘 등으로 처리하여 제조한 구상흑연주철에 생기는 치밀한 구상의 흑연인데, 평골한 윤곽을 가지고 있다.

백주철(백철)(white iron): 공정시멘타이트와 퍼얼라이트로 된 주철인데, 흑연의 정출이 없는 것.

□불림 및 풀림

불림(normalizing): 철강의 전가공의 영향을 제거하고, 결정립을 미세화하여 기계적 성질을 개선시키기 위해, Ac_3점 또는 Accm점 이상의 적당한 온도로 가열한 후, 보통은 공기 중에서 냉각하는 조작.

풀림(annealing): 철강을 적당한 온도로 가열하고 그 온도로 유지한 후, 서서히 냉각하는 조작. 그 목적 내부 응력의 제거, 경도의 저하, 피삭성의 향상, 냉각가공성의 개선, 결정조직의 조정, 또는 소요의 기계적, 물리적 또는 기타의 성질을 얻는 것 등이다.

완전풀림(full annealing): 철강을 Ac_3점 (아공석강) 또는 Ac_1(과공석강) 이상의 온도로 가열하고 그 온도에 충분한 시간유지를 한 후 극히 서서히 냉각하여 이것을 연화하는 풀림.

연화풀림(softening): 경도를 균일하게 저하하고 뒤의 소성가공 또는 절삭가공을 용이케 하기 위해 Ac_1점의 상 또는 하의 온도로 가열하여 하는 풀림.

응력제거풀림(stress relieving): 철강을 변태점이하의 적당한 온도로 가열 유지하여 단조, 주조, 기계가공, 용접 등으로 생긴 잔류응력을 제거하는 풀림.

저온풀림(low temperature annealing): 내부응력의 저감 또는 연화를 목적으로 Ac_1점 이하에서 하는 풀림, 재결정온도이하에서 할 때도 있다.

확산풀림(homogenizing): 강을 확산으로 균질화하기 위해, Ac_3점 또는 Accm점 이상의 적당한 온도로 가열하여 행하는 풀림.

구상화풀림(spheroidizing): 소성가공, 절삭가공을 용이하게 하고 또는 기계적 성질을 개선할 목적으로 철강중의 탄화물을 구상화하는 풀림

등온풀림(isothermal annealing): 철강을 Ac_3점 (아공석강) 또는 Ac_1(과공석강) 이상의 적당한 온도로 가열한 후 Ar_1점 이하의 비교적 급속히 퍼얼라이트 변태가 진행하는 온도까지 급랭하고, 그 온도로 유지하여 오스테나이트를 페라이트와 탄화물로 변태시켜 비교적 단시간에 연화하는 풀림. 사이클 어니얼링(cycle annealing)이라고도 한다.

중간풀림(process annealing): (1) 냉간가공으로 경화한 강을 연화하고, 이어서 행하는 냉간가공을 쉽게 할 목적으로, 재결정온도이상 Ac_1점 이하 적당한 온도로 행하는 풀림.

(2) 단강정의 제조공정 중 최종열처리에 1회 내지 수회로 나누어 행하는 풀림. 인터메디어트 어니얼링(intermediate annealing)라고도 한다.

상형풀림(box annealing): 풀림시의 표면산화를 막기 위하여 철강을 밀폐한 용기 속에 넣어

서 해하는 풀림.

가단화풀림(malleablizing): 백주철(백철)의 화합탄소의 전부 또는 일부를 장시간 가열에 의해 흑연화하고 또는 표면에서 탈탄시켜 끈적한 주철을 얻기 위해 행하는 풀림.

흑연화풀림(graphitizing): 철강 탄소의 전부 또는 일부를 흑연으로 변화하게 하기 위한 풀림.

제1단풀림(first stage annealing): 제 1단 흑연화를 위한 풀림.

제2단풀림(second stage annealing): 제2단 흑연화를 위한 풀림.

자비풀림(pro−baking): 백주철(백철)의 흑연화를 촉진하기 위해 미리 Ac_1점 이하의 적당한 온도로 행하는 풀림.

탈탄풀림(decarburizing annealing): 철강의 표면에서 탄소를 제거하여 연성을 주기 위한 풀림.

제1단흑연화(first stage graphitization): 가단주철을 제조할 때, 공석시멘타이트가 뜨임탄소(템퍼카아본)와 오스테나이트로 분해하는 현상.

제2단흑연화(second stage graphitization): 가단주철을 제조할 때, 공석시멘타이트가 뜨임탄소(템퍼카아본)와 페라이트로 분해하는 현상.

회복(recovery): 냉간의 소성변형에 의해 생긴 내부응력이 저온풀림의 결과로 제거되는 것.

구상탄화물(globular carbide): 탄화물이 구상으로 된 것.

구상시멘타이트(globular cementite): 시멘타이트가 구상으로 된 것.

뜨임탄소(temper carbon): 백주철(백철)의 흑연화 풀림에 의해 석출한 흑연.

흑연화(graphitization): 시멘타이트가 고온에서 분해하여 시멘타이트 중의 탄소가 흑연이 되는 것. 흑연화에는 제1단흑연화와 제2단흑연화가 있다.

ㅁ담금질 뜨임 및 시효

담금질(quenching): 오스테나이트화 온도에서 급랭하여 경화하는 조작. 또는 급속히 냉각하는 조작을 말할 때도 있다.

물담금질(water hardening): 냉각제에 물을 사용하여 하는 담금질.

기름담금질(oil quenching): 냉각제에 기름을 사용하여 하는 담금질.

열욕담금질(hot quenching): 냉각제에 적당한 온도로 유지한 열욕(용융금속, 용융염, 기름 등)을 사용하여 이 열욕에 적당한 시간을 유지한 후 들어 올려서 공랭하는 담금질.

염욕담금질(salt bath quenching): 용융염을 사용하는 열욕담금질.

공기담금질(air hardening): 공기 중에서 냉각하는 담금질. 자경성(自硬性)이 있는 강을 담금질할 때에 행한다.

분사담금질(spray quenching): 냉각제를 분사하여 행하는 담금질.

분무담금질(fog quenching): 무상의 냉각액 중에서 행하는 담금질.

계단담금질(interrupted quenching): 강을 담금질할 때에 왜곡의 발생이나 담금질균열을 막고 또한 담금질 후의 성질을 적당히 조절하기 위해 페라이트 및 퍼얼라이트 생성온도 이하로 급랭하고, 또한 마르텐사이트 생성온도보다 높은 온도에 있는 사이에 냉각제에서 끌어 올려 그대로 대기 중에 방랭하든가, 또는 적당한 매제(媒劑) 중에서 냉각하는 조작.

시간담금질(time quenching): 냉각제 중에 적당한 시간을 유지한 후 담금질의 재료를 끌어 올리는 방법에 의한 계단담금질.

프레스담금질(press quenching): 프레스 한 상태에서 행하는 담금질. 담금질변형을 극도로 싫어하는 기계부품에 응용되며 다이켄칭(die quenching)이라고도 한다.

부분담금질(selective quenching): 부품의 각부에 소요의 성질을 부여하기 위하여 국부적으로 하는 담금질.

베이나이트담금질(bainite quenching): 베이나이트를 얻게 하는 담금질.

경화담금질(slack quenching): 오스테나이트화 온도에서 담금질하여 강을 경화하는 과정으로 각각의 강의 임계냉각속도보다 좀 늦은 속도로 냉각하는 담금질. 이때 강은 완전 경화되지 않고, 마르텐사이트 외에 또는 마르텐사이트로 변하여 1종 또는 그 이상의 변태생성물이 생긴다.

단조담금질(ausforging): 오스테나이트 상태로 담금질하고, 그대로 즉시 하는 담금질. 단조담금질에는 안정오스테아니트 상태에서 행하는 것과 준안정오스테아니트상태에서 행하는 두 종류가 있다.

마르템퍼(martempering): 철강을 담금질할 때 왜곡발생과 담금질균열을 막고 또한 적당한 담금질 조직을 얻기 위하여 마르텐사이트 생성온도역의 상부 또는 그것보다 좀 높은 온도로 유지한 냉각재 중에 담금질하여, 각부가 같이 그 온도가 되기까지 유지한 후, 서서히 냉각하는 조작. 마르퀜칭(marquenching)이라고도 한다.

서브제로처리(subzero cooling): 철강을 0°C이하의 저온도로 냉각하는 조작. 담금질한 강에 이 처리를 적용할 때는, 잔류오스테나이트는 마르텐사이트로 변태하여 감소한다. 부품의 경년변형(經年變形)을 막는 등의 효과가 있다. 심랭처리(深冷處理)라고도 한다.

오스템퍼(austempering): 철강에 강도와 점도를 주고, 또는 왜곡발생 및 열처리 균열을 방지하기 위해 Ac_3점 또는 Ac_1점 이상의 적당한 온도로 가열, 그 온도로 안정한 오스테나이트조직으로 한 것을 변태 저지하여 그대로 페라이트 및 퍼얼라이트 생성온도 이하, 마르텐사이트 생성온도 이상의 적당한 온도범위로 유지한 냉각제 중에 급랭, 그 온도로 변태를 완료시킨 후 실온까지 적당히 냉각하는 조작.

패턴팅(patenting): 중탄소강 또는 고탄소강의 강선의 제조공정 중에 인발가공을 쉽게 하는 동시 가공에 의해 우수한 성질을 주기 위해 적당한 조직을 얻는 조작. 즉, 오스텐나이트화한 후 미리 Ar_1점 이하의 적당한 온도 (주로 약 500°C)로 유지한 용융점 또는 용융염욕 중에서 급랭하고 다시 상온까지 공랭하는 조작이다. 때로는 오스테아니트화한 후 공랭하기도 한다. 이 경우는 특별히 공기패턴팅(air patenting)이라 한다. 이 공기패턴팅에 대해 연중에서 행하는 경우 납패턴팅(lead patenting)이라 한다.

뜨임(tempering): 담금질로 생긴 조직을 변태 또는 석출을 진행시켜 안정한 조직에 접근시켜, 소요성질 및 상태를 주기 위하여 Ac_1점 이하의 적당한 온도로 가열 냉각하는 조작. 불림 후에 사용할 때도 있다.

반복뜨임(repeated tempering): 고합금강, 고속도공구강과 같이 1회의 뜨임으로 효과가 충분히 오르지 않을 때 뜨임을 2~3회 반복하는 조작.

조질(thermal refining): 담금질 후 비교적 높은 온도(대략 400°C이하)로 뜨임하여 트루스타이트 또는 솔바이트 조직으로 하는 조작.

시효(ageing): 급랭 또는 냉간가공 후 시간의 경과에 따라 강의 성질(예컨대 경도)이 변화하는 현상. 시효조작에 사용할 때도 있다. 담금질시효, 왜곡시효 등이 있다. 또 실온에서 진행하는 시효를 자연시효(natural ageing), 실온이상의 적당한 온도로 가열할 때의 시효를 인공시효(artificial ageing)라고 한다.

담금질시효(quench ageing): 고온에서 급랭한 철강을 실온 또는 그것보다 조금 높은 온도로 유지하였을 때 생기는 시효.

왜곡시효(strain ageing): 냉간가공한 재료에 생기는 시효.

과시효(overageing): 예컨대 경도 등 성질이 최고로 되는 온도와 시간보다 높은 온도, 또는 긴 시간에서 일어나는 시효.

고용화열처리(solution treatment): 강의 합금성분을 고용체에 용해하는 온도 이상으로 가열하여 충분한 시간을 고용체에 용해하는 온도 이상으로 가열하여 충분한 시간 유지하고, 급랭하여 그 석출을 저지하는 조작.

과냉(supercooling): 변태나 석출의 일부 또는 전부를 저지하여, 변태점 이하 또는 용해도선 이하의 온도로 냉각하는 조작.

수인(water toughening): 고망간강 등을 고용화온도에서 수중 급랭하여 완전한 오스테아니트 조직을 얻는 조작.

예민화열처리(sensitization): 오스테나이트계 스텐레스강의 입계부식시험을 하기 위하여 450~850°C의 온도범위로 가열하여 입계부식에 민감한 조직상태로 하는 열처리.

오스에이징(austenageing): 과냉 오스테나이트를 Ms점 이상의 온도로 시효하는 처리. 예컨대 어떤 종류의 석출경화형스텐레스강(17~7pH)에 대해 Ms점의 조정 등의 목적으로 행한다.

마르에이징(marageing): 저탄소 합금마르텐사이트를 시효에 의해 경화하는 조작.

블루잉(blueing): 강의 외관 및 내식성을 개선하기 위하여 적당한 온도의 공기, 수증기, 또는 화학약품에 바래서 그 표면에 철의 산화물피막을 생기게 하는 조작, 또는 냉간가공으로 스프링형성후의 내부응력을 감소하고 탄성을 높일 목적으로 행하는 저온가열. 표면은 가열온도로 황색 또는 청색으로 변화한다.

담금질성(hardenability): 철강을 담금질경화시킨 경우의 담금질의 용이도, 즉 담금질의 심도와 경도분포를 지배하는 성능, 담금질성은 보통 담금질심도의 대소로 비교하나 그것에는 담금질성 시험방법(일단담금질방법)을 사용하는 것이 편리하다. 그 밖에도 쉐파드 P–F시험, SAC 담금질성시험 등이 있다.

담금질성밴드(hardenability band): 동일 강종의 화학성분 및 결정입도의 편석에 의한 담금질성곡선의 편석범위를 밴드로 표시한 것. 이것을 H밴드(hardenability band)라고 한다. H밴드가 정해진 강을 H강이라 한다.

담금질성배수(multiplying factor): 합금원소를 첨가할 때의 임계직경과 첨가하지 않을 때의 임계직경과의 비. 담금질성배수는 대체로 합금원소의 첨가량과 함께 증가한다.

질량효과(mass effect): 질량 및 단면치수의 대소로 열처리효과가 다른 비율. 재료의 크기에 의한 열처리효과의 차이가 큰 것을 질량효과가 크다고 한다.

자경성(self hardening property): 담금질 온도로 공기 중에서 냉각시키는 정도만으로도 쉽게 마르텐사이트가 생겨 경화하는 성질.

냉각능(cocling power): 담금질에 사용되는 냉각제의 냉각능력. H(severity of quenching)의 값으로 나타낼 수 있다

임계냉각속도(critical cooling rate): 철강의 담금질시, 마르텐사이트 변태가 생기기에 필요한 최소의 냉각속도, 마르텐사이트가 비로서 생기는 최소의 냉각속도를 하부임계냉각속도(lower critical cooling rate)라 하며 , 마르텐사이트만 되는 최소의 냉각속도를 상부임계냉각속도(upper critical cooling rate)라 한다.

임계직경(critical diameter): 주어진 냉각속도에 대해, 중심부가 특정의 마르텐사이트량이 되는 강재의 직경(기호: Dc), 통상 50% 마르텐사이트가 사용된다.

이상임계직경(idea critical diameter): 이상담금질(담금질재의 냉각능을 최대라고 가상한 경우의 담금질)한 때 중심부가 50%마르텐사이트로 되는 임계직경, 통상 D_I으로 표시. 담금질성의 비교기준이 됨.

등온변태(isothermal transformation): 철강을 오스테나이트상태에서 A_1점 이하의 임의 온도까지 급랭하여 그 온도로 유지한 경우에 생기는 변태

등온변태곡선(isothermal transforamtion diagram): 철강의 등온변태의 양상을 세로축에 온도, 가로축에 시간에 대수 눈금으로 표시한 것. IT곡선, TTT곡선 또는 S곡선이라고 함.

연속냉각변태곡선(continuous cooling transformation diafram): 철강을 오스테나이트 상태에서 연속적으로 냉각한 경우에 생기는 변태양성을 세로축에 온도, 가로축에 시간(대수눈금)으로 표시한 것. CCT곡선이라고도 함.

오스테나이트의 안정화(stabilization of austenite): 오스테나이트가 안정화되어 마르텐사이트로의 변태가 생기기 어렵게 하는 현상.

잔류응력(residual stress): 외력 또는 열구배가 없는 상태에서 금속내부에 남아 있는 응력. 열처리 시에 재료의 내외부에서 냉각속도의 차에 의한 열응력 또는 변태응력이 생기고, 이것이 합성되어 내부에 응력이 잔류한다. 또 냉간가공에 의해서도 잔류응력이 생긴다.

담금질응력(quenching stress): 담금질에서 생기는 잔류응력. 담금질응력에는 내외부의 온도차에 기인하는 열응력과 변태응력이 있고 대체로 양자가 조합되어 생긴다.

담금질변형(quenching distortion): 담금질에 의해 생기는 현상 또는 치수의 빗나감.

담금질균열(quenching crack): 담금질 시에 담금질응력에 생기는 균열.

시기균열(season cracking): 담금질 또는 담금질 뜨임한 철강이 방치 중에 생기는 균열, 자연균열이라고도 함.

연점(soft spot): 담금질에서 국부적으로 완전하게 경화하지 않는 부분.

뜨임경화(temper hardening): 뜨임에서 경화하는 현상.

이차경화(secondary hardening): 합금강이 어느 정도에서 뜨임함으로 얻게 되는 경도인데, 그 강을 그것보다 저온에서 뜨임했을 때 얻는 경도보다 높아지는 현상.

뜨임취성(temper brittleness): 담금질한 강을 어느 정도 뜨임온도로 유지한 경우, 또는 뜨임온도에서 서랭한 경우, 취성파괴가 생기기 쉽게 되는 현상. 500°C전후의 뜨임에서 생기는 1차 뜨임취성 및 더욱 높은 온도의 뜨임후의 서랭에서 생기는 2차 뜨임취성을 고온뜨임취성이라 하며 300°C전후의 온도로 뜨임한 경우에 볼 수 있는 뜨임 취성을 저온취성이라 한다.

뜨임균열(tempering crack): 담금질의 철강을 뜨임 할 때 급열, 또는 조직변화 때문에 생기는 균열.

뜨임색깔(temper color): 뜨임 시에 강의 표면에 나타나는 산화막의 색.

시효경화(age hardening): 급랭 또는 냉간가공한 철강이 시효로 경화하는 현상.

석출경화(precipitation hardening): 과포화고용체에서, 탄화물이나 금속간 화합물 등 이상이 석출하기 때문에 일어나는 현상.

복원(reversion): 시효 경화한 후에, 시효온도보다 좀 높은 온도로 단시간 가열함으로써 거의 시효 전의 성질로 되돌아가서 연화하는 현상.

준안정 오스테나이트(metastable austenite): 철강의 A_{01}점보다 낮은 온도범위에서 존재하는 미변태의 오스테나이트, 과냉 오스테나이트라고도 한다.

잔류오스테나이트(retained austenite): 담금질된 철강 중에서, 오스테나이트의 1부가 변태하지 않고 남은 것.

마르텐사이트(martensite): 오스테나이트를 급랭한 경우에 Ms점 이하의 온도에서 변태하여 생기는 침장조직. 원래의 오스테나이트와 같은 화학조성을 갖는 체심정방정 또는 체심정방정의 고용체(d또는 d_M라 약기 하는 일이 있다.) 마르텐사이트는 오스테나이트의 조정변형에 의해 생기는 일도 있다.

뜨임 마르텐사이트(tempered martensite): 뜨임의 제3단계 직전(및 250℃)까지 뜨임된 마르텐사이트 조직. 광의로는, 마르텐사이트의 뜨임조직을 말한다.

트루스타이트(troostite): 마르텐사이트를 뜨임했을 때 생기는 조직인데, 광학현미경으로 식별이 안될 만큼 미세한 페라이트와 탄화물로 되는 극히 부식하기 쉬운 조직.

솔바이트(sorbite): 오스테나이트를 좀 고온도로 뜨임하여 탄화물이 입상으로 석출 성장한 페라이트와 탄화물의 혼합조직, 이때의 탄화물은 약 400배의 광학현미경 아래에서 인정된다.

베이나이트(bainite): 오스테나이트의 냉각 변태물의 하나로, 퍼얼라이트 생성온도와 마르텐사이트 생성온도(Ms점)과의 중간의 온도범위에서 생긴 것. 현미경적으로는 퍼얼라이트 생성온도 가까이에서 생성된 것은 우모상(羽毛狀), 마르텐사이트 생성온도 가까이에서 생성된 것은 침상(針狀)을 표시할 때가 많다. 전자를 상부 베이나이트(upper bainite), 후자의 하부 베이나이트(lower bainite)라 한다.

과포화고용체(supersaturated solid solution): 어느 온도에서, 그 상태도가 표시하는 비율이상으로 용질이 용해된 고용체, 보통 고온에서 급랭으로 얻게 된다.

담금질성곡선(hardenability curve): 담금질성 시험방법(일단 담금질법)으로 구한 수냉단에서의 거리와 경도관계를 표시한 곡선.

U곡선(U curve): 철강의 원주시료를 만들고, 이것을 담금질하여 횡단명의 경도분포를 직경에 대해 표시할 때 얻는 U자상곡선.

ㅁ표면경화처리 및 표면처리

표면경화처리(surface hardening): 철강의 표면층을 경화하기 위하여 행하는 침탄담금질, 질화, 고주파 담금질, 화염담금질 등의 조작.

고주파 담금질(inductions hardening): 고주파전류에 의한 유도가열작용으로 하는 담금질, 주로 철강의 임의의 표면 또는 부분을 담금질 할 때에 사용한다.

화염담금질(flame hardening): 화염으로 직접 가열하여 행하는 담금질. 주로 철강의 임의의 표면을 담금질 시에 사용한다.

침탄(carburizing): 강의 표면층 탄소량을 증가키 위해, 침탄제 중에서 가열처리하는 조작. 침탄제 종류에 의해 고체침탄, 액체침탄 및 가스침탄으로 나눈다. 또한 침탄한 강은 담금질·뜨임하여 사용한다. 이 처리를 표면강화(case hardening)라고도 한다.

완화침탄(mild carburizing): 과잉침탄을 방지하기 위하여 침탄성이 의한 침탄재 중에서 행하는 침탄.

복탄(recarburization): 강의 탈탄층의 탄소량을 원래의 탄소량으로 회복하기 위하여 행하는 침탄처리.

침탄침질(carbonitriding): 강 표면층에 탄소 및 질소를 동시에 확산시키는 조작, 침탄질화라고도 한다. 처리방법에는, 침탄성가스에 암모니아를 첨가하여 하는 가스침탄침질 및 청산염을 향유하는 염욕 중에서 행하는 액체침탄침질이 있다. 또한 침탄침질한 강은 담금질·뜨임을 하여 사용한다.

질화(nitriding): 철강의 표면층에 질소를 확산시켜 표면층을 경화하는 조작. 처리방법에는 암모니아분해가스에 의한 가스질화 및 청산염에 의한 액체질화 있다.

직접담금질(direct quenching): 강을 침탄 처리 후, 그대로 담금질온도까지 냉각하여 즉시 행하는 담금질.

일차담금질(primary quenching): 침탄한 강을 심부의 조직을 미세화하기 위해, 심부의 Ac_3점 이상의 적당한 침도로 가열한 후, 행하는 담금질.

이차담금질(secondary quenching): 침탄한 강의 침탄층을 경화할 목적으로 일차담금질 후 침탄층의 Ac_1점 이상의 적당한 온도로 가열하여 행하는 담금질.

시멘테이션(cementation): 금속재료의 표면층의 경도 또는 내열내직성의 향상을 위해, 고온도의 각종 매제 중에서 다른 원소를 표면에 확산시키는 조작.

알루미나이징(aluminizing): 강의 내열성 및 내식성을 증가하기 위하여, 용융 알루미늄욕에 침지하여, 강의 표면을 알루미늄으로 피복하는 조작.

갈바나이징(galvanizing): 강의 내식성을 증가하기 위하여, 용융 아연욕에 침지하여, 강의 표면을 아연으로 피복하는 조작. 또 유산염용액 중에서 전기도금으로 아연을 피복하는 경우도 있다.

칼로라이징(calorizing): 강의 내열성 및 내식성을 증가하기 위하여, 분말 알루미늄 또는 이것을 함유하는 혼합분말 중에서 강을 가열하여, 그 표면에 알루미늄을 확산시키는 조작.

크로마이징(chromizing): 철강의 내식성을 증가하기 위하여, 고온에서 철강표면에 크롬을 확산시키는 조작.

침류(sulphurizing): 철강을 함유황 용융 염욕 중에서 가열하여, 그 표면에 유황을 확산시키는 조작. 이것에 의해 마찰계수가 저하한다.

침규(siliconizing): 규소를 강의 표면에 확산시켜, 내식성피막을 만드는 조작.

쉐라다이징(sheradizing): 분말아연 또는 이것을 함유한 혼합분말 중에서 철강을 가열하여, 그 표면에 아연을 확산시켜 내식성피막을 만드는 조작.

수증기처리(steam treatment): 담금질·뜨임을 행한 고합금공구강을 550℃ 부근에서 증기처리하고 표면에 사삼산화철을 생성하는 처리, 이 처리에 의해 윤활능력을 높인다.

과잉침탄(excess carburizing): 침탄층탄소량이 목표치이상이 되는 현상.

담금질 경화중심도(hardenign depth): 담금질로 경화하는 심도, 고주파담금질 또는 화염담금질로 강화하는 심도에 대해서는 유효경화층심도 및 전경화심도가 규정되어 있다.

침탄경화층심도(case depth): 강을 침탄하여 담금질·뜨임하여 강화시킨 침탄층심도를 말하며 유효 경화층심도 및 전경화층심도가 규정되어 있다.

찾아보기

ㅈ

ㅎ

A

B

C

D

G

H

M

N

P

Q

R

S

T